高等院校计算机应用技术规划教材

网页设计技术

（第二版）

张　磊　编著

中国铁道出版社
CHINA RAILWAY PUBLISHING HOUSE

内 容 简 介

本书以应用为目标，从网页设计的基础知识入手，对网页设计的相关技术进行了较为系统的介绍。全书共分 11 章，分别为网页概述、HTML 简介、Dreamweaver CS3 网页设计基础、页面布局设计、CSS 样式及应用、模板和库技术、表单、动态网页设计技术、信息发布与浏览系统设计、Fireworks CS3 图像处理技术和 Flash CS3 动画技术。本书以主要篇幅介绍基于 Dreamweaver CS3 的静态网页设计和动态网页设计技术。

本书突出了网页设计技术的应用性、实用性特点，实例丰富、大小适中，内容组织条理清晰，符合教学规律，既重视操作过程的教学，又重视网页设计方法的教学。

本书配有方便实用的教学课件、完备的实例素材。本书适合作为高等院校的教材，也可作为工程技术人员的技术参考书。

图书在版编目（CIP）数据

网页设计技术/张磊编著. --2 版.--北京：中国铁道出版社，2010.12（2011.11 重印）

高等院校计算机应用技术规划教材

ISBN 978-7-113-12208-9

Ⅰ.①网…　Ⅱ.①张…　Ⅲ.①主页制作－高等学校－教材　Ⅳ.①TP393.092

中国版本图书馆 CIP 数据核字（2010）第 226930 号

书　　名：网页设计技术（第二版）
作　　者：张　磊　编著

策划编辑：秦绪好　辛　杰
责任编辑：辛　杰　　　　　　　　　　读者热线电话：400-668-0820
编辑助理：贾淑媛
封面设计：付　巍　　　　　　　　　　封面制作：李　路
责任印制：李　佳

出版发行：中国铁道出版社（北京市宣武区右安门西街 8 号　　邮政编码：100054）
印　　刷：三河市华丰印刷厂
版　　次：2006 年 10 月第 1 版　　2010 年 12 月第 2 版　　2011 年 11 月第 10 次印刷
开　　本：787mm×1092mm　1/16　印张：20　字数：479 千
印　　数：5 001～8 500 册
书　　号：ISBN 978-7-113-12208-9
定　　价：30.00 元

版权所有　侵权必究

凡购买铁道版图书，如有印制质量问题，请与本社计算机图书批销部联系调换。

本书在第一版的基础上进行了大幅改动，无论是教材的编写思想，还是教材的编写内容都有较大的变化。主要体现在以下几个方面：

（1）全面优化教材内容，立足打造精品教材，使其更具应用性、实用性、系统性和条理性。

（2）在优化静态网页设计教学内容的同时，加强动态网页设计技术的教学，尤其是数据库网页设计的教学内容，系统完整地介绍静态网页和动态网页的设计技术，培养能够设计小型网站的准专业设计人员。

（3）增加了网页综合设计的内容，以"信息发布与浏览系统设计"为实例，系统介绍了一个小型网站子系统的系列网页的规划、设计方法。

（4）升级了教材所用的网页设计工具的版本，Dreamweaver、Fireworks 和 Flash 工具均由8.0 版本升级为 CS3 版本。

本书继续保持了第一版的以下特色：

（1）教学目标明确，教学内容合理。每章都有明确的教学目标，并针对教学目标设置科学合理的教学内容，内容由浅入深，循序渐进，通俗易懂，实例丰富，步骤清楚。既利于课堂教学，又适合自学。

（2）理论实践相结合，用中学，学中用。体现工具应用和网页设计一体化的特点，将网页设计的基础知识、网页设计制作工具的操作使用和实例设计融为一体，使网页设计工具的操作使用教学和网页设计教学同步进行，学习使用工具时学习网页设计，学习网页设计时学会使用工具。

（3）事件驱动，案例教学，强化综合应用能力的培养。对于主要的应用型章节，在进行一般性知识介绍的基础上，专门设计综合应用示例，以应用为目标，进行设计过程的实例教学，达到综合运用知识，强化能力培养的目的。

本书以应用为目标，从网页设计的基础知识入手，对网页设计的相关技术进行了较为系统的介绍。全书共分 11 章，分别为网页概述、HTML 简介、Dreamweaver CS3 网页设计基础、页面布局设计、CSS 样式及应用、模板和库技术、表单、动态网页设计技术、信息发布与浏览系统设计、Fireworks CS3 图像处理技术和 Flash CS3 动画技术。本书以主要篇幅介绍基于 Dreamweaver CS3 的静态网页设计和动态网页设计技术。

本书突出了网页设计技术的应用性、实用性特点，示例丰富、大小适中，内容组织有条理，符合教学规律，既重视操作过程的教学，又重视网页设计方法的教学。在 Dreamweaver 网页设计章节中，设置了 3 个系统性实例，以"五岳览胜"系列网页为主介绍静态网页设计，以"春雨秋枫"系列网页为主介绍动态网页设计，最后是一个综合性网页设计实例，综合运用动态网页技术、页面布局技术、CSS样式表技术设计实现了一个网站子系统的系列网页。

本书配有方便实用的教学课件、完备的实例用素材，并为任课教师随时提供所需教学材料。读者可以到网站 http://www.edusources.net 下载，也可以到网站 http://www.989net.com 下载。

本书由张磊编著，魏建国、张元国、黄忠义、王金才、潘振昌、徐思杰、冯伟昌、王桂东、滕秀荣、刘振华、张漾、王涛、徐英娟、王永洪、张文、滕文杰、彭玉忠等参加了本书的编写工作。

本书的编写和出版得到了许多友人的关心和帮助，在此表示衷心的感谢！中国铁道出版社的编辑对本书的改版提出了很好的建议，在此一并致谢！

本书的不足之处敬请读者批评指正，我们将不断修改完善本书内容，有问题请与中国铁道出版社联系。

编　者

2010 年 10 月

目 录

第1章 网页概述

本章概要

在 IT 时代，"网页"已成为使用频率最高的词汇之一，每一位网上冲浪者都会有自己熟悉的网站和网页。那么，网页是什么？网页包含哪些知识？支持网页的技术有哪些？本章即对相关内容进行概要介绍，主要包括网页中的基本概念、网页中的基本元素、网页设计的基本方法和工具、网页设计管理和发布的一般过程等内容。

教学目标

- 了解网页中的基本概念。
- 熟悉网页中的基本元素。
- 了解网页设计的基本方式和网页设计工具的种类。
- 了解网页设计的一般过程和网页设计的一般原则。
- 了解网页发布的一般过程。

1.1 基 本 概 念

网页设计技术涉及许多概念，本节仅对与网页紧密相关的 10 个基本概念做简要介绍，了解和熟悉这些基本概念，有助于网页设计技术的学习。

1.1.1 网页与网站

网页是我们通过网络浏览器看到的网站页面。网页的本质是一个计算机文件，它存放在 Internet 上的某一台主机中，以特有的格式进行组织。访问网页的工具是 WWW 浏览器，当浏览器获得网页访问的指令后，即在 Internet 上查找指定的网页文件，并对网页文件进行解读，然后将网页呈现在用户屏幕上。

网站是按照一定的规则组织的若干网页的联合体，任何网站都有一个主页，它反映网站的主题，用户通常通过主页访问网站。通过网页中的超链接机制，当登录网站时，就会获得海量信息。

网页和网站是 Internet 中使用频率最高的术语，Internet 上的信息不但能够通过网页展示和传播，而且还可以通过网页进行采集。

1.1.2 域名和 URL

Internet 上的每台主机都有一个专门的地址，称为 IP 地址，通过 IP 地址就可以访问到每一台主机。

目前广泛应用的是 IPv4 协议，IPv4 协议的 IP 地址由 4 个数字组成，各部分之间用圆点"."分开，如 61.152.234.69，使用这个 IP 地址，就可以访问这台主机。

虽然可以通过 IP 地址来访问每一台主机，但是要记住这些枯燥的数字串显然是非常困难的，为此，Internet 提供了域名（Domain Name）服务，使 IP 地址能够通过一个形象直观的字符串表示出来。

域名也有多个组成部分，各部分之间用小数点分开，如 www.sohu.com 是搜狐网站 WWW 主机的域名，我们更多的时候是通过这个域名访问搜狐网站的。

在域名前加上传输协议信息就构成了 URL，如下是搜狐网站 WWW 主机的 URL：

http://www.sohu.com

URL 是 Uniform Resource Location 的缩写，译为"统一资源定位器"，是 Internet 文件在网上的地址和访问机制，是文件名的扩展，URL 提供了资源在 Internet 上的确切位置。在单机系统中，定位一个文件需要路径和文件名，对于遍布全球的 Internet，显然还需要知道文件存放在哪个网络的哪台主机中。在单机系统中，所有的文件都由统一的操作系统管理，因而不必给出访问该文件的方法。而在 Internet 上，各个网络、各台主机的操作系统可能不同，因此 URL 还要包括访问该文件的方法。

URL 的构成如下：

protocol:// hostname[:port]/directory/filename

其中：

① protocol 是访问该资源所采用的协议，即访问该资源的方法，它可以是 http 超文本传输协议、FTP 文件传输协议、Gopher 协议等。

② hostname 是存放该资源主机的 IP 地址，通常以字符形式出现，如 www.sohu.com。

③ port 是服务器在该主机上所使用的端口号，一般情况下端口号不需要指定，只有当服务器所使用的端口号不是默认的端口号时才指定。

④ directory 和 filename 是该资源的路径和文件名。

1.1.3　WWW 与网页浏览

WWW 是 World Wide Web 的缩写，译为万维网或环球信息网，是一个把信息检索与超文本技术相结合而形成的全球信息系统，它由遍布 Internet 中被称为 WWW 服务器的计算机组成，这些服务器除了提供它自身的信息服务之外，还指向存放在其他服务器上的信息。这些信息之间通过超链接相连，而这些信息就是用超文本标记语言 HTML 编写的 Web 页面（网页）。这样的 WWW 服务器通常被称为 Web 站点，在它上面存放着许许多多页面，其中最引人注意的是主页（Home Page）。主页指一个 Web 站点的首页，从该页出发可以连接到本站点的其他页面，也可以连接到其他站点。在 Internet 中，应用最为广泛的是 Web 站点浏览。浏览的主要对象是以网页形式组织起来的信息，用户通过 WWW 浏览器软件访问资源。目前流行的 WWW 浏览器主要有 Microsoft 的 Internet Explorer 等。

WWW 浏览器既可直接使用 URL 访问资源，也可在网页上通过鼠标点击文字、图形等超链接在 WWW 中浏览感兴趣的内容。WWW 浏览器使用户访问资源时既简便，又精彩，用户面对的不再仅仅是单调的文字，还有精美的图像、悦耳的音乐、生动的影像等多媒体信息。

Web 的一个主要概念是超文本链接，它使得信息不再像一本书那样是固定的、线性的，而是可以从一个位置跳到另一个位置、从一个主题转到另一个主题，以获得更多的信息。

Web 具有以下特点：

① Web 具有平台无关性特点。浏览 Web 站点对系统平台没有限制，无论从 Windows 平台、UNIX 平台还是其他平台都可以通过 Internet 访问 Web 站点。

② Web 具有分布式特点。大量的图形、音频和视频信息可以存储在不同的站点上，只需要在浏览器中指明这个站点就可以访问相关的资源，这使得在物理上分散的信息在逻辑上成为一体。

③ Web 具有动态特点。信息的提供者可以经常对站点上的信息进行更新，如时事新闻、产品广告等。一般各信息站点都尽量保证信息的实时性，所以 Web 站点上的信息是动态的、经常更新的，这一点是由信息的提供者保证的。

④ Web 具有交互性特点。Web 的交互性使得用户浏览页面时能够向服务器提交请求，服务器可以根据用户的请求返回相应信息。例如，在百度主页中输入搜索主题并单击"百度一下"按钮后，很快就会看到搜索的结果。

随着文本、声音、图像、影像和交互式应用程序的统一，WWW 已成为信息交换的一种有效的方法，它使我们可以浏览各种来源的信息。在特殊应用程序和浏览器的推动下，WWW 是目前 Internet 上发布文本和多媒体信息的一种有效手段，一般用户将 WWW 作为访问 Internet 的主要工具。

1.1.4　静态网页与动态网页

根据页面内容对交互的响应方式的不同，网页分为静态网页和动态网页两大类。静态网页在用户的浏览过程中不接受用户的输入信息，它不会因为用户的操作而改变页面显示的内容和格式。动态网页可在用户对网页访问的过程中根据用户的操作做出响应，改变页面所显示的内容或者执行某些特定的操作。根据实现方式的不同，动态网页可分为客户端动态网页和服务器端动态网页。

（1）静态网页

静态网页是在动态网页出现后而产生的一个概念，它是基于传统的 HTML 的一种网页技术。静态网页只有前台视觉部分的网页设计，不涉及后台核心数据库控件开发处理，用户不能自行更新、更改和删除网页既定的显示内容，不能自动反馈浏览者对相关内容想要提出的反馈意见，网页和浏览者之间唯一互通信息的办法只有通过电子邮件进行。

静态网页是标准的 HTML 文件，其文件扩展名是.htm 或.html，它可以包含 HTML 标记、文本、声音、图像、动画、电影、Java 程序以及客户端 ActiveX 控件，但这种网页不包含任何脚本，其内容在开发人员编辑好之后不会自行改变。静态网页也可以包含翻转图像、GIF 动画或 Flash 影片等，从而具有很强的动感效果。

（2）客户端动态网页

与静态网页不同，客户端动态网页包含可在客户端浏览器中执行的脚本程序，这些脚本程序可在浏览器中被解释执行，并可改变网页中各种标记（tag）的内容。这些脚本能够对用户的不同操作做出响应，从而达到动态的效果。实现这种脚本的语言主要有 JavaScript 和 VBScript 两类。这种动态网页有很大局限性。首先，客户端动态网页中的脚本程序都是程序员在设计网页的时候事先写好的，响应的内容和方法有限；其次，这些脚本程序在客户端是可见的，降低了网站的安全性。为了改进客户端动态网页的问题，进一步产生了服务器端动态网页。

（3）服务器端动态网页

服务器端动态网页中也包含脚本程序，当网页被访问时，这些脚本程序首先在服务器端被解释执行，然后使用执行的结果将脚本程序替换掉，生成一个新的纯 HTML 网页返回给客户端。这种机制使 WWW 服务能够和数据库管理系统等传统的信息系统联合起来，提供给用户信息完全动态的网页浏览服务。在访问服务器端动态网页的过程中，服务器端需要执行一系列的操作才能够生成 HTML 页面。

服务器端动态网页的文件扩展名不再是.htm 或.html，而是与所使用的网页开发技术有关，不同的支持技术生成的动态网页文件的扩展名也不同，如.asp、.jsp 等。

1.1.5　HTML 与脚本语言

HTML（ HyperText Mark-up Language ）即超文本标记语言，是 WWW 的描述语言。设计 HTML 的目的是为了把存储在一台计算机中的文本或图形与另一台计算机中的文本或图形方便地联系在一起，形成有机整体，而不必考虑具体信息是在网络的哪台计算机上。访问者只需在客户端单击文档中的一个链接，Internet 就会立即转到与此链接相关的内容上去，而这些内容可能存储在网络的另一台计算机中。HTML 文本是由 HTML 命令组成的描述性文本，HTML 命令可以说明文字、图形、动画、声音、表格、超链接等。HTML 的结构包括头部（ Head ）和主体（ Body ）两大部分，其中头部描述浏览器所需的信息，而主体则包含所要说明的具体内容。HTML 是构成网页的基础语言。

Web 页面之所以能够吸引成千上万的浏览者，除了它提供的丰富多彩、层出不穷的信息外，很重要的一点就是它的交互性。网页的交互性使得浏览者不再只是浏览阅读信息，而是可以参与网络的许多活动，这种吸引力显然是不可估量的。

脚本语言是介于 HTML 和编程语言之间的一种语言。HTML 通常用于格式化和链接文本，而编程语言通常用于向机器发出一系列复杂的指令。脚本语言介于两者之间，但它的函数与编程语言更为相像一些，它与编程语言之间最大的区别是后者的语法和规则更为严格和复杂。脚本语言是实现动态网页编程的基础。

能够建立交互性的脚本语言有两种，即服务器端脚本语言和客户端脚本语言。服务器端脚本语言只在 Web 服务器上运行，如 Perl 和 PHP，它们组合在一起成为服务器端技术。这些语言功能很强，但它们都需要在处理数据之前从终端用户那里获得数据。这样一来，用户要进行任何交互操作，他的计算机必须先发送数据，再等待服务器响应。因此服务器端语言最大的问题是速度远远不能满足要求。客户端脚本语言在客户端运行，用户在使用网页的同时，客户端语言已经下载到终端用户的计算机上进行实时处理，这使用户不需要延时就可以使用程序，它解决了服务器端语言的速度问题。

在网页中使用脚本语言既可以编写客户端脚本，也可以编写服务器端脚本。脚本语言不需编译即可运行，但要运行脚本语言，必须在 Web 服务器上安装支持脚本语言的脚本引擎。脚本引擎是脚本语言的解释器，其功能是解释执行网页中的脚本代码，完成脚本功能。

1.2　网页剖析

本节结合具体的网页实例，对构成网页的基本元素、网页的设计视图及网页源文件代码等知识进行简要介绍。

1.2.1 网页中的基本元素

图 1-1 所示为一个网站的网页,网页中的文本、图像、超链接、动画、表单等通称为网页元素。

图 1-1 搜狐网站主页

1. 文本

文本是最基本的网页元素,多数网页中的信息以文本为主。文字虽然不如图像那样能够很快引起浏览者的注意,但却能准确地表达信息的内容和含义。

为了克服文字固有的缺点,网页中赋予了文本更多的属性,如字体、字号、颜色、底纹和边框等,通过不同格式的区别,突出显示重要的内容。此外,网页设计人员还可以在网页中设计各种各样的文字列表,以清晰表达一系列项目。这些功能都给网页中的文本赋予了新的活力。

2. 图像和动画

图像在网页中具有提供信息、展示作品、装饰网页、表达个人情调和风格的作用。在网页中可以使用多种格式的图像,如 GIF、JPEG、BMP、PNG、TIFF、PCX、PCD 以及 WMF 等格式,其中最常用的图像格式为 GIF、JPEG 和 PNG。

动画是一组静态图像连续播放的结果。动画的连续播放既指时间上的连续,也指图像内容上的连续,即播放的相邻两幅图像之间内容相差不大。目前,有很多软件都可以制作动画,如 Fireworks、Flash、3dsMax 等,在网页中常用的动画文件是 GIF 动画文件和 Flash 动画文件。

3. 声音和视频

声音是多媒体网页的一个重要组成部分。在网页中使用的声音文件有多种类型和格式,也有不同的方法将这些声音添加到 Web 页中。在决定添加声音之前,需要考虑的因素包括其用途、格式、文件大小、声音品质和浏览器差别等。不同浏览器对于声音文件有不同的处理方法。

用于网页的声音文件的格式非常多,常用的有 MIDI、WAV、MP3 和 AIF 等。设计者在使用这些格式的文件时需要加以区别。很多浏览器不需插件也可以支持 MIDI、WAV 和 AIF 格式的文件，而 MP3 和 RM 格式的声音文件则需要专门的浏览器播放。

一般而言，尽量不要使用声音文件作为背景音乐，以免影响网页下载的速度。可以在网页中添加一个打开声音文件的链接，让音乐播放变得可以控制。

随着网页技术和网络技术的发展，视频已经成为越来越重要的网页元素。视频文件同样有多种格式，常见的有 RM、MPEG、AVI 等。在网页中使用视频文件，会使网页变得精彩而更富动感。

4．超链接

超链接技术是万维网流行起来的最主要的原因。网页中的超链接是从网页的热点指向其他目标的链接，连接的目标可以是另一个网页，也可以是一幅图片、一个电子邮件地址、一个文件、一个程序或者是本网页中的其他位置。热点通常是文本、图片或图片中的区域，也可以是一些不可见的程序脚本。

当浏览者单击超链接热点时，连接目标将显示在 Web 浏览器上，并根据目的端的类型以不同方式打开。例如，当指向一个 AVI 文件的超链接被打开后，该文件可能会启动一个媒体播放软件以播放视频文件；如果打开的是指向一个网页的超链接，则该网页将显示在 Web 浏览器上。

5．表格

在网页中，表格用来控制网页中信息的布局方式。包括两方面内容：一是使用行和列的形式来体现文本和图像以及其他的列表化数据的布局；二是可以使用表格来精确控制各种网页元素在网页中出现的位置。许多页面的布局是通过表格来实现的。

6．表单

表单是动态网页的基本元素，网页访问者通过表单实现与网站的信息交互。Web 服务器接受表单信息，然后做出相应处理。表单一般用来收集联系信息、接受用户要求、获得反馈意见、设置来宾签名簿、让浏览者注册为会员并以会员的身份登录站点等。

表单由不同功能的表单域组成，最简单的表单也要包含一个输入区域和一个提交按钮。网页浏览者填写表单的方式通常是输入文本、选择单选按钮或复选框，或者从下拉列表中选择选项等。

根据表单功能与处理方式的不同，通常可以将表单分为用户反馈表单、留言簿表单、搜索表单和用户注册表单等类型。

7．导航栏

导航栏的作用是引导浏览者浏览站点，其本质是一组超链接，这组超链接的目标可以是本站点的主页或其他重要网页。在设计站点中的各个网页时，可以在站点的每个网页上显示一个导航栏，这样，浏览者就可以方便快捷地转向其他网页。

一般情况下，导航栏应放在网页中较引人注目的位置，通常是在网页的顶部或一侧。导航栏既可以是文本链接，也可以是一些图形按钮等。

8．其他常用元素

网页中除了以上几种最基本的元素之外，还有一些其他的常用元素，包括悬停按钮、Java特效、ActiveX 特效等，这些网页元素能点缀网页，使网页更活泼有趣，而且在网上娱乐、电子商务等方面也有着重要作用。

1.2.2　网页的设计视图和源文件

网页的设计视图是网页的原始状态,可视化网页设计的主要过程是在设计视图中进行的,是一种所见即所得的设计,因此设计视图与页面的浏览结果十分接近。源文件是网页包含 HTML 代码文件,通过对源文件代码的编辑同样能修改网页效果。

图 1-2 所示为一个网页的设计视图,图 1-3 所示为其源文件代码,图 1-4 所示为浏览结果。

说明:在浏览网页时,将鼠标置于页面的适当位置,单击右键弹出图 1-5 所示的快捷菜单,选择“查看源文件”命令,即可打开记事本程序,显示当前网页的源文件代码。图 1-6 所示为某一个时间搜狐主页的源文件代码。

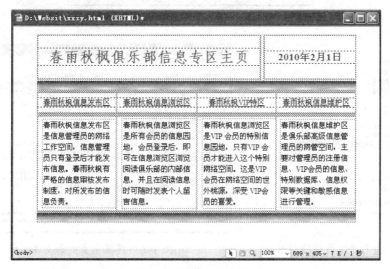

图 1-2　网页的设计视图

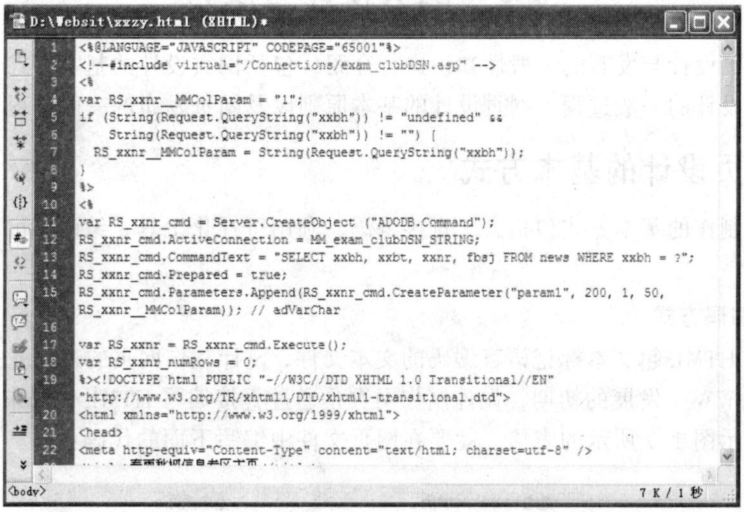

图 1-3　网页的源文件代码

图 1-4　网页浏览结果

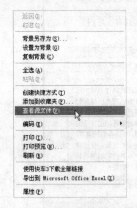

图 1-5　查看源文件快捷菜单

图 1-6　搜狐主页的源文件编码

1.3　网页设计与发布

本节对网页设计与发布的一般性知识进行介绍，包括网页设计的基本方式、网页设计的基本工具、网站设计的一般过程、网页设计的基本原则以及网页发布的一般过程等内容。

1.3.1　网页设计的基本方式

网页设计制作的基本方式包括人工直接编码、利用可视化工具、编码和可视化工具结合 3 种方式。

1．人工编码方式

网页是由 HTML 超文本标记语言编码的文本文件，设计制作网页的过程就是生成 HTML 代码的过程。在 WWW 发展的初期，设计制作网页是通过直接编写 HTML 代码来实现的。例如，要在网页上显示图 1-7 所示的表格，就要在网页文件中编写下面的代码：

姓名	学历	电话	业余爱好
刘大山	研究生	66699366	围棋
黄伟奇	大学本科	22111211	游泳

图 1-7　网页上的表格

```
<table width="349" border="1">
  <tr>
    <td width="72"><div align="center">姓名</div></td>
    <td width="68"><div align="center">学历</div></td>
    <td width="85"><div align="center">电话</div></td>
    <td width="96"><div align="center">业余爱好</div></td>
  </tr>
  <tr>
    <td><div align="center">刘大山</div></td>
    <td><div align="center">研究生</div></td>
    <td><div align="center">66699366</div></td>
    <td><div align="center">围棋</div></td>
  </tr>
  <tr>
    <td><div align="center">黄伟奇</div></td>
    <td><div align="center">大学本科</div></td>
    <td><div align="center">22111211</div></td>
    <td><div align="center">游泳</div></td>
  </tr>
</table>
```

显然，人工编码方式制作网页不但效率低，而且专业要求较高、调试过程复杂。但是，人工编码方式也有其优点，它可以精确地布置页面元素。

2．可视化工具方式

随着网页制作技术的不断发展，出现了 Dreamweaver 等可视化的网页编辑工具，网页设计人员利用这些工具在可视环境下编辑制作网页，由编辑工具自动生成对应的网页代码。例如，若要在网页上显示图 1-7 所示的表格，就可以直接在可视化工具的工作区中绘制该表格，而不用考虑具体的编码问题。

利用可视化工具进行网页设计的方式通常称为所见即所得方式。所见即所得方式编辑网页操作简单直观、调试方便，是大众化的网页编辑方式。它不要求设计人员掌握大量复杂的 HTML 标记，制作效率高。但用可视化方式形成的页面，最终还要被翻译为 HTML 源代码。也就是说，网页编辑工具将 HTML 代码的生成自动化了，网页的源代码仍是 HTML 语言。由于这种翻译是按软件编制人员事先设计好的模式进行的，对于各种不同的可视化设计的页面，生成的 HTML 代码难免会存在一定的冗余，不会像直接设计的 HTML 代码那样简洁。

3．编码和可视化工具结合方式

编码和可视化工具结合是一种比较成熟的网页制作方式。一般的网页元素通过可视化工具编辑制作，一些特殊的网页效果通过插入代码生成。

直接编写 HTML 的代码需要熟记格式，不易设计复杂的网页；可视化工具使设计简单直观，可以利用软件提供的多种功能，容易学习。

在实际网页设计中，编码和可视化工具相结合是最常用的网页设计方式。它要求设计人员既要熟悉编码语言，又能运用可视化工具。

1.3.2　网页设计的基本工具

网页设计的基本工具包括两大类，即页面设计工具和网页素材加工处理工具。

1．网页设计工具

目前最为流行的网页设计工具是 Adobe 公司的 Dreamweaver，它是一款可视化网页制作工具。Dreamweaver 早期属于 Macromedia 公司的产品，一般称为 Macromedia Dreamweaver，2005 年后 Macromedia 被 Adobe 公司并购，Dreamweaver 因此变为 Adobe Dreamweaver。

Dreamweaver 是"所见即所得"的可视化网站开发工具，深受国内外广大 Web 开发人员的喜爱。有人把它称为网页的"织梦者"，也有人把它与 Fireworks 和 Flash 一起称为"网页设计三剑客"，众多的专业网站和个人主页都把它列为网页设计的首选工具。在"网页设计三剑客"中，Dreamweaver 是一个总设计师，负责建立站点、组织排版、制作网页等，Dreamweaver 与 Fireworks、Flash 实现了无缝链接，可以方便地调用 Fireworks 进行网页图像的处理，可以方便地把 Flash 设计的动画插入到网页中，从而形成一个完美的网页设计开发环境。

Dreamweaver 是一个很专业的网页设计软件，它包括可视化编辑、HTML 代码编辑的软件包，支持 ActiveX、JavaScript、Java、Flash、ShockWave 等，而且它还能通过拖动从头至尾制作动态的 HTML 动画，支持动态 HTML（Dynamic HTML）的设计，同时它还提供了自动更新页面信息的功能。

Dreamweaver 还采用了 Roundtrip HTML 技术。这项技术使得网页在 Dreamweaver 和 HTML 代码编辑器之间进行自由转换，HTML 句法及结构不变。这样，专业设计者可以在不改变原有编辑习惯的同时，充分享受到可视化编辑带来的益处。

某些简单的网页，也可以使用普通的文本编辑软件（如 Windows 中的记事本）直接编写 HTML 代码来完成设计。

2．素材加工处理工具

除 HTML 源文件以外，构成一个完整的网页还需要其他一些文件，例如，图形图像、动画等文件，这一类素材，通常需要进行一定的加工处理，如图像优化、格式转换、页面特效等。目前有许多专门的素材加工处理工具，如 Photoshop、Flash、Fireworks、CorelDraw、Cool 3D 等，这些专业化的素材加工处理工具既有各自的特长和独到之处，又有一些类似的操作使用方法。

（1）Adobe Photoshop

Adobe 公司的 Photoshop 是当今最流行的图形图像处理软件之一，它能够实现专业化的图像制作、处理及合成。作为专业的图形图像处理软件，Photoshop 无论在用户界面还是图像处理技术上都具有独到之处。

Adobe Photoshop 作为专业的图像编辑标准，可帮助艺术创作者提高工作效率，尝试新的创作方式以及制作适用于打印、Web 和其他任何用途的高品质的图像。通过便捷的文件数据访问、简易的 Web 页面设计、专业品质的照片处理及其他功能，可以创造出精彩绝伦的图像世界。

（2）Adobe Flash

目前用来创作动画的软件有很多，但 Adobe Flash 由于其独特的魅力迅速成为大多数网页设计者的首选工具。

Flash 是一种交互式矢量多媒体技术，是目前 Web 发展的一个大流派。目前，Flash 广泛应用于网页动画制作、教学动画演示、网上购物广告、在线游戏等制作。

Flash 是完全基于矢量的动画处理技术，而矢量图形就是用少量的向量数据来描述一个复杂的对象，存储时只占很小的空间，但图像的质量却很好，而且矢量图形可以做到真正的无限放大，因此用 Flash 制作出来的动画不管怎样放大、缩小，都是清晰可见的，并不会因为放大而降低图像质量。

Flash 采用的是插件的工作方式，用户只需在浏览器中安装一次 Shockwave Flash 插件，以后就可以快速启动并观看动画，而不必像 Java 那样，每次都要花费大量的时间启动虚拟机。实际上在 IE 5.0 和 Netscape Navigator 4.0 以及更高版本的浏览器中已经集成了 Shockwave Flash 插件，所以很多情况下，并不需要安装这一插件就可以欣赏 Flash 动画了。

Flash 采用"流式"动画播放技术，用户不必等到动画全部下载完毕才能欣赏，而是可以一边下载一边欣赏，减少了等待时间。

Flash 支持多种不同文件格式的导入，可直接导入 MP3 音乐、脚本化音量、镜头平移以及动态音频事件生成功能等，大大增强了 Flash 的音频处理能力。

Flash 使用内置的 ActionScript 语句结合 JavaScript，可以创作互动性很强的动感十足的动画作品。

（3）Adobe Fireworks

Adobe 公司的 Fireworks 是目前流行的网页图形及图像处理工具，其最主要的特点是有机地把矢量图像处理和位图处理结合了起来。使用 Fireworks，可以在一个专业化的环境中创建和编辑网页图形，对其进行动画处理、添加高级交互功能以及优化图像等。

Fireworks 可以用很少的步骤生成所占空间很小但质量很好的 JPEG 和 GIF 图像，这些图像可以直接应用于网页中。Fireworks 简化了制作主页和影视图像的流程，它可以在不降低图像质量的前提下压缩文件的大小，从而大大提高网站的浏览速度。

在网页图形与特效制作方面，Fireworks 综合了众多图形设计工具软件的功能和优点，从绘制与编辑简单几何图形与位图图像到绘制矢量图，从选择调色到优化图形，从制作特效文字到创建形形色色的按钮、导航条、动画等动态效果，Fireworks 大大简化了网络图形设计的工作难度，它使网络图形的设计处理变得轻松有趣。

无须借助于任何其他工具，Fireworks 就可以完成将一个图像转化为网页元素的全过程。这使设计者可以把精力集中在设计和创作上，而不会因为从一个工具转换到另一个工具而分散注意力以致降低工作效率。

1.3.3　网站设计的一般过程

尽管对于不同的网站和不同的设计人员，网站设计的具体过程是不会完全相同的，但主要的环节一般包括以下几个方面，即确定网站主题、素材组织整理、规划网站、选择制作工具、制作网页、上传测试、推广宣传和维护管理等。

1. 确定网站主题

确定网站的主题是建立网站时首先应考虑的问题。网站主题是网站所要包含的主要内容的体现。网络上的题材丰富多彩，如体育、新闻、娱乐、财经、生活、科技、教育等，但一个网站必须要有明确的主题。

2. 素材组织整理

明确了网站的主题以后，就要围绕主题组织整理素材。有了丰富的素材，网站才会有丰富的内容，丰富的素材是构建成功网站的基础。网站的素材可以是任何形式，如文字、图片、影像、声音、动画等。但必须牢记，任何素材都是为网站主题服务，必须与网站所要提供的信息有关。

3．规划网站

一个网站设计得成功与否，很大程度上取决于设计者的规划水平。规划网站就像设计师设计大楼一样，图纸设计好了，才能建成一座坚固漂亮的楼房。商业网站的规划一般分成三个阶段，即：前期的客户需求分析、网站类型确认、网站结构规划、网站功能规划、网站平台硬件、软件的配置方案；中期的网站风格定位、网站功能模块的设计、网站的美术设计、网站内容的编辑、网站发布前的测试；后期的网站运行服务、技术支持、网站宣传推广等。

一般性的网站，其规划内容可以概括为以下几个方面，即：网站的结构、风格、栏目的设置、颜色搭配、版面布局、网页元素的运用以及网站管理维护模式。

4．选择制作工具

尽管选择什么样的工具对网页的设计效果并无大的影响，但是一款功能强大、使用简便的软件往往可以起到事半功倍的效果。网页制作涉及的工具比较多，目前大多数设计人员选用的都是"所见即所得"的编辑制作工具，如 Dreamweaver；除此之外还要考虑美化网页的各类工具。

5．制作网页

制作网页是网站设计的核心环节，这是一个复杂而细致的过程，通常按照先大后小、先简后繁的顺序来进行制作。所谓先大后小，就是说在制作网页时，先把大的结构设计好，然后再逐步完善小的结构设计。所谓先简后繁，就是先设计出简单的内容，然后再设计复杂的内容，以便于修改。在制作网页时要灵活运用模板和库项目，这样可以大大提高制作效率。

制作网页的步骤大致分为以下几个阶段：

① 结构设计：包括风格、栏目和版块结构等。

② 内容、形象设计：包括网站的标志、标准色彩、标准字体、宣传标语等。

③ 主页设计和其他页面的设计。

6．上传测试

网页制作完毕上传发布到 Web 服务器上后，Internet 用户才能够浏览网页，共享信息。网站上传的工具有很多，有些网页制作工具本身就带有 FTP 功能，利用这些 FTP 工具可以很方便地把网站发布到远程 Web 服务器上。

网站的测试是网站设计的重要环节，通过测试才能发现并纠正各种问题。测试工作一般包括兼容性测试、链接测试和实地测试。

网站上传以后，要对所有的链接和导航工具条逐项测试，发现问题及时修改，然后再上传测试。

需要注意的是，在设计网站时应尽量选用新版本软件，但并不是每个浏览用户都使用最新的浏览器，所以在测试时要兼顾早期版本的浏览器。

7．推广宣传

网页上传发布后，还要不断地进行宣传，这样才能让更多的用户认识它，提高网站的访问量和知名度。以下是推广宣传网页的常用方法：

（1）在搜索引擎上注册网页

在搜索引擎上注册网页是首选推广方法。搜索引擎是一个进行信息检索和查询的专门网站，是许多网友查询网上信息和在网上进行冲浪的第一去处，所以在搜索引擎中注册网站，是推广和宣传主页的首选方法。注册的搜索引擎数目越多，主页被访问的可能性就越大，在搜索引擎成功注册后，其他人就能在这些引擎中查到相应的网页。

（2）在影响较大的 ISP 主页上注册网页

大多数用户上网时，都会去访问他的 ISP 的主页。因此，若能够在规模比较大、名气比较高的国内外 ISP 中登记网站的主页（根据网页的内容选取不同的类型登记），该 ISP 的所有客户在访问该 ISP 主页时顺便光顾这个站点的可能性就比较大，这些客户也就会成为网站的潜在用户。

（3）参加各种广告交换组织

可以到一些广告交换组织网站去登记，成为它们的会员，将其广告加到自己的主页中，而自己的主页图标也会出现在其他会员的主页上。国内许多著名的 ISP 都是广告交换组织的会员。这样，自己主页的链接就会出现在这些主页上。

（4）与相关网站进行友情链接

目前许多网站都注重宣传，因此大多数站点都愿意与其他的主页进行友情链接，在这些主页上都有专门提供友情链接的空间，可以先在自己的网站主页上给其他网站设置一个友情链接，然后再发一封邮件给这些站点的管理员，请求将自己的网站也加到这些站点的相关链接中。这种互惠互利的协作方式也能达到宣传网站的目的。当然，在选择要相互链接的站点时，要考虑该网站的知名度及该网站的性质和主题是否与自己的站点一致。

（5）其他推广方法

除上面介绍的网站（网页）推广方法之外，还有许多其他的推广方法，如利用电子邮件群发消息、通过新闻媒体进行宣传、利用留言板进行宣传、利用电子邮件发通知、在聊天室里发邀请、在新闻组上发布主页消息、使用专门注册工具提交主页等。

8. 维护管理

无论是个人网站还是企业网站，在发布了站点之后，都需要进行大量的维护与管理。网站的维护与管理主要包括三方面内容，即网站更新、网站备份和网站恢复。

（1）网站更新

网站上的信息更新是一项经常性的艰巨任务。站点的主题不同，站点内容更新的频率也不同。例如：新闻站点应该随时更新，许多新闻站点的更新速度比报纸、杂志甚至电台、电视台都快；公司的站点应该紧跟公司的发展，随时公布新产品、新的促销手段；学术站点应该开辟学术论坛，及时发布最新的学术观点，提出新的问题；ISP 应不断推出新政策，吸引更多的用户；个人主页则是千差万别，要视具体情况及时更新。

更新网站与发布网站的过程完全相同，使用专门的软件会自动检测出哪些文件需要更新，哪些不必修改，这样可以节约很多传送文件的时间。

维护更新时，要充分利用网页设计工具提供的批量管理技术（如 Dreamweaver 模板及库功能），以提高工作效率。

（2）网站备份

当网页制作完毕后，应该制作一个副本，存放在安全位置。一旦服务器或本地计算机出问题，便可利用副本及时恢复网站的所有内容。站点的备份方法如下：

① 将发布到站点上的所有内容利用 FTP 从远程站点下载到本地机。

② 利用压缩软件，如 Winzip、WinRAR 等，将整个站点目录压缩到一个文件中。

③ 将压缩后的文件保存起来。

（3）网站恢复

如果 WWW 服务器或 FTP 服务器出了问题，系统管理员就会发出需要恢复文件的通知，并提供恢复的步骤，最简单的方法就是将本地机上的站点重新发布一次。

如果用来制作网页的计算机出了问题，应该及时解决问题。如果建在这台计算机上的站点受到破坏，可以利用原来的备份进行恢复。恢复的步骤如下：

① 将网站备份文件复制到一台 Internet 主机上。

② 利用 WinZip 等压缩软件将压缩的站点展开到某一个目录中。

③ 利用 FTP 功能将整个目录导入到打开的站点中。导入时可以导入一个站点、一个文件夹，也可以导入某些文件。

④ 检验恢复是否正确，是否与 WWW 服务器上的内容一致。

站点的维护与更新是件非常烦琐的事情，只有不断更新站点中的内容，才有可能吸引更多的浏览用户。

1.3.4　网页设计的基本原则

为使网页更受浏览者的喜爱，进行网页设计时应遵守一定的设计原则。网页设计的基本原则主要有以下几个方面：

1．浏览者优先

无论什么时候，不管是着手准备设计网页之前，还是正在设计之中，或者已经设计完毕，作为网页设计者必须把浏览用户放在首位，将吸引更多的用户作为设计的要务，因为没有用户浏览光顾，再好的网页都是没有意义的。

2．重视主页的设计

主页是最重要的页面，是网站留给用户的第一印象。如果是新开的网站，最好在主页对网站的性质与所提供内容进行扼要说明与导航，让浏览者判断要不要继续浏览。主页最好有很清楚的类别选项，而且尽量符合人性化，让浏览者可以很快找到需要的主题。在设计上，应秉持干净而清爽的原则。第一，若无需要，尽量不要放置大型图片或加上不适当的程序，因为它会增加下载时间，导致浏览者失去耐心；第二，页面不要设计得杂乱无序，以免浏览者难以找到感兴趣的东西。记住，失败的主页会让许多人掉头远去。

3．内容分类明确

内容的分类很重要，可以按主题分类、按性质分类、按机关组织分类，或按人们的直觉思考分类等，一般而言，按人们的直觉思考分类会比较亲切。但无论哪一种分类方法，都要让用户很容易找到目标。而且分类方法最好尽量保持一致，当需要混用多种分类方法时，应遵循不让浏览者搞混的原则。此外，在每个分类选项的旁边或下一行，最好也加上这个选项内容的简要说明。

4．具有互动性

WWW 的一个重要特色就是互动。好的网页必须与浏览者有良好的互动性，在页面呈现、信息导航等多个方面，都应该掌握互动的原则，让用户感觉他的每一项操作都确实得到适当的回应。当然，这需要一些设计上的技巧与软硬件支持。事实上，只有掌握了设计技巧，不断积累经验并注重软硬件技术的配合运用才能制作出好的网页。

5．合理使用图片

图片是 WWW 网站的特色之一，它具有醒目、吸引力强以及传达信息直观的特点，适当的应用图片可以使网页增色，而图片的不当应用则会带来相反的效果，特别是大量使用无意义的大型的图片。根据经验与统计，用户可以忍受的最长等待时间大约是 90s，如果网页无法在这段时间内下载并显示完毕，那么用户就会毫不留情掉头离去。因此必须依据 HTML 文件、图片文件的大小，考虑传输速率、延迟时间、网络通信状况，以及服务端与客户端的软硬件条件，估算网页的传输与显示时间。在图片使用上，尽量采用一般浏览器均可支持的压缩图片格式，例如 JPEG 与 GIF 等，而其中 JPEG 的压缩效果较好，适合中大型的图片，可以节省传输时间。

6．色彩搭配和谐

打开一个网站，给用户留下第一印象的既不是网站丰富的内容，也不是网站版面布局，而是网站的色彩。色彩对人的视觉冲击效果非常明显，一个网站设计成功与否，在某种程度上取决于设计者对色彩的运用和搭配。因为网页设计属于平面效果设计，除立体图形、动画效果之外，在平面图上，色彩的冲击力是最强的，它很容易给用户留下深刻的印象。因此，在设计网页时，必须高度重视色彩的搭配，按照内容决定形式的原则，大胆进行艺术创新，设计出既符合网站要求，又有一定艺术特色的网站。

色彩搭配既有技术性，同时也有很强的艺术性，因此，设计者在设计网页时除了考虑网站本身的特点外，还要遵循一定的艺术规律，使色彩搭配合理，给人一种和谐、愉快的感觉。进行色彩设计时，应避免采用纯度很高的单一色彩，纯度很高的单一色彩容易造成视觉疲劳。

色彩搭配要注意以下问题。

① 使用单色。尽管网站设计要避免采用单一色彩，以免产生单调的感觉，但通过调整色彩的饱和度和透明度也可以产生变化，使网站避免单调。

② 使用邻近色。所谓邻近色，就是在色带上邻近的颜色，例如绿色和蓝色、红色和黄色就互为邻近色。采用邻近色设计网页可以使网页避免色彩杂乱，易于达到页面的和谐统一。

③ 使用对比色。对比色可以突出重点，产生强烈的视觉效果，通过合理使用对比色能够使网站特色鲜明、重点突出。在设计时一般以一种颜色为主色调，对比色作为点缀，可以起到画龙点睛的作用。

④ 黑色的使用。黑色是一种特殊的颜色，如果使用恰当，设计合理，往往产生很强烈的艺术效果，黑色一般用来作背景色，与其他纯度色彩搭配使用。

⑤ 背景色的使用。背景色一般采用素淡清雅的色彩，避免采用花纹复杂的图片和纯度很高的色彩作为背景色，同时背景色要与文字的色彩对比强烈一些。

⑥ 色彩的数量。一般初学者在设计网页时往往使用多种颜色，使网页变得很"花"，缺乏统一和协调，缺乏内在的美感。事实上，网站用色并不是越多越好，一般控制在 3 种色彩以内，通过调整色彩的各种属性来产生变化。

7．避免滥用技术

技术是令人着迷的东西，许多人喜欢使用技术。专家普遍指出，技术运用恰当会让网页栩栩如生，令人叹为观止，但使用不当的技术则适得其反，会影响网页的效果。首先，使用技术时一定要考虑传输时间，不要因此延长浏览用户的等待时间；其次，技术一定要与本身网站的性质及内容相配合，不要应用不相干的技术。有一个最常见的技术应用，就是利用 JavaScript

实现的走马灯的功能，让文字可以动态地显示在窗口的最下一栏，这种方式看起来似乎很酷，但却容易遮住该位置原本用来显示地址及传输状态的功能，反而造成用户的不便。何况，既然只是显示几个文字，何不直接放在 HTML 本文中呢？Java 小程序也是目前网络上的常见技术，擅长于动态对象的呈现，虽然只要浏览器支持就可以"动"起来，但同样也需要考虑传输时间，以及一般用户的计算机系统负荷问题。在网页中应尽量避免使用不必要的技术，以免使网页失去主题。

8．考虑用户的技术支持

网页设计者不能决定用户的技术支持，但是网页设计者应考虑用户的技术支持。例如上网带宽、计算机的分辨率和浏览器的版本等。在设计网页时，须考虑到浏览用户带宽较小的情况，对于一些较大的 Flash 动画、图片要在技术上将其分割；另外要充分考虑浏览者的计算机配置问题，因为计算机的分辨率和浏览器的版本不同，浏览的效果是不一样的。

如果想让所有的用户都能毫无障碍地浏览网页，就要在设计网页时进行必要的技术处理。

1.3.5 网页发布的一般过程

网页发布是把设计制作好的网页上传到远程 Web 服务器上去，这样 Internet 用户才能通过网络来访问网站。

1．网页发布的方式

网页发布的方式通常有 3 种，即直接复制、利用 FTP 工具传输和利用开发工具的内置上传功能。

（1）直接复制

直接复制是将制作完成的网页文件直接复制到 Web 服务器的指定目录下。除网管人员外，一般网页设计人员不可能接触 Web 服务器，所以对于一般设计人员不可能采用这种直接复制的方式。

（2）利用 FTP 工具传输

通过 FTP 传输工具软件，将存储在本地机上的站点文件上传到远程服务器的指定位置。常用的 FTP 传输软件有 CuteFTP、LeechFTP、QuickFTP、FTP Commander 等。FTP 软件的使用方法大同小异，用户可以根据自己的喜好选择一种即可。

通过 FTP，既能把本地机上的文件上传到服务器，也能将服务器上的文件下载到本地机。

（3）利用开发工具的内置上传功能

目前，多数开发工具带有文件上传功能，为站点文件上传发布提供了便利。例如，网页设计工具 Dreamweaver 就内置了上传文件的功能，使用 Dreamweaver 的内置功能，可以方便地将本地站点的文件上传到远程服务器上。

2．发布个人网页的一般过程

① 选择 ISP 申请主页空间。申请后会得到一个网页地址、FTP 主机地址、用户名以及密码等资料。

② 上传网页文件。若使用 FTP 上传，需要在本地机安装一个 FTP 软件。上传文件时，需要提供申请到的网页地址、FTP 主机地址、用户名以及密码等资料。

上传之后，即可通过浏览器访问网页。

小　　结

（1）网页的本质是一个计算机文件，其基本内容是 HTML 文本；网站是按照一定的规则组织的若干网页的联合体；访问网页的工具是 WWW 浏览器，WWW 浏览器通过网页的 URL 访问网页。URL 的构成如下：

protocol:// hostname[:port] / directory / filename

（2）网页分为静态网页和动态网页两大类。静态网页的内容在本质上不会因用户访问而改变，而动态网页能够实现与用户的交互，会因用户访问产生新的页面信息。根据实现方式的不同，动态网页又分为客户端动态网页和服务器端动态网页。实现网页交互性的重要技术是脚本语言。

（3）网页是由网页元素构成的，网页的基本元素有文本、图像、超链接、动画、视频、声音、表单等。不同的网页元素具有各自的特点和格式。

（4）网页设计制作的基本方式有 3 种，即人工编码方式、利用可视化工具设计方式、人工编码和可视化工具结合方式，各种设计方式都有相应的支持工具，目前最为流行的可视化设计工具是 Dreamweaver。

（5）网站设计的一般过程包括 8 个方面，即确定网站主题、素材组织整理、规划网站、选择制作工具、制作网页、上传测试、推广宣传和维护更新。

（6）网页设计的基本原则概括为 8 点，即浏览者优先、重视主页的设计、内容分类明确、具有互动性、合理使用图片、色彩搭配和谐、避免滥用技术、要考虑用户的技术支持。

（7）网页发布是把存储在本地主机上的网页文件上传到远程 Web 服务器的过程，可以使用 3 种发布方式，即直接复制、利用 FTP 工具传输和利用开发工具的内置上传功能，而后两种是最常用的发布方式。

习　题　一

1. 登录一个网站，查看其主页的源文件和超链接页面的 URL 信息。
2. 登录一个网站，仔细观察网页，找出其中不同的网页元素。
3. 打开 IE 浏览器，浏览观察其窗口结构和菜单功能。
4. 分别打开 Photoshop、Flash 和 Fireworks 软件，浏览观察其窗口结构和菜单功能。
5. 利用搜索引擎查找可提供免费主页空间的 ISP，并申请一个主页空间，然后将本地主机的一个文件夹内容上传到申请的免费空间中。

第**2**章 HTML 简介

本章概要

HTML 是网页的基本描述语言，任何网页都是由 HTML 代码构成的文本文件。本章从一个简单的 HTML 文档开始，结合一些具体示例，对 HTML 的基本知识进行简要介绍，包括 HTML 文档的基本结构、标记及属性的概念、常用标记的用法、使用表格和框架进行网页布局的基本方法等。尽管目前可视化工具是网页设计的主流工具，但作为网页设计人员，学习和掌握一定的 HTML 基本知识，对提高网页设计水平是很有必要的。

教学目标

- 掌握 HTML 文档的结构特点，掌握标记和标记属性的概念及作用，学会使用文本编辑软件建立和编辑 HTML 文档的方法。
- 了解 HTML 常用标记的作用，熟悉常用标记的主要属性，能够在网页中插入和编辑基本的网页元素，如文本、图形、超链接、多媒体等。
- 掌握表格的相关标记，能够利用表格标记建立和编辑表格，能够在表格中使用其他网页元素。
- 掌握框架的概念，了解框架在网页布局中的作用，能够利用框架标记建立和编辑简单框架，学会在框架中使用和管理网页文件的方法。

2.1 HTML 文档的基本结构

HTML 文档是具有特殊结构的纯文本文件，构成 HTML 文档的标记命令既有规定的语法格式，也有规定的使用位置。本节将对此作详细介绍。

2.1.1 简单的 HTML 文件

HTML 文件是由 HTML 命令构成的文本文件，任何文本编辑软件都可对其进行编辑，以 htm 为扩展名存储后，用 Web 浏览器即可浏览相应的网页。下面是一个简单的 HTML 文件及其在浏览器中浏览显示的结果。

【例 2.1】简单 HTML 文件示例。

```
<html>
<head>
<title>我的网页</title>
</head>
<body>
Hello! 网页设计的学习现在开始啦!
</body>
</html>
```

可以使用 Windows 的记事本程序编辑该文件。若将其命名为 sample.htm，保存在 D 盘的 html 文件夹中，则在浏览器地址栏中输入 d:\html\sample.htm 信息后，即获得图 2-1 所示的浏览结果。

图 2-1　sample.htm 文件的浏览结果

对照图 2-1 显示的结果，不难发现：sample.htm 文件中"我的网页"出现在浏览器窗口的标题区，是网页的标题，"Hello! 网页设计的学习现在开始啦！"则是网页的实际内容，尖括号"<>"及其限定的代码是 HTML 的标记命令，这些内容不显示在浏览结果中。

2.1.2　标记和属性

1．标记

HTML 用于描述功能的标识符称为标记，标记的作用是告诉浏览器如何呈现被标记的相关信息。标记在使用时必须用尖括号"<>"加以限定，用做标记的标识符不出现在浏览结果中。例如，在 sample.htm 文件中，html、head、body 和 title 都是标记符，这些标记在图 2-1 的浏览结果中是不出现的。

说明：

① HTML 的多数标记都是成对出现的，前面的一个称为开始标记，后面的一个称为结束标记，结束标记需在标识符前使用斜杠"/"符号。sample.htm 文件的 html、head、body 和 title 都是成对标记符。

② 标记中允许包含其他标记，但标记不能出现交叉。如 sample.htm 文件中在 head 标记中包含了 title 标记，其包含形式为"<head> <title>…</title></head>"，若编写为"<head> <title>…</head></title>"形式，则会因标记交叉而出错。

③ 任何标记的大写和小写形式都是等价的。

④ 并非所有的 WWW 浏览器都支持所有的标记，有的浏览器对有些标记是不支持的，当浏览器不支持某个标记时，该标记即被忽略。

2．标记的属性

HTML 的多数标记在使用时需要提供一些参数，以进一步明确标记的功能。在标记中使用的参数称为标记的属性，标记属性应包含在起始标记中。一个标记可以有多个属性，每个属性都有对应的属性值。例如，下面是段落标记 p 的一种使用形式：

```
<p align="center">
```

其中，"align"是标记 p 的属性，"center"是属性"align"的值，该标记将使其后的段落居中显示。

【例 2.2】标记属性示例（HTML 文件名为 sample-p.htm）。

```
<html>
<head>
<title>我的网页</title>
```

```
</head>
<body>
Hello! 网页设计的学习现在开始啦!
<p align="center">同一个世界，同一个梦想! </p>
</body>
</html>
```

其中，"<p align="center">同一个世界，同一个梦想! </p>"的段落标记 p，由于使用了属性值为 center 的 align 属性，使得段落文字"同一个世界，同一个梦想!"在浏览器中居中显示，效果如图 2-2 所示。

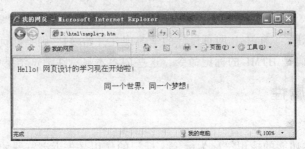

图 2-2　标记属性示例

说明：
① 任何标记的属性都有默认值，当能够使用默认属性时，属性描述即可省略。
② 标记参数的具体的值使用英文引号加以限定。

2.1.3　HTML 的结构标记

前面介绍的 sample.htm 文件尽管十分简单，但对于 HTML 文件的结构却展现得比较清晰。HTML 文件的基本结构如图 2-3 所示，总体上分为 head 区和 body 区两部分（使用框架的情况在以后讨论），每个区都拥有各自的一些标记。head 区的标记主要用于描述网页的标题、供搜索引擎使用的网页检索关键字、网页说明、网页使用的编码语言等信息。body 区是网页内容的主体区，包括描述网页主体内容的标记和信息，如网页外观、网页中的文本、图形、动画、超链接等。用于 HTML 文件结构描述的基本标记是 html、head 和 body。

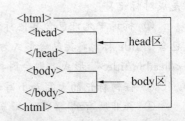

图 2-3　HTML 文档的基本结构图

1. html 标记

html 标记由"<html>"和"</html>"构成，"<html>"通常位于 HTML 文件的开头，表示 HTML 文档的开始，"</html>"位于文件的结尾，表示 HTML 文档的结束，HTML 文档的其他内容都限定在 html 标记对中。一个 HTML 文件只有一对 html 标记。

2. head 标记

head 标记由"<head>"和"</head>"构成，位于 HTML 文档的前部。head 区常用的标记有 title、meta、link 等。这里只介绍 title 和 meta 标记的基本用法，关于 link 标记的用法将在后续内容中介绍。

（1）title 标记

title 标记通常用于标识网页标题，是 head 中最常用的标记。title 标记的格式如下：

`<title>字符串</title>`

格式中的"字符串"是网页的标题内容，浏览网页时该内容显示在网页顶部的标题行中。标题字符串的长度没有限制，但过长的内容会使网页标题显示不完整，失去标题的意义，一般以清晰明了、长度适中为宜。

（2）meta 标记

meta 标记用于描述网页关键字和网页说明、定义网页语言编码、页面刷新设置等，进行网页浏览时，这些标记信息是不可见的。

① 描述网页关键字和网页说明。该项功能由 meta 标记的 name 属性进行描述。

● 描述网页关键字一般格式如下：

`<meta name="keywords" content="关键字列表">`

该标记的 name 属性值是"keywords"，其内容为"关键字列表"，它是用逗号","分割的一组关键字。"关键字列表"中的关键字是网络搜索引擎借以分类的关键词。

例如：

`<meta name="keywords" content="咨询,技术服务,设计,转让">`

● 描述网页说明一般格式如下：

`<meta name="description" content="网页说明信息">`

该标记的 name 属性值是"description"，其内容为"网页说明信息"。"网页说明信息"是一段文本，它将作为搜索引擎对网页的描述信息。

在页面里使用这些定义后，一些搜索引擎就能够根据这些关键字搜索到相应网页，并显示关于网页的说明信息。

② 定义网页语言编码。该项功能由 meta 标记的 http-equiv 属性进行描述，一般格式如下：

`<meta http-equiv="content-type" content="text/html; charset=字符集编码名称">`

在网页中使用该项定义后，浏览器将根据此项自动选择正确的语言编码，而不需要浏览者在浏览器里选择。

例如，在网页中使用如下标记后，浏览器将自动选用 GB2312 编码作为本网页字符编码：

`<meta http-equiv="content-type" content="text/html; charset=gb2312">`

③ 页面刷新。该项功能由 meta 标记的 http-equiv 属性进行描述，一般格式如下：

`<meta http-equiv="refresh" content="数值;URL=文件名或网址">`

其中，content 属性中的"数值"代表刷新网页延迟的时间，单位是秒；"文件名或网址"为刷新时要链接到的文件或网址。当缺少 URL 项时，浏览器将刷新当前网页。

【例 2.3】定时刷新页面示例（HTML 文件名为 mark-meta.htm）。

```
<html>
<head>
<meta http-equiv="refresh" content="20;URL=http://www.sohu.com">
<title>我的网页</title>
</head>
<body>
Hello! 网页设计的学习现在开始啦!
</body>
</html>
```

无论何时，只要进入该页面，经过 20s，网页将自动刷新为搜狐主页。

3．body 标记

body 标记是网页的主体标记，由<body>和</body>构成，网页中的可见对象通常在 body 区内进行描述，body 区常用的标记有排版标记、图像标记、超链接标记、表格标记等，这些标记在后续各节中陆续介绍，这里只介绍 body 标记的常用属性。

（1）bgcolor 属性

bgcolor 属性用于定义网页的背景颜色。一般使用格式如下：

bgcolor="#RGB 颜色编码"

或者：

bgcolor="颜色标识符"

第一种格式采用了红、绿、蓝三原色的配色方法，"RGB 颜色编码"是一组六位的十六进制数值，第 1、2 位表示红色值（R），第 3、4 位表示绿色值（G），第 5、6 位表示蓝色值（B），每个原色可有 256 种彩度，故此三原色可混合成一千六百多万的颜色。例如：

白色的组成 red=ff，green=ff，blue=ff；RGB 值为 ffffff。

红色的组成 red=ff，green=00，blue=00；RGB 值为 ff0000。

绿色的组成 red=00，green=ff，blue=00；RGB 值为 00ff00。

蓝色的组成 red=00，green=00，blue=ff；RGB 值为 0000ff。

黑色的组成 red=00，green=00，blue=00；RGB 值为 000000。

第二种格式的"颜色标识符"在 HTML 的预定义颜色符中取值。以下是常用的预定义颜色符：

black、olive、teal、red、blue、maroon、navy、gray、lime、fuchsia、white、green、purple、sliver、yellow、aqua。

例如，下面的 body 标记将使网页背景颜色设置为灰色。

<body bgcolor="#cccccc">

（2）body 标记的其他常用属性

body 标记的其他常用属性如表 2-1 所示。

表 2-1　body 标记的其他常用属性

属 性 名	属 性 用 法	属 性 功 能
background	background="图像 url"	设定图像为网页背景
text	text="颜色"	设定网页文本的默认颜色
link	link="颜色"	设定链接文字颜色
alink	alink="颜色"	设定活动链接文字颜色
vlink	vlink="颜色"，	设定已访问链接文字颜色
leftmargin	leftmargin="像素值"	设定页面左侧的留白距离
topmargin	topmargin="像素值"	设定页面顶部的留白距离

2.2　排 版 标 记

排版标记是对网页的页面版式进行控制的标记，主要有标题标记、段落标记、换行标记、文本标记、文字风格标记等。

2.2.1　标题标记

标题标记有 6 种，分别为 h1、h2、…、h6，用于表示文本的各种题目，标题号越小，字号越大。标题标记的一般格式如下：

```
<hn align = "对齐方式">标题内容</hn>
```

其中：

hn 分别表示 h1、h2、…、h6。

align 是标题标记的属性，属性值为标题的对齐方式，具体为 left、center 和 right，分别使标题居左、居中和居右。

【例 2.4】标题标记应用示例（HTML 文件名为 mark-hn.htm）。

```
<html>
<head>
<title>标题标记应用示例</title>
</head>
<body>
<h1 align="left">这里是标题 h1</h1>
<h2 align="left">这里是标题 h2</h2>
<h3 align="center">这里是标题 h3</h3>
<h4 align="center">这里是标题 h4</h4>
<h5 align=" left ">这里是标题 h5</h5>
<h6 align=" left ">这里是标题 h6</h6>
</body>
</html>
```

网页浏览结果如图 2-4 所示。

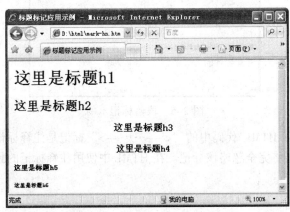

图 2-4　标题标记应用示例

2.2.2　段落标记

段落标记 p 用于定义一个段落，并对段落的属性进行说明。p 标记有多个属性，最常用的属性是 align 属性，用于定义段落的排放形式。一般格式如下：

```
<p align="属性值">
段落文本
</p>
```

align 属性的常用值有 3 个，即 left、center 和 right，分别规定段落在窗口中的水平位置为居左、居中和居右。

说明：

① p 标记中的</p>标记可以省略，浏览器在遇到下一个<p>标记时自动开始一个新段落。

② 普通文本中的段落标识在 HTML 中都被忽略掉，HTML 文档唯一的段落标识是段落标记<p>，只有遇到<p>标记时 HTML 才会产生新段落。

③ 段落中不管有多少个连续空格，都将被处理为一个空格。

【例 2.5】段落标记应用示例（HTML 文件名为 mark-p.htm）。

```
<html>
<head>
<title>p 标记和段落的示例</title>
</head>
<body>
<p>
第 29 届奥运会在北京举行。
同一个世界，同一个梦想！<!--该行和上一行是同一个段落-->
</p><!这个标记可以省略>
<p align="center">2008，北京！<!--这是一个新段落-->
<p>中国北京欢迎来自世界各地的朋友！<!--这是另外一个段落-->
<p>北    京    欢    迎        您！<!--请注意观察浏览结果-->
</body>
</html>
```

网页浏览结果如图 2-5 所示。

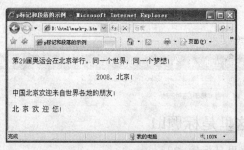

图 2-5　段落标记示例

请读者注意，上面 HTML 代码中的"<!--……-->"标记是注释标记，该标记对浏览结果不起任何作用，浏览器将完全忽略该标记。在 HTML 中使用注释标记的目的仅是为阅读代码提供帮助。

2.2.3　换行标记

换行标记 br 是一个单标记，其功能是产生换行。一般格式如下：

```
<br>
```

换行标记是用法最简单的标记，也是最常用的标记之一。

说明：

仅产生一个新行，并不产生新段落。若在一个段落中使用该标记，产生的新行仍然具有原段落的属性。

【例 2.6】换行段落标记应用示例（HTML 文件名为 mark-br.htm）。

```
<html>
<head>
<title>br 标记示例</title>
</head>
<body>
<p>
第 29 届奥运会在北京举行。
同一个世界，同一个梦想！<!该行和上一行是同一个段落>
<p align="center">2008，北京！<br> 中国北京欢迎来自世界各地的朋友！
<p>北　　　京　　　欢　　　迎　　　您！
</body>
</html>
```

网页浏览结果如图 2-6 所示。

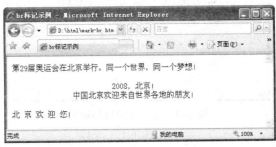

图 2-6　换行标记示例

由浏览结果可见，mark-br.htm 文件中的
标记产生了换行效果，但产生的新行"中国北京欢迎来自世界各地的朋友！"与"2008，北京！"属同一个段落，仍然居中显示。

2.2.4　文本标记

文本标记 font 用于控制文字的显示形式，常用的属性有 3 个，即 size、face、color，分别定义文字的大小、字体、颜色。

1．设定文字大小

设定文字大小由 size 属性实现，有绝对方式和相对方式两种形式。一般格式如下：

绝对形式：`<font size="字号">文字</font>`

相对形式：`<font size="±n">文字</font>`

绝对形式的字号取值 1～7，数值越大字越大，HTML 的默认字号为 3 号字。相对形式中字号的实际大小有两种情况：

① 在没有特别设定基准字号的情况下，字号以默认字号 3 为基准变化。如 size="+2"等价于绝对表示法的 size="5"，size="-2"等价于绝对表示法的 size="1"。

② 当使用<basefont size="n">标记设定基准字号后，字号将以 n 为基准变化。如 size="+2"，则实际字号为 n+2；size="-2"，则实际字号为 n-2。

【例 2.7】文本标记应用示例（HTML 文件名为 mark-font-size.htm）。

```
<html>
<head>
<title>font(size)标记示例</title>
```

```
</head>
<body>
<font size="5">同一个世界，同一个梦想！</font>
<br>
<font size="+3">同一个世界，同一个梦想！</font>
<br>
<font size="-1">同一个世界，同一个梦想！</font>
<basefont size="6">
<br>
<font size="-1">同一个世界，同一个梦想！</font>
</body>
</html>
```

网页浏览结果如图 2-7 所示。

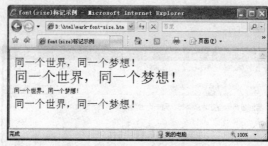

图 2-7　文本标记应用示例

2．设定文字字体

设定文字字体由 face 属性实现。一般格式如下：

`<font face="字体名称">文字</font>`

例如：

`<font face="楷体_GB2312">石油是一种不可再生能源</font>`

该示例以"楷体_GB2312"字体显示文字"石油是一种不可再生能源"。

说明：

只有当前系统中能够使用的字体，相应设定才是有效的。

3．设定文字颜色

设定文字的显示颜色由 color 属性实现。一般格式如下：

`<font color="#RGB 颜色编码">文字</font>`

或者：

`<font color="颜色标识符">文字</font>`

下面是文字颜色设置的示例。

示例一：`<font color="#00ff00">网页设计</font>`

示例二：`<font color="red">网页设计</font>`

示例一使"网页设计"文字显示为绿色，示例二使"网页设计"文字显示为红色。

在实际应用中，font 标记的 3 个常用属性 size、face、color 通常同时出现在一个 font 标记中，对文字的大小、字体和颜色进行设定。

【例 2.8】font 标记常用属性的综合应用示例（HTML 文件名为 mark-font.htm）。

```
<html>
<head>
```

```
<title>font 标记示例</title>
</head>
<body>
<font color="red">同一个世界，同一个梦想！</font>
<br>
<font size="+3" color="blue" face="隶书">同一个世界，同一个梦想！</font>
<br>
<font size="6" face="楷体_GB2312">同一个世界，同一个梦想！</font>
</body>
</html>
```

请读者上机浏览上面的网页，对照浏览结果分析 font 标记的作用。

2.2.5 文字风格标记

HTML 控制文字显示风格的标记有多种，表 2-2 给出了几种常用的标记。

表 2-2 常用文字风格标记

标 记 名 称	标 记 功 能	标记使用格式
b	文字加粗	文字
i	文字倾斜	<i>文字</i>
u	文字加下画线	<u>文字</u>
strike	文字加删除线	<strike>文字</strike>
sup	文字为上标	^{文字}
sub	文字为下标	_{文字}

【例 2.9】文字风格控制示例（HTML 文件名为 mark-style.htm）。

```
<html>
<head>
<title>文字风格标记示例</title>
</head>
<body>
<font size="5" face="楷体_GB2312">
<b><u>要设计好网页学习 HTML 是必要的！</u></b>
</font>
<br>
<font size="5" ><strike><i>学习 HTML 对设计网页毫无帮助！</i></strike></font>
<br><br>
<font size="+2">爱因斯坦与 E=mc<sup>2</sup>是科学的奇迹！</font>
</body>
</html>
```

网页浏览结果如图 2-8 所示。

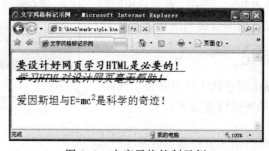

图 2-8 文字风格控制示例

2.3 多媒体标记

图像、声音等是重要的网页元素，在 HTML 文档中这些网页元素用多媒体标记进行描述，本节介绍图像标记及背景音乐标记的用法及其属性。

2.3.1 图像标记

图像标记 img 用于在网页中插入图像，该标记有多个属性参数。img 标记的一般格式如下：

`<img 属性表>`

其中常用属性的用法及功能如表 2-3 所示。

表 2-3 img 标记常用属性

属 性 名	属 性 用 法	功　　能
src	src="url"	指定插入图像的 url
align	align ="top"	图像两侧的文字与图像顶部对齐
	align ="center"	图像两侧的文字与图像中部对齐
	align ="bottom"	图像两侧的文字与图像底部对齐
	align ="left"	图像位置居左
	align ="right"	图像位置居右
title	title ="图像说明"	当鼠标移到图片上时显示图片说明信息
alt	alt ="图像替代文字"	在浏览器还没有装入图像时，先显示有关此图像的信息
height	height ="图像高度值"	设置图像高度（像素）
width	width ="图像宽度值"	设置图像宽度（像素）
border	border="图像边框宽度值"	设置图像边框宽度（像素）

【例 2.10】图像标记 img 应用示例（HTML 文件名为 mark-img.htm）。

```
<html>
<head>
<title>图像标记示例</title>
</head>
<body>
<img src="d:/html/image/ms.jpg" title="希望的田野" alt="麦穗" width="160"
height="100" >
</body>
</html>
```

网页浏览结果如图 2-9 所示，图中"希望的田野"是鼠标移动到图像上时显示的图像说明信息。

2.3.2 背景音乐标记

背景音乐标记 bgsound 用于插入背景音乐，该标记有多个属性。bgsound 的一般格式如下：

`<bgsound 属性表>`

bgsound 标记主要属性的用法及功能如表 2-4 所示。

图 2-9 图像标记应用示例

表 2-4　bgsound 标记常用属性

属性名	属 性 用 法	功　　　　　　能
src	src="url"	指定插入音乐的 url
autostart	autostart="true|false"	autostart 的取值只能是 true 或 false，取 true 时自动播放音乐
loop	loop="n|infinite"	n 是整数值，loop 取值为 n 时，连续播放 n 次，否则循环播放

下面是 bgsound 标记的用法举例。

`<bgsound src="animal.mid" autostart="true" loop="5">`

该标记将使音乐文件 animal.mid 下载后自动播放 5 次。

2.4　连　接　标　记

本节介绍的连接标记有两种类型，一种是在 body 区中使用的超链接标记，另一种是在 head 区中使用的 link 标记。

2.4.1　超链接标记

超链接是网页最重要的特性，HTML 的超链接由标记 a 实现。网页常用的链接形式有文件链接、锚点链接、E-mail 链接等。文件链接是指向一个文件目标，锚点链接是指向网页中的某一位置，E-mail 链接是通过邮件服务程序向指定信箱发送电子邮件。超链接标记 a 的常用属性是 href 属性和 name 属性。

1．建立文件链接

标记 a 的文件链接功能主要有 3 项：

① 建立网站内网页文件的链接。

② 建立与其他网站的链接，如网页中的"友情链接"。

③ 建立与其他非网页文件的链接。

用 a 标记建立文件链接的一般格式如下：

`<a href="url">字符串</a>`

href 属性中的"url"是被指向的目标，"字符串"在 html 文件中是链接标识，它以超链接的形式呈现在网页中。当单击这个标识时，浏览器就会将 url 处的资源显示在屏幕上。当链接的资源是网页文件时，将打开该网页；当链接的资源是其他文件时将提供文件下载或执行文件。

如下是链接到网页的用法示例：

`<a href="http://www.sohu.com">搜狐首页</a>`

用户单击当前网页中的"搜狐首页"文字时，即可打开搜狐首页。

如下是链接到其他文件的用法示例：

`<a href="d:/html/info.doc">就业信息表</a>`

当单击"就业信息表"链接时，屏幕将出现"文件下载"对话框，如图 2-10 所示，在该对话框中既可以立即打开"info.doc"文件，也可以下载该文件。

2．锚点链接

锚点链接是将链接指向网页的某个具体位置，该位置可以在当前网页中，也可以在其他网页中。锚点链接的目的主要是实现较长网页文档的快速浏览。锚点链接需要使用链接标记 a 的 name 属性和 href 属性。name 属性用于在链接的目标位置设立锚点，href 属性用于建立到锚点的链接，并设立链接标识，当单击该链接标识后即跳转到指定的网页位置。

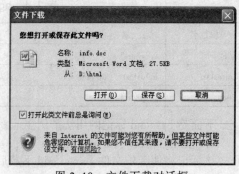

图 2-10　文件下载对话框

（1）设立锚点

设立锚点标记的一般格式如下：

`<a name = "链接字符串">锚点提示信息</a>`

说明：

① 该标记要置于链接目标的开始位置。

② 格式中的"链接字符串"是建立锚点链接的唯一标识，将在设立链接的标记中作为链接指针使用。

③ "锚点提示信息"部分可省略，若使用该项，浏览网页时该项内容将显示在锚点位置。

（2）建立页内锚点链接

建立页内锚点链接标记的一般格式如下：

`<a href="#链接字符串">链接标识</a>`

说明：

① href 属性的"链接字符串"与 name 属性的"链接字符串"必须完全相同，否则链接将不能实现。

② "链接标识"可以是任何信息，在网页中以超链接的形式显示。

③ "`<a href="#链接字符串">链接标识</a>`"标记可以出现多次，既可以位于锚点标记之前，也可以位于锚点标记之后。

（3）建立到其他网页的锚点链接

建立到其他网页的锚点链接标记的一般格式如下：

`<a href="url#链接字符串">链接标识</a>`

格式中的"url"是链接到的网页文件的 url，若被链接的网页与当前网页在相同位置，则为网页文件的文件名。在这里使用的文件名必须是文件全名。

【例 2.11】锚点链接应用示例。

page-1.htm 文件有两个锚点链接，链接标识"唐诗鉴赏"链接到页内锚点，该锚点处显示"王之涣诗词"；"校园歌曲"链接到 page-2.htm 网页的锚点，该锚点处显示"校园歌曲欣赏"。

① page-1.htm 文件。

```
<html>
<head>
<title>锚点标记应用示例（一）</title>
</head>
<body>
<a href="#王之涣诗词欣赏">唐诗鉴赏</a>
<a href="page-2.htm#校园的早晨">校园歌曲</a>
<p align="center">
```

```
<h3>唐诗三百首</h3>
…
<! --这里有若干首唐诗-->
<br>
<!下一个标记设立锚点>
<a name="王之涣诗词欣赏">王之涣诗词</a>
<br><br>登鹳雀楼<br>
<br>白日依山尽，<br>黄河入海流。
<br>欲穷千里目，<br>更上一层楼。
<br>
…
<!--这里还有若干首唐诗-->
</p>
</body>
</html>
```

说明：

该文件中，"…"表示的部分是大量实际的信息行，因篇幅所限进行了省略。在上机演示时，只有网页内有足够多的内容时，锚点链接才能看到实际效果。当然，在页面信息有限时，通过缩小浏览器窗口，也能看到锚点链接的结果。下面的 page-2.htm 文件中 "…"表示的内容情况与此相同。

page-1.htm 文件浏览结果的初始页面如图 2-11 所示。

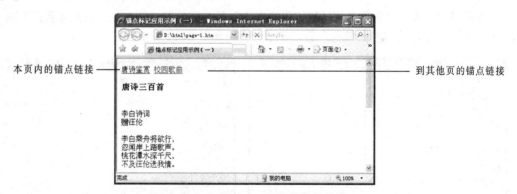

图 2-11　page-1.htm 文件浏览结果

② page-2.htm 文件。

```
<html>
<head>
<title>锚点标记应用示例（二）</title>
</head>
<body>
<h3>歌曲欣赏</h3>
…
<!--这里有若干首歌曲-->
<br>
<!下一个标记设立锚点>
<a name="校园的早晨">校园歌曲欣赏</a>
<br><br>校园的早晨<br>
```

```
<br>沿着校园熟悉的小路，<br>清晨来到树下读书，<br>初升的太阳照到脸上，<br>也照着身旁
的这棵小树。<br>亲爱的伙伴亲爱的小树，<br>让我共享阳光雨露，<br>让我们记住这美好时光，
<br>直到长成参天大树……
<br>
…
<!--这里还有若干首歌曲-->
</p>
</body>
</html>
```

page-2.htm 文件浏览结果的初始页面如图 2-12 所示。

图 2-12 page-2.htm 文件浏览结果

在图 2-11 所示页面单击超链接"唐诗鉴赏"后，显示的页面如图 2-13 所示；在图 2-11 所示页面单击超链接"校园歌曲"后，显示的页面如图 2-14 所示。

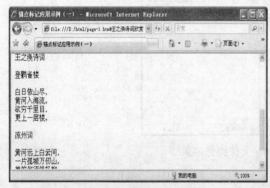
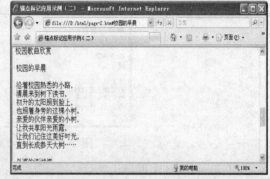

图 2-13 页内锚点链接浏览   图 2-14 跨页锚点链接浏览

3. 链接到 E-mail

链接到 E-mail 是网页经常提供的功能，该功能由 a 标记的 href 属性实现，一般格式如下：

```
<a href="mailto:E-mail 地址">链接标识符</a>
```

其中，"E-mail 地址"是要链接到的 E-mail 的实际地址，"链接标识符"以超链接的形式显示，当单击超链接将自动启动客户机的电子邮件服务程序。只有客户机已经安装了默认的电子邮件服务程序时，链接到 E-mail 功能才能启用。

下面是一个用法示例：

```
<a href="mailto:mail16300@163.com">请给我写信</a>
```

若已将 Outlook Express 设为客户机默认电子邮件服务程序，则在网页中单击"请给我写信"

超链接后，将自动启动 Outlook Express 邮件服务程序，E-mail 地址"mail16300@163.com"也会
自动填写到收件人对话框中，如图 2-15 所示。

图 2-15　链接到 E-mail

4．用图像建立链接

链接不仅可以用文本作载体，也可以用图像作载体，而且可以用图像的某一部分作载体。
用图像建立链接的一般格式如下：

```
<a href="url"><img src="url"></a>
```

格式中"<img src="url">"将插入一个图像，该图像将作为超链接标记 a 的链接标志，单击
该图像将跳转到链接目标位置。

下面是一个链接到 E-mail 的标记示例，"letter.jpg"是一个信封图片，在网页中单击该图片
将会启动指定 E-mail 的邮件服务程序。

```
<a href="mailto: mail16300@163.com "><img src="d:\html\image\letter.jpg"></a>
```

2.4.2　link 标记

link 标记是 head 区的一个连接标记，与超链接标记 a 具有完全不同的功能。link 标记的功
能主要是建立与外部文档的连接，建立的连接在 HTML 内部发生作用，网页的浏览用户并不会
感觉到这种连接的存在。

link 标记通常与样式表结合使用。样式表称为 CSS，是 Cascading Style Sheets 的缩写，在网
页设计中具有十分重要的作用。利用 CSS 样式不仅可以对网页中的文本进行格式化控制，设置
字体、字号、颜色、背景、字符间距、行距、段落缩进等，还可以为网页设置背景色或背景图
片，设置各种链接动态效果（改变颜色、显示下画线等）。如果把 CSS 样式保存为外部文件，
采用外部连接的方式，就可以将样式应用到多个网页，实现对多个网页的样式控制。对 CSS 样
式进行的任何修改编辑，都会使应用该样式的网页格式自动发生改变。使用 CSS 样式，不仅有
利于统一网页风格，而且极大地提高了网页格式设计的效率。关于样式表的具体操作，将在后
面 Dreamweaver 网页设计中予以介绍，这里只给出 link 标记的一般用法。

link 标记是一个单标记，一般格式如下：

```
<link 属性表>
```

link 标记的常用的属性有 rel 属性、href 属性以及 type 属性。

1．rel 属性

rel 属性用于定义连接的文件和 HTML 文档之间的关系。用法如下：

```
rel="stylesheet | alternate stylesheet"
```

当 rel 取值为"stylesheet"时，指定一个固定或首选的样式；当取值为"alternate stylesheet"时定义一个交互样式。固定样式在样式表激活时总被应用。

2．href 属性

href 属性用于指定目标文档的位置。用法如下：

```
href="url"
```

3．type 属性

type 属性用于指定媒体类型，如"text/css"是一个层叠样式表。HTML 允许浏览器忽略它不支持的样式表类型。

如下是 link 标记的用法示例：

```
<link rel="stylesheet" href="style.css" type="text/css" >
<link rel="alternate stylesheet" href="color-24b.css" type="text/css" >
```

2.5 表 格 标 记

表格在网页设计中具有重要的应用，利用表格可以实现页面元素定位，进行排版布局，甚至利用表格美化整个页面。要想设计出好的网页，就应掌握运用好表格技术。

2.5.1 表格的基本标记

表格的基本标记有 3 个：table 标记、tr 标记和 td 标记，它们都是成对标记。下面分别介绍各标记的基本功能。

1．table 标记

table 标记用于创建表，HTML 中的每一个表都由 table 标记定义，表从<table>开始到</table>结束。table 标记有多种属性，这里先介绍 rules 属性和 width 属性，其他主要属性在下一小节介绍。

rules 属性：控制表格的边框显示方式。

- rules="none"不加内部边框；
- rules="rows"只显示水平方向的边框；
- rules="cols"只显示垂直方向的边框；
- rules="all"显示所有边框。

width 属性：控制表格的宽度，可以是像素，也可以是百分比。用法为"width="像素值|百分比""。

2．tr 标记

tr 标记用于定义表行，每一个 tr 标记对定义一个表行。tr 标记只能在<table>与</table>之间使用，否则无效。

3．td 标记

td 标记用于定义每个表行的单元格，每一个 td 标记对定义一个单元格。td 标记只能在<tr>与</tr>之间使用，否则无效。

【例 2.12】表格标记应用示例（HTML 文件名为 mark-table.htm）。

建立如图 2-16 所示网页中的表，该表有 3 行 2 列，在单元格中插入图片，图片宽 50 像素，高 30 像素，表中文字为 2 号字。

图 2-16　表格标记应用示例

示例代码如下：

```
<html>
<head>
<title>表格标记应用示例</title>
<head>
<body>
<!--以下开始建立表格-->
<table rules="all" width="300">
<tr><!--表格第一行-->
<td><font size="2">图片名称</font></td>
<td><font size="2">图片</font></td>
</tr>
<tr><!--表格第二行-->
<td><font size="2">湖边景色</font></td>
<td><img src="image\hbjs.jpg" width=50 height=30 border=0></td>
</tr>
<tr><!--表格第三行-->
<td><font size="2">湖光山色</font></td>
<td><img src="image\hgss.jpg" width=50 height=30 border=0></td>
</tr>
</table>
</body>
</html>
```

2.5.2　表格标记的主要属性

表格标记的主要属性如表 2-5 所示。

表 2-5　表格标记的主要属性

属性及用法	属　性　功　能
border="n"	设置表格或单元格的边框。n=0 时无边框；n>0 时，值越大边框越粗
bordercolor="..."	设置表格或单元格的边框颜色
bgcolor="..."	设置表格或单元格的背景颜色
bordercolorlight="..."	设置边框明亮部分的颜色（当 border 值大于 1 才有效）
bordercolordark="..."	设置边框昏暗部分的颜色（当 border 值大于 1 才有效）
cellspacing="..."	设置单元格之间的间隔大小

续表

属性及用法	属 性 功 能
cellpadding="..."	设置单元格内容与单元格边框的间隔大小
width="n"	设置表格或单元格的宽度，单位是像素或浏览器窗口宽度的百分比
height="n"	设置单元格高度，单位是像素
align="..."	设置单元格内容的水平对齐方式（left、center、right）
valign="..."	设置单元格内容垂直对齐方式（top、middle、bottom、baseline）

读者可能已经注意到，在图 2-16 的表格中，各单元格的内容在默认对齐方式下都是靠左对齐的，可以利用单元格内容对齐属性 align 将各单元格的内容居中排放。具体方法是将上面代码的单元格标记<td>修改为如下形式：

```
<td align="center">
```

图 2-17 所示是修改代码之后的浏览结果。

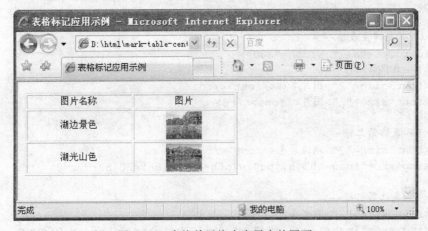

图 2-17　表格单元格内容居中的网页

2.6　框 架 标 记

框架是进行网页布局的常用技术，它将浏览器的窗口分成多个区域，每个区有各自的 HTML 文件，即装载各自的网页，从而实现在一个浏览器窗口中同时浏览多个网页。也可以在框架区域中设定超链接，通过为超链接指定目标框架，建立框架内容之间的联系，实现页面的导航和页面间的交互操作。

2.6.1　常用的框架标记

HTML 常用的框架标记有 frameset 标记和 frame 标记，frameset 标记将浏览器窗口划分为多个框架区域（称为子区域或子窗口），frame 标记定义每一个子区域的属性，并且 frame 标记只能应用在 frameset 标记中。

1. frameset 标记

frameset 标记是一个成对标记，用于创建框架，框架由<frameset>开始到</frameset>结束。

frameset 标记的一般使用格式如下：

　　<frameset 属性表>…</frameset>

（1）cols 属性和 rows 属性

cols 和 rows 是决定页面如何分割的两个属性。左右分割窗口用 cols 属性，上下分割窗口用 rows 属性，分割生成的子窗口的数目，由各属性值的个数确定。属性的取值主要有两种形式：

　　① 百分比和"*"的组合形式。如：rows= "30%,%40,*"，表示垂直方向分割成 3 个子窗口（将窗口分成 3 行），各子窗口的高度占大窗口高度的百分比依次是 30%、40%和 30%。其中"*"表示剩余部分，也就是说"*"对应的子窗口高度为剩余的高度。

　　② 像素值和"*"的组合形式。如：rols= "200,100,*"，表示水平方向分割成 3 个子窗口（将窗口分成 3 列），前两个子窗口的宽度分别为 200 像素和 100 像素，第三个字窗口的宽度为大窗口剩余的宽度。

（2）frameborder 属性

frameborder 属性指定各子窗口是否加边框。用法如下：

　　frameborder="yes | no "

取值"yes"时加边框，取值"no"时不加边框。

（3）border 属性

border 属性定义子窗口边框的宽度，单位为像素。

（4）bordercolor 属性

bordercolor 属性定义边框的颜色。用法如下：

　　bordercolor="#RGB 颜色码 | 预定义标识符"

（5）framespacing 属性

framespacing 属性用于设定各子窗口之间的间隔大小，单位是像素，默认值是 0。

2. frame 标记

frame 标记是一个单标记，必须在 frameset 标记区内使用，用以定义各子窗口的属性。在 frameset 标记中分割几个窗口，就要使用几个 frame 标记。frame 标记的一般格式如下：

　　<frame 属性表>

（1）name 属性

name 属性用于指定子窗口的名称。

（2）src 属性用于指定子窗口所对应的 HTML 页面地址。用法如下：

　　src="url"

（3）noresize 属性

noresize 属性用于定义子窗口的可调性，当<frame>标记中包含该参数时，用户浏览页面时就不能用鼠标调整子窗口的大小。

（4）frameborder 属性和 bordercolor 属性

这两个属性用于设定用<frame>标记的子窗口有无边框和边框颜色。

（5）marginheight 属性和 marginwidth 属性

marginwidth 属性控制框架内容与框架左右边框之间的距离，而 marginheight 属性则控制框架内容与框架上下边框之间的距离。这两个属性的取值都是像素数。

【例 2.13】水平分割窗口示例（HTML 文件名为 frame.htm）。

```
<html>
<head>
<title>水平分割框架示例</title>
</head>
<frameset cols="20%,40%,*" >
<frame>
<frame>
<frame>
</frameset>
</html>
```

图 2-18　水平分割框架示例

该文档中的标记<frameset cols="20%,40%,*" >将浏览器窗口在水平方向上分割为 3 个子窗口，网页浏览结果如图 2-18 所示。

【例 2.14】框架嵌套示例（HTML 文件名为 frame-rows.htm）。

```
<html>
<head>
<title>框架嵌套示例</title>
</head>
<frameset cols="20%,40%,*" >
<frame>
<frameset rows="30,*" >
<frame>
<frame>
</frameset>
<frame>
</frameset>
</html>
```

图 2-19　框架嵌套的示例

该文档在标记<frameset cols="20%,40%,*">的范围内嵌入了标记<frameset rows="30,*">，将图 2-18 所示的第 2 个子窗口在纵向上分为两个子窗口。网页浏览结果如图 2-19 所示，请读者对照浏览结果分析代码中两个 frameset 标记的作用。

　　上面给出了两个关于框架的 HTML 文档，细心的读者已经注意到，这两个文档中都没有使用 body 标记。HTML 规定，在 HTML 文档中，如果包含 frameset 标记符，则不能再包含与之同级的 body 标记符，反之亦然。

2.6.2　在框架中显示网页

　　使用框架技术可以在一个浏览器窗口中打开多个网页，有些网页是互相独立的，彼此之间没有任何联系，也有的网页之间存在着链接关系。下面分别予以讨论。

1．在框架中打开独立的网页

　　要在一个框架窗口中打开独立的网页，只需在定义该窗口的 frame 标记中使用 src 属性即可。

　　例如，要在图 2-18 所示框架的第三个子窗口中打开 page-2.htm 网页，只需修改 frame.htm 文档中的第三个<frame>标记即可。修改后的结果如下：

```
<frame src="page-2.htm">
```
此时浏览 frame.htm 文件，将在第三个窗口显示相应网页。

2. 在框架中打开有链接关系的网页

在不同的窗口中打开具有链接关系的网页，需要经过如下两个步骤：

① 为超链接的目标框架指定一个名字。所谓链接的目标框架就是链接指向的网页所在的子窗口。为目标框架定名的方法，是在建立目标框架时，使用 frame 标记的 name 属性。用法如下：

```
<frame name="目标框架名">
```

② 指定超链接的目标框架。要指定超链接的目标框架，需要在定义链接时使用链接标记 a 的 target 属性。用法如下：

```
<a href="url" target="目标框架名">链接标识</a>
```

或者：

```
<a href="url#链接字符串" target="目标框架名">链接标识</a>
```

【例 2.15】按如下要求在图 2-18 的框架中打开 page-1.htm 和 page-2.htm 网页。

要求一：在第二个子窗口中打开 page-1.htm 网页，在第三个子窗口中打开 page-2.htm 网页。

要求二：使 page-1.htm 到 page-2.htm 的锚点链接继续保持有效。

具体实现方法如下。

① 建立框架时为第三个子窗口命名，并在指定窗口中打开相应网页。这项操作须修改例 2.13 的 frame.htm 文件（修改后的文件另存为 frame-page.htm，本例使用 frame-page.htm 文件），将此文件中的第二个、第三个<frame>依次修改为如下形式：

```
<frame name="frame-2" src="frame-page-1.htm">
<frame name="frame-3" src="page-2.htm">
```

请读者注意，我们为第二个子窗口也指定了一个框架名。这种指定，对于当前的要求并不是必须的，目的是在后面的举例中使用。

② 将 page-1.htm 文件另存为 frame-page-1.htm，将 frame-page-1.htm 中的超链接标记 "<a href="page-2.htm#校园的早晨">校园歌曲</a>" 修改为如下形式：

```
<a href="page-2.htm#校园的早晨" target="frame-3">校园歌曲</a>
```

完成上述修改后，用浏览器打开文件 frame-page.htm，结果如图 2-20 所示。

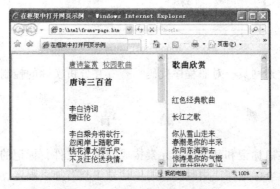

图 2-20　在框架中打开网页

【例 2.16】框架的进一步操作。要求如下：

对图 2-20 所示的框架，在第一个子窗口中新建一个网页 first.htm，该网页包含到其他两个网页 frame-page-1.htm 和 page-2.htm 的链接，单击链接时，使其指向的网页恢复到打开时的初始状态。

下面是 first.htm 文件的代码。

```
<html>
<head>
<title>控制网页</title>
</head>
<body bgcolor="#9ccccc">
<a href="frame-page-1.htm" target="frame-2">还原第二个窗口</a>
<br><br>
<a href="page-2.htm" target="frame-3">还原第三个窗口</a>
</body>
</html>
```

将 frame-page.htm 文件另存为 frame-main.htm，将第一个 <frame> 标记修改为 <frame src="first.htm">，下面是修改后的 frame-main.htm 文件的代码。

```
<html>
<head>
<title>在框架中打开网页</title>
</head>
<frameset cols="20%,40%,*">
<frame src="first.htm">
<frame name="frame-2" src="frame-page-1.htm">
<frame name="frame-3" src="page-2.htm">
</frameset>
</html>
```

图 2-21 所示是用浏览器打开文件 frame-main.htm 文件的结果。

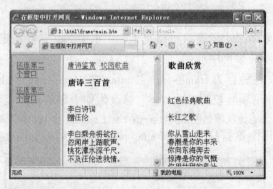

图 2-21   frame-main.htm 的浏览结果

请读者上机浏览上述网页，对照程序代码，查看并分析实际的控制效果。

小　　结

（1）HTML 文档是由标记和其他文本元素构成的文本文件，标记的作用是告诉浏览器如何呈现被标记的有关信息。标记在使用时必须用尖括号"<>"加以限定，用作标记的标识符不出现在浏览结果中。

（2）HTML 文档一般分为 head 区和 body 区两部分，主要的结构标记有 html、head 和 body。head 区的标记主要用于描述网页的标题、供搜索引擎使用的网页检索关键字、网页说明、网页使用的编码语言等信息，主要标记有 title 和 meta；body 区是网页的主体内容区，用于描述网页的外观、网页中的文本、图形、动画、链接等，body 区常用的标记有排版标记、图像标记、超链接标记、表格标记等。

（3）排版标记主要用于网页主体内容的排版描述，主要内容包括标题定义、段落及换行控制、文本格式及文字风格控制等。

（4）多媒体元素是网页的重要构成内容，包括图形、声音、视频等，本章只对图形和声音的标记及用法作介绍。

（5）网页设计中的连接分为两大类：一类为页面可见的超链接，由超链接标记 a 实现，主要包括链接到文件、链接到锚点、链接到 E-mail；另一类是由 link 标记实现的连接，它与超链接完全不同，主要是在网页设计层面建立与外部文档的连接，网页的浏览用户并不会感觉到这种连接的存在，link 标记最主要的作用是建立与外部样式表的连接。

（6）表格和框架是页面布局的常用技术。利用表格可以实现页面元素定位，进行排版布局，甚至可以利用表格美化整个页面。框架能将浏览器的窗口分成多个子窗口，每个子窗口装载各自的网页，使得一个浏览器窗口能同时浏览多个网页。

习　题　二

1. 登录一个网站，打开其中网页的源文件，查看并分析它的 HTML 代码，查找源文件和浏览页面的对应之处。

2. 将显示图 2-4 所示标题的 HTML 文档进行修改，使其显示的所有标题行均左对齐。

3. 修改例 2.12 的 HTML 代码，使表格宽度为 400 像素，第 1 列宽度为表宽的 30%，各行高度均为 60 像素，如图 2-22 所示。

图 2-22　表格练习

4. 用 HTML 设计一个个人网页，要求包括如下网页元素：

① 介绍个人情况的文本。

② 展示个人风采的图片。

③ 参加社会公益活动的视频。

④ 与页面内容相关的 Flash 动画。

⑤ 其他网站的友好链接。

第**3**章 Dreamweaver CS3 网页设计基础

本章概要

在第 2 章学习了 HTML 标记，并使用标记创建了一些简单的网页。本章介绍使用可视化工具 Dreamweaver CS3 设计制作简单网页的方法，与第 2 章的网页设计相比，这种可视化方法既高效又直观。

Dreamweaver 是功能强大的网页设计工具，提供了完全可视化的网页设计环境，无论是网页设计的专业人员，还是业余爱好者，都能使用它快捷高效地设计和制作网页。但要学好、用好这款网页设计工具，必须要经过不断的设计实践。

本章作为 Dreamweaver 网页设计的基础章节，概括介绍 Dreamweaver CS3 的功能特点、界面结构、环境设置及其使用步骤，介绍站点管理的方法，用主要的篇幅重点介绍 Dreamweaver CS3 在页面文档中使用和管理网页元素的方法，并通过一个网页示例，对相关知识进行综合运用。

教学目标

- 了解 Dreamweaver CS3 的功能特点，熟悉它的工作界面。
- 能够定义和管理本地站点。
- 掌握创建和管理 HTML 文档的基本方法。
- 掌握在文档中插入和编辑文本、图像、媒体等页面元素的方法。
- 了解页面属性的主要功能，能进行页面属性设置。
- 能够熟练建立和管理页面中常用的超链接，包括到文件的链接、锚记链接、电子邮件链接等。

3.1 Dreamweaver CS3 简介

Dreamweaver 是 Macromedia 于 1997 年开始发布的可视化网页开发工具，自第一个版本发布之后，又相继发布了 Dreamweaver MX、reamweaver MX 2004 和 Dreamweaver 8，Dreamweaver CS3 是 Adobe 公司在并购 Macromedia 之后于 2007 年发布的产品，是目前流行的 Dreamweaver 版本。

3.1.1 Dreamweaver CS3 功能概述

Dreamweaver CS3 是一款专业的 Web 站点开发软件，用于 Web 站点、Web 页和 Web 应用程序的设计、编码和开发工作。它提供可视布局工具、应用程序开发功能、代码编辑等技术支持，使各个技术级别的开发者和设计者都能够快速创建可视化、吸引人的基于标准的站点和应用程序。

Dreamweaver 既支持 CSS 技术，又支持人工编写代码功能，它能够在集成的、无缝的环境中提供所需的专业工具。Dreamweaver 支持所有主要服务器技术，如 ASP、ASP.NET、JSP、PHP 以及 Cold Fusion 等，开发者可以选择将 Dreamweaver 与服务器技术结合使用，构建功能强大的 Internet 应用程序。

将各种网页制作的相关工具紧密联系起来是 Dreamweaver 系列的一大亮点，同时良好的插件体系，使 Dreamweaver CS3 可通过第三方插件进一步扩充它的功能。

Dreamweaver CS3 提供了丰富的、专业水平的网页模板，网页开发人员可以方便地利用这些模板快速创建网页。

Dreamweaver CS3 对动态网页开发提供了良好支持。专业水平的 Web 开发人员使用 Dreamweaver CS3 能够方便地构建功能强大的综合网站，非专业人员也可在极少编码的情况下使用 Dreamweaver CS3 构建动态网站。

Dreamweaver 支持多种文件类型，如 HTML 文件、CSS 文件、GIF 文件、JPEG 文件、XML 文件、ASP 文件等。最基本的文件类型是 HTML 文件，可以使用.html 或.htm 扩展名保存 HTML 文件。Dreamweaver 默认情况下使用.html 扩展名保存文件。

Dreamweaver CS3 在功能强大与易用性之间具有很好的平衡，使用 Dreamweaver CS3 可以有效地提高 Web 开发的工作效率。

3.1.2　Dreamweaver CS3 工作界面

1. 启动界面

默认设置时，在 Windows 环境下启动 Dreamweaver CS3 后，屏幕主窗口区会显示图 3-1 所示界面，提供"打开最近的项目"、"新建"、"从模板创建"三项功能。

① 打开最近的项目：立即打开最近使用的项目，或浏览打开已经建立的项目。

② 新建：支持多种类型文件的创建，包括 HTML、ColdFusion、PHP、ASP VBScript、ASP.NET C#、JavaScript、XML、CSS 等。

③ 从模板创建：使用 Dreamweaver CS3 提供的文件范例快速创建文件。

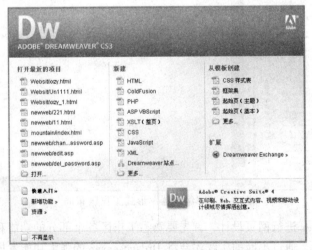

图 3-1　Dreamweaver CS3 启动界面主窗口

2. 工作区

Dreamweaver CS3 的工作区是一个集成环境，包括文档区、命令菜单、工具菜单、各种浮动面板等，如图 3-2 所示。在网页文档编辑区右侧和下方，分别为 Dreamweaver 的面板组和属性面板，它们都可以通过单击位于内侧的黑三角按钮隐藏或展开，也可以通过拖动变为浮动面板。

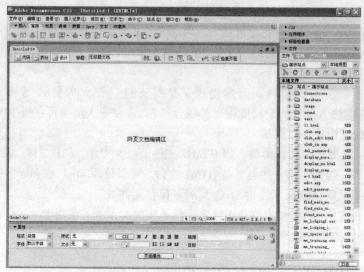

图 3-2　Dreamweaver CS3 工作区界面

Dreamweaver CS3 工作区有两种布局形式，图 3-2 所示为"设计器"形式，另一种形式为"编码器"形式，如图 3-3 所示。工作区布局形式通过菜单栏的"窗口"→"工作区布局"进行设定，设定之后即作为下一次启动的默认布局形式。

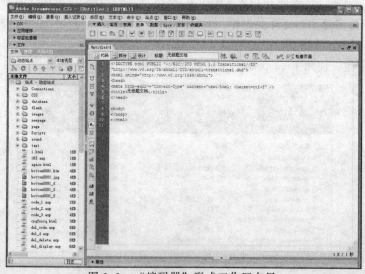

图 3-3　"编码器"形式工作区布局

使用 Dreamweaver 进行网页设计，首先要熟悉工作区各个部分的功能和用法，然后在应用实践过程中逐步熟练，通过不断的实践才会将 Dreamweaver 的强大功能发挥出来，快捷高效地设计出理想的网页。

（1）文档窗口

"文档"窗口显示当前文档，包括"设计"、"代码"和"拆分"三种视图方式。

①"设计"视图是用于可视化页面布局、可视化编辑和快速应用程序开发的设计环境。在该视图中，Dreamweaver 显示文档的完全可编辑的可视化表示形式，类似于在浏览器中查看页面时看到的内容。

②"代码"视图是用于编写和编辑 HTML、JavaScript、服务器语言代码以及任何其他类型代码的手工编码环境。

③"拆分"视图可以在单个窗口中同时看到同一文档的"代码"视图和"设计"视图。

当"文档"窗口有一个标题栏时，标题栏显示页面标题，并在括号中显示文件的路径和文件名。如果对文档进行了更改但尚未保存，Dreamweaver 将在文件名后显示星号标记。

当"文档"窗口在集成工作区布局中处于最大化状态时，不显示标题栏。在这种情况下，页面标题以及文件的路径和文件名显示在主工作区窗口的标题栏中。

此外，当"文档"窗口处于最大化状态时，出现在"文档"窗口区域顶部的选项卡显示所有打开文档的文件名。当要切换到某个文档时，只须单击它的选项卡即可。

（2）状态栏

"状态栏"位于"文档"窗口的底部，提供与当前文档有关的一些信息，如图 3-4 所示。

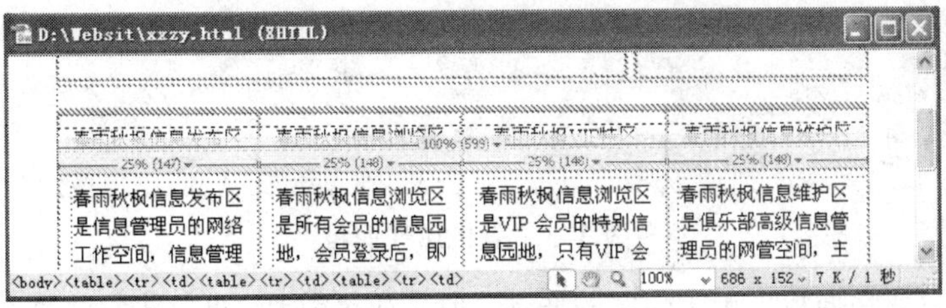

图 3-4　文档窗口的状态栏

"状态栏"左侧显示 HTML 标记的部分是标签选择器，它显示环绕当前选定内容的标签的层次结构。单击该层次结构中的任何标签即选择该标签及其全部内容。单击 <body> 则选择整个文档。

"手形"工具用于在"文档"窗口中拖动文档。单击箭头形"选择"工具后，手形工具将禁用。

"缩放"工具和"设置缩放比率"弹出式菜单用于设置文档缩放比率。

"窗口大小"弹出式菜单（仅在"设计"视图中可见）用来将"文档"窗口的大小调整到预定义或自定义的尺寸。

"窗口大小"弹出式菜单的右侧是页面（包括全部相关的文件，如图像和其他媒体文件）的文档大小和估计下载时间。

（3）插入栏

插入栏包含用于创建和插入对象（如表格、图像）的按钮。当鼠标指针移动到一个按钮上时，会出现一个工具提示，其中含有该按钮的名称。

这些按钮被组织到几个类别中，可以在"插入"栏的左侧切换它们。当前文档包含服务器代码时（例如 ASP 文档），还会显示其他类别。

有些类别具有带弹出式菜单的按钮。从弹出式菜单中选择一个选项时，该选项将成为该按钮的默认操作。例如，如果从"图像"按钮的弹出式菜单中选择"图像占位符"，下一次单击"图像"按钮时，Dreamweaver 会插入一个图像占位符。每当从弹出式菜单中选择一个新选项时，该按钮的默认操作都会改变。

插入栏按以下的类别进行组织：

- 常用：创建和插入最常用的对象，例如表格、图像。
- 布局：插入表格、div 标签、AP 元素和框架。还可以选择表格的两种视图：标准（默认）表格和扩展表格。
- 表单：用于创建表单和插入表单元素。
- 数据：插入 Spry 数据对象和其他动态元素，如记录集、重复区域、插入记录、更新记录等。
- 文本：插入各种文本格式设置标签和列表格式设置标签。
- 收藏夹：将插入栏中最常用的按钮分组和组织到某一公共位置。

（4）属性面板

属性面板用于检查和编辑当前选定页面元素的最常用属性。对属性所进行的更改，一般会立刻反映在"文档"窗口中。但有些属性，直到在属性编辑文本域外单击或按下【Enter】键才会显示更改效果。单击属性面板右下角的箭头，可以折叠或展开属性面板。属性面板中的内容根据选定的元素会有所不同，图 3-5 所示为所选择表格的属性面板，该表格的属性可以在属性面板中进行设置。

图 3-5　表格属性面板

默认情况下，属性面板位于工作区的底部，但是如果需要，可以将它停靠在工作区的顶部，或者将它变为工作区中的浮动面板。

（5）面板组

Dreamweaver 面板组包括众多面板，如文件面板、标签检查器面板、CSS 面板、应用程序面板等，它们分别具有不同的功能，通过"窗口"菜单可以对这些面板进行打开和关闭控制。这里只介绍文件面板，其他面板在应用时进行介绍。

文件面板用于查看和管理 Dreamweaver 站点中的文件，如图 3-6 所示。

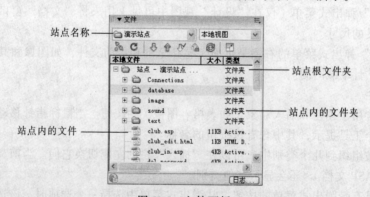

图 3-6　文件面板

在文件面板中查看站点、文件或文件夹时，可以更改查看区域的大小，还可以展开或折叠文件面板。当文件面板折叠时，它以文件列表的形式显示本地站点、远程站点或测试服务器的内容。使用工具条上的按钮可以将文件面板展开，展开时，它显示本地站点和远程站点或者显示本地站点和测试服务器。图 3-7 所示为展开后的文件面板，使用展开后的"站点"菜单，可以进行更为全面的站点管理。

图 3-7　展开后的文件面板

3．首选参数的设置

"首选参数"通常用于设置 Dreamweaver 的默认环境，包括常规、CSS 样式、标记色彩等 20 个参数项，通过"编辑"菜单的"首选参数"项，可以更改相关参数的设置。图 3-8 所示为设置"首选参数"对话框。

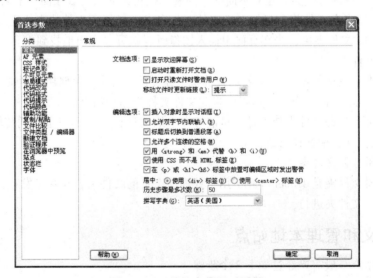

图 3-8　"首选参数"对话框

3.2　站　点　管　理

Dreamweaver CS3 既是一款优秀的网页开发工具，同时还具有完善的站点管理功能，使用 Dreamweaver CS3 能够方便地创建站点和管理站点。

3.2.1　Dreamweaver 站点概述

Web 站点是一组具有共享属性的链接文档。在 Dreamweaver 中，"站点"一词既表示 Web 站点，又表示属于 Web 站点文档的本地存储位置。在开始构建 Web 站点之前，必须要建立站点文件的本地存储位置。

Dreamweaver CS3 是一个站点创建和管理工具，使用它不仅可以创建单独的网页文件，还可以创建完整的 Web 站点。

Dreamweaver 站点能够组织与 Web 站点相关的所有文件、跟踪和维护链接、管理文件、共享文件以及将站点文件传输到 Web 服务器。使用 Dreamweaver 创建 Web 站点最常见的方法是在本地磁盘上创建并编辑页面，然后将这些页面的副本上传到远程 Web 服务器。

创建 Web 站点的第一步是规划，为了达到最佳效果，在创建任何 Web 站点页面之前，应对站点的结构进行系统的设计和规划。然后设置 Dreamweaver 的环境，以便在站点的基本结构上工作。如果在 Web 服务器上已经具有一个站点，则可以使用 Dreamweaver 来编辑该站点。

Dreamweaver 站点最多由 3 部分组成，即本地文件夹、远程文件夹和测试服务器文件夹，具体取决于所用的计算机环境和所开发的 Web 站点的类型。

（1）本地文件夹

本地文件夹是设计者在本地的工作目录，Dreamweaver 将此文件夹称为本地站点。本地文件夹是一个大的文件夹，它包含站点所有的文件，在发布之前，在该文件夹中创建和编辑文档。当准备好发布站点并允许公众查看时，再将这些文件上传到 Web 服务器。

组织本地站点结构时，应注意以下两个问题：

① 将站点内容进行分类，建立不同的文件夹，把相关的项目放在同一个文件夹中。

② 将图像和声音文件等项目放在指定的文件夹中，以便于文件的查找定位。例如，将所有图像放在 image 文件夹中，当在页面中插入图像时，就可以方便地找到它。

（2）远程文件夹

远程文件夹是在运行 Web 服务器的计算机上建立的文件夹，存储用于测试、生产和协作等用途的文件。Dreamweaver 在文件面板中将此文件夹称为远程站点。

本地文件夹和远程文件夹使设计人员能够在本地硬盘和 Web 服务器之间传输信息，实现对 Dreamweaver 站点文件的便捷管理。

（3）测试服务器文件夹

测试服务器文件夹是 Dreamweaver 用于处理动态页的文件夹，在站点发布之前，动态网页的测试须通过该文件夹进行。

3.2.2　定义和管理本地站点

定义本地站点一般需要经过如下 3 个步骤：

① 为要定义的本地站点指定一个站点名，该站点名允许使用中文名称。

② 创建本地文件夹，即在本地磁盘建立存储站点文件的根文件夹，并在该文件夹中建立子文件夹，用于存放各类不同的文件。子文件夹的个数没有限制，但必须指定一个专门用于存储图像文件的文件夹。

③ 使用 Dreamweaver 的站点管理功能定义站点。Dreamweaver CS3 菜单栏的"站点"命令和文件面板的"站点"命令都可以定义本地站点。

下面是定义本地站点的一个示例。

【例 3.1】在 Dreamweaver 中定义具有以下属性的本地站点。

① 站点名称：演示站点。

② 站点根文件夹：D:\demo。

③ 存储图像文件的子文件夹：D:\demo\image。

定义过程如下：

① 建立 D:\demo、D:\demo\image 文件夹，也可建立其他需要的文件夹，如 text、sound、database 等。

② 在 Dreamweaver CS3 主窗口中选择"站点/新建站点"命令，选择"高级"选项卡，显示如图 3-9 所示的站点定义对话框。

图 3-9　"站点定义"对话框

③ 在站点定义对话框的"站点名称"、"本地根文件夹"、"默认图像文件夹"对话框中分别填入"演示站点"、"D:\demo"、"D:\demo\ image"信息，单击"确定"按钮，即完成本地站点定义。

此时在文件面板中可看到新定义的"演示站点"，并且在站点文件夹"demo"中显示"image"文件夹，如图 3-10 所示。

使用"站点/管理站点"功能，将实现本地站点的管理，包括新建站点、编辑站点、复制站点、删除站点、导入和导出站点，图 3-11 所示为"管理站点"对话框。

图 3-10　文件面板中的新建站点

图 3-11　"管理站点"对话框

在"管理站点"窗口中选择"新建/站点"命令，即显示图 3-9 所示站点定义窗口，实现站点定义，选中站点后选择"编辑"命令，同样出现站点定义窗口，实现已有站点信息的编辑。

3.3　创建和管理文档

Dreamweaver CS3 为处理各种 Web 文档提供了灵活的环境。除了 HTML 文件以外，还可以创建和打开各种基于文本的文件，如 ColdFusion 标记语言（CFML）、ASP、JavaScript 和层叠样式表（CSS）等。

Dreamweaver 为创建新文件提供了若干选项。支持创建以下任意文档：

① 新的空白文档或模板。

② 基于 Dreamweaver 附带的预设计页面布局的文档。

③ 基于现有模板的文档。

除此之外，Dreamweaver CS3 还支持其他一些文件。如果经常使用某种类型的文件，可以将其设置为创建的新页面的默认文件类型。

在 Dreamweaver CS3 中，可以在"设计"视图或"代码"视图中定义网页文档的属性，如 meta 标签、文档标题、背景颜色及其他的页面属性等。

3.3.1　创建 HTML 文档

HTML 文档是 Dreamweaver 的最基本文档，Dreamweaver CS3 提供了多种创建 HTML 文档的方法。例如，使用菜单栏的"文件/新建"命令创建文档，使用文件面板创建文档，当然也可以在 Dreamweaver 启动窗口中立即创建文档。既可以创建空白的 HTML 文档，也可以创建基于 Dreamweaver 范例或模板的 HTML 文档。本节只介绍创建空白的 HTML 文档的方法。

1. 利用菜单栏的"文件/新建"命令创建文档

利用菜单栏的"文件/新建"命令创建文档的主要过程包括 4 个步骤，即：打开"新建文档"窗口→打开"文档编辑"窗口→编辑文档→指定站点和文件名保存文档。

① 在 Dreamweaver CS3 主菜单中执行"文件/新建"命令，打开"新建文档"对话框，如图 3-12 所示。

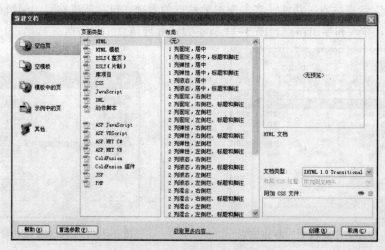

图 3-12　"新建文档"对话框

② 编辑文档。在"新建文档"对话框中选择"空白页"类别，在"页面类型"列表中选择要创建的页面类型"HTML"，单击"创建"按钮，即进入如图 3-2 所示的文档编辑工作界面。

在文档编辑窗口中即可插入、编辑网页元素。图 3-13 所示为在文档中插入一行文本和一幅图片后的工作窗口。

图 3-13　创建新文档

③ 保存文档。

a. 选择"文件/保存"命令或按【Ctrl+S】组合键，打开"另存为"对话框，如图 3-14 所示。

图 3-14　文档保存窗口

b. 在对话框中使用所有默认项，单击"保存"按钮，即完成网页文档的创建。此时在文件面板中即可看到新创建文档 untitled-1.html，如图 3-15 所示。

c. 对文档命名。在文件面板中，单击文件名"untitled-1.html"，即可进行重命名操作。例如，可将新文档重命名为"demo-1.html"。当然，文档名也可在保存时指定，并且这是最为常用的操作方法。

关于文档保存的说明：

① 文档通常保存在本地站点中，在"另存为"对话框指定本地站点的文件夹，默认为当前站点。

② 文档的保存文件名在"文件名"文本框中指定，文档的默认文件名为 untitled-x.html，其中"x"是一个整数，如1、2、3等。

③ HTML 文档的默认扩展名通常为"html"或"htm"，也可以使用其他形式的扩展名，具体由 Dreamweaver 的首选参数的设定值确定。

④ 不要在文件名和文件夹名中使用空格和特殊字符，文件名也不要以数字开头。具体说来就是不要在打算放到远程服务器上的文件名中使用特殊字符（如 é、ç、或

图 3-15　创建文档后的文件面板

¥）或标点符号（如冒号、斜杠或句号）。很多服务器在上传时会更改这些字符，这会导致与这些文件的链接中断。

关于文档默认扩展名的说明：

Dreamweaver 允许定义 HTML 文档的默认文件扩展名。例如，可以令 Dreamweaver 将 htm 或 html 扩展名用于所有的新建 HTML 文档。具体步骤如下：

① 选择"编辑/首选参数"，打开"首选参数"对话框，如图 3-8 所示。

② 在左侧的"分类"列表框中单击"新建文档"选项，如图 3-16 所示，打开"新建文档"对话框。

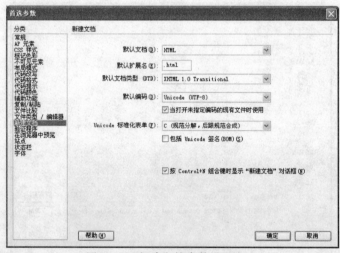

图 3-16　新建文档参数设置窗口

③ 在"默认文档类型"中选择"HTML 1.0 Transitional"。

④ 在"默认扩展名"文本框中指定新建 HTML 文档的扩展名。在重新设置以前，该扩展名即为 Dreamweaver 默认的 HTML 文档的扩展名。

2．利用文件面板创建文档

利用文件面板创建文档的基本过程为：选定站点→命名文件→编辑文档→保存文档。

① 打开文件面板，选中要创建文档的站点，然后右击弹出快捷菜单，在快捷菜单中选择

"新建文件"命令，则在当前站点下自动生成一个默认文件名的文档，如图 3-17 所示。

②命名文档后双击文档图标，即可在文档编辑窗口编辑当前文档。编辑完毕后进行保存操作，即完成新文档的创建。

图 3-17　利用文件面板创建文档

3.3.2　文档的打开和预览

1. 打开文档

Dreamweaver 在打开文档时支持多种文档类型，可以是 Web 页，也可以是非 HTML 文本文件，如 JavaScript 文件、XML 文件、CSS 样式或用字处理程序或文本编辑器保存的文本文件。打开文档后，即可在"设计"视图或"代码"视图中编辑该文档。

Dreamweaver 提供了多种打开文档的方法。如：

①在起始页面中打开文档；

②利用"文件"菜单打开文档；

③利用文件面板打开文档。

（1）利用"文件"菜单打开文档

①选择"文件/打开"命令，弹出"打开"对话框，如图 3-18 所示。

图 3-18　"打开"对话框

②设定要打开的文件类型，浏览并选择要打开的文件，然后双击该文件，或选中文件后单击"打开"按钮，所选文档将在文档编辑窗口中打开。打开后的文档即可进行编辑操作。

说明：在默认情况下，HTML 文档在"设计"视图中打开，JavaScript、文本和 CSS 样式表在"代码"视图中打开。

（2）利用文件面板打开文档

利用文件面板打开文档是更为常用的方法，它比利用"文件"菜单打开文档快捷简便。具体步骤如下：

①打开文件面板。

② 在文件面板中浏览选定文件，双击选中的文件，即在文档编辑窗口中将选中的文档打开。

2．预览文档

"设计"视图只提供了页面在 Web 上显示时的大致外观，要查看确切的最终结果，必须在浏览器中预览页面，即在本地使用浏览器预览文档的网页效果。预览的默认浏览器可以设定，本书使用默认浏览器 Internet Explore 7。

Dreamweaver 预览文档的常用方法如下：

① 文档在打开状态下，按【F12】功能键或使用文档工具中的预览按钮 预览网页。

② 在文件面板中直接预览文档，用该方法预览文档时文档不需要打开。预览的一般过程如下：

在文件面板中选中文档，右击弹出快捷菜单，选择"在浏览器中预览"命令，确定使用的浏览器，即可预览网页。图 3-19 所示为预览 demo-1.html 文档的窗口示例。

在文件面板中预览网页还有一种更快捷的方法，就是选定文件后按【F12】功能键。

图 3-19　用快捷菜单预览文档

3.3.3　文件面板的编辑功能

在 Dreamweaver 的文件面板中，能够实现文件和文件夹的复制、剪切、粘贴、删除、移动等操作，当在站点内进行文件操作时，文件面板将会对文档中的链接进行跟踪更新。

在前面的介绍中，已多次使用文件面板的快捷菜单，快捷菜单中的"编辑"命令，即专门用于实现上述文件操作。

文件操作的一般过程如下：

① 在文件面板中选中文件（或文件夹），然后右击，在弹出的快捷菜单中选择"编辑"命令，如图 3-20 所示。

② 在"编辑"命令中，选择相应的文件操作功能，实现指定的文件操作。

关于"编辑命令"的说明：

① "编辑"命令对站点根文件夹和逻辑磁盘无效。

② 当进行删除操作时，将显示图 3-21 所示的删除确认对话框，单击"是"按钮确认后，方可完成删除操作。

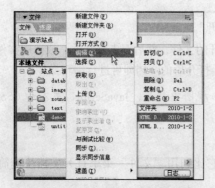

图 3-20　文件面板的"编辑"菜单

图 3-21　"删除"确认对话框

③ 包含链接的文件在站点内移动或删除时，文件面板将进行链接跟踪，并对文件中的链接进行更新。

【例 3.2】在站点中移动文件示例。

图 3-22 所示的文件面板显示了 Website 站点的文件结构，其中的 frame-page-1.htm 文件与站点内其他文件有链接关系，现将其移动到文件夹 newpage 中。

实现文件移动操作，既可以使用文件面板的"编辑"命令，也可以在文件面板中直接拖动文件。本例使用拖动文件的方式移动 frame-page-1.htm 文件。

操作过程如下：

① 选中 frame-page-1.htm 文件，将其拖动到 newpage 文件夹上，屏幕显示图 3-23 所示"更新文件"提示对话框，提示对话框中文件的链接需要更新。

图 3-22　Website 站点的文件　　　　　图 3-23　"更新文件"对话框

② 单击"更新"按钮，"更新文件"窗口中所有文件的链接将自动更新。

只有完成更新后，frame-page-1.htm 文件和其他文件的链接才保持有效。图 3-24 和图 3-25 所示分别是移动 frame-page-1.htm 文件前后，first.htm 文件的"代码"视图。

图 3-24　移动前的 first.htm 文档代码

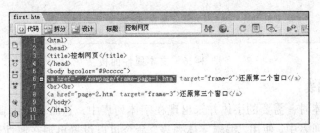

图 3-25　移动后的 first.htm 文档代码

从图中可见，由于移动后 frame-page-1.htm 的位置发生了变化，first.htm 文件指向 frame-page-1.htm 的链接因此进行了更新。

说明：对于具有链接关系的文件，无论将哪一个移到其他文件夹中，都应更新有关的链接，否则在浏览文件时，有关的链接文件就不能使用。

3.4　插入和编辑网页元素

在 Dreamweaver 的文档窗口中，插入和编辑网页元素是设计制作网页的最基本操作。使用"插入"栏的工具按钮或者使用菜单命令，都能方便地插入网页元素。插入后的网页元素可以通过属性面板设置其属性。

3.4.1　插入和编辑文本

1．插入文本

文本是网页中使用最多的元素，在网页文档中插入文本也是最基本的操作。将插入点置入文档窗口中后，即可在插入点位置插入文本。Dreamweaver 提供了多种向文档中插入文本的方法，例如，直接在"文档"窗口中输入文本、从其他应用程序中复制文本等。

2．插入空格和段落

（1）插入空格

HTML 只允许字符之间包含一个空格，若要在文档中插入连续多个空格，须按如下方法操作：

① 在全角输入法状态下直接利用空格键输入空格。

② 选择"编辑/首选参数"菜单，在"常规"类别中选中"允许多个连续的空格"。然后用空格键就可以直接输入多个空格了。

③ 按下【Ctrl+Shift】组合键后，按空格键连续插入空格。

（2）插入段落

在文档窗口中直接按【Enter】键即可在文档中添加一个新的段落。若只是在文档中实现段内换行，而不产生新段落，则须按【Shift+Enter】组合键。

3．文本格式的编辑

文本的格式包括段落格式、字体、字号、格式（如粗体、斜体、下画线）、颜色、对齐方式、缩进等多项内容。

文本格式的编辑通过文本属性面板和"文本"菜单命令等方式进行。图 3-26 是文本属性面板。在属性面板中所做的任何更改，只对选中的文本有效。

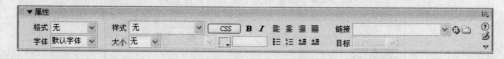

图 3-26　文本属性面板

4．编辑字体列表

有时在设定字体时，需要的字体并未出现在字体列表中，这时就要编辑字体列表，将需要的字体添加到字体列表中。使用"编辑字体列表"命令可以设置出现在属性面板和"文本/字体"

子菜单中的字体组合，"编辑字体列表"对话
框如图 3-27 所示。

图 3-27　编辑字体列表

"字体列表"所列字体是当前可以直接使用
的字体，"可用字体"列表列出的是系统可供
使用的字体，这些字体只有添加到"字体列表"
中后，才能在编辑文本格式时使用。"字体列
表"中的字体也可以移除。

（1）向"字体列表"添加字体

① 选择"文本/字体/编辑字体列表"命令，
弹出如图 3-27 所示"编辑字体列表"对话框。

② 在"可用字体"列表中选中要添加到"字体列表"中的字体。

③ 单击箭头按钮，将选中字体置于"选择的字体"框中。

④ 单击窗口左上方的　按钮，所选字体即进入"字体列表"中。

（2）从"字体列表"中移除字体

在"字体列表"中选中要移除的字体（或组合），单
击　按钮，所选字体即从"字体列表"中移除。

说明：

① 添加或移除操作完成后，只有单击"确定"按钮，
对字体列表所作的编辑才会生效。

② 在文本属性面板中，通过"字体"列表窗口，也
可以启动"编辑字体列表"对话框，如图 3-28 所示。

图 3-28　启动"编辑字体列表"

3.4.2　插入和编辑水平线

水平线是网页中经常用到的一种元素，在页面上，可以使用一条或多条水平线以分隔文本
和对象。

1．插入水平线

① 在"文档"窗口中，将插入点置于要插入水平线的位置。

② 选择"插入记录/HTML/水平线"命令。

2．修改水平线

① 在文档窗口中，选择水平线。

② 选择"窗口/属性"命令打开属性面板，如图 3-29 所示。

③ 在属性面板中根据需要对属性进行修改。

图 3-29　水平线属性面板

说明：

①"宽"和"高"属性以像素为单位或以页面尺寸百分比的形式指定水平线的宽度和高度。

② "对齐"属性指定水平线的对齐方式，有默认、左对齐、居中对齐和右对齐四种方式。仅当水平线的宽度小于浏览器窗口的宽度时，该设置才适用。

③ "阴影"指定绘制水平线时是否带阴影。不选择"阴影"时，将使用纯色绘制水平线。

3.4.3 插入和编辑图像

图像是网页的重要元素，图像使网页变得丰富多彩。网页中使用的图像文件应存储在站点的图像专用文件夹中。

1. 插入图像

Dreamweaver 在 HTML 文档中插入图像并不是直接插入图像本身，而是在 HTML 源代码中生成对该图像文件的引用。为了确保此引用的正确性，该图像文件必须位于当前站点中。如果图像文件不在当前站点中，Dreamweaver 会询问是否要将此文件复制到当前站点中。

插入图像步骤如下：

① 将插入点放置在要显示图像的位置，然后执行以下操作之一：

- 在"插入栏"的"常用"类别中，单击"图像"图标 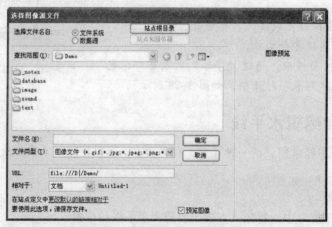。
- 选择"插入/图像"命令。

此时，屏幕将显示如图 3-30 所示"选择图像源文件"对话框。

图 3-30　选择图像源文件对话框

② 在出现的对话框中，根据图像文件的性质设定选项：

- 选择"文件系统"以选择一个图形文件。
- 选择"数据源"以选择一个动态图像源文件。

③ 浏览并选择要插入的图像源文件，单击"确定"按钮后图像将出现在"设计"视图中。

④ 使用属性面板设置所插入图像的属性。图像属性面板如图 3-31 所示。

图 3-31　图像属性面板

关于图像属性的说明：

① 宽和高。以像素为单位指定图像的宽度和高度。当在文档中插入图像时，Dreamweaver 自动用图像的原始尺寸更新这些文本框。通过设置"宽"和"高"的值来改变图像的大小，如果设置的"宽"和"高"的值与图像的实际宽度和高度不相符，则该图像在浏览器中可能不会正确显示。

② 源文件。指定图像的源文件。将"源文件"文本框右侧的"指向文件"图标 拖动到"站点"面板中的图像文件上，或单击文件夹图标 浏览到站点上的图像文件，或手动输入图像文件的 URL，都可以指定图像源文件。

③ 链接。指定图像的超链接，具体链接方法与上述指定源文件的方法相同。

④ 对齐。对齐同一行上的图像和文本，该属性有以下选项：

● 默认值：通常指定基线对齐，但根据站点访问者的浏览器的不同，默认值也会有所不同。

● 基线、底部：将文本（或同一段落中的其他元素）的基线与选定对象的底部对齐。

● 顶端：将图像的顶端与当前行中最高项（图像或文本）的顶端对齐。

● 居中：将图像的中部与当前行的基线对齐。

● 文本上方：将图像的顶端与文本行中最高字符的顶端对齐。

● 绝对居中：将图像的中部与当前行中文本的中部对齐。

● 绝对底部：将图像的底部与文本行的底部对齐。

● 左对齐：将所选图像放置在左边，文本在图像的右侧换行。如果左对齐文本在行上处于对象之前，它通常强制左对齐对象换到一个新行。

● 右对齐：将图像放置在右边，文本在对象的左侧换行。如果右对齐文本在行上处于对象之前，它通常强制右对齐对象换到一个新行。

⑤ 替代。指定只显示文本的浏览器或已设置为手动下载图像的浏览器中代替图像显示的替代文本。

⑥ 垂直边距和水平边距：沿图像的边缘添加边距（以像素为单位）。"垂直边距"沿图像的顶部和底部添加边距，"水平边距"沿图像左侧和右侧添加边距。

⑦ 低解析度源。指定加载主图像之前应该加载的图像。许多设计人员使用主图像的黑白版本，因为它可以迅速加载并使访问者对他们等待看到的内容有所了解。

⑧ 边框：以像素为单位的图像边框的宽度，默认为无边框。

⑨ 编辑：包括图像处理优化、裁剪、亮度和对比度、锐化等操作。

2．编辑图像

（1）调整图像大小

Dreamweaver 对图像大小的调整有两种方式：一种方式是在文档窗口中以可视化的方式调整图像大小；另一种方式是在属性面板中设置图像的大小。下面是以可视化方式调整图像大小的方法。

① 在文档窗口中单击图像，图像周围出现调整大小控制点。

② 执行下列操作之一，调整大小：

● 若要调整图像的宽度，则拖动右侧的选择控制点。

● 若要调整图像的高度，则拖动底部的选择控制点。

● 若要同时调整图像的宽度和高度，则拖动顶角的选择控制点。

● 若要在调整图像大小时保持图像的比例（其宽高比），则在按住【Shift】键的同时拖动顶角的选择控制点。

说明：

① 以可视方式最小可以将图像大小调整到 8×8 像素。若要将图像调整到更小的尺寸（例如 1×1 像素），则须使用属性面板输入数值。

② 以下任何一种方法都能够使图像恢复原始尺寸：

- 在属性面板中删除"宽"和"高"文本框中的值。
- 单击"宽"和"高"文本框标签。
- 单击"宽"和"高"文本框右侧的"重设大小"按钮 ↻。

（2）裁剪图像

① 打开要裁剪的图像的页面，选择图像，并执行下列操作之一：

- 单击图像属性面板中的"裁剪工具"图标 🔲。
- 选择"修改/图像/裁剪"命令。

此时，将显示提示对话框，提示正在裁剪的图像文件将在做永久更改。单击"确定"按钮后，所选图像内将出现裁剪控制点。

② 调整裁剪控制点直到边界框包含的图像区域符合所需大小。

③ 在边界框内部双击或按【Enter】键后，所选图像的边界框外的所有区域都将被删除，完成裁剪操作。

【例3.3】在图 3-13 所示的文档窗口中，裁剪其中的图片。

操作过程如下：

① 单击选中图片，单击图像属性面板中的"裁剪工具"图标，出现如图 3-32 所示对话框。

② 单击"确定"按钮后，图片的裁剪控制框如图 3-33 所示，调节控制框选取保留区域，当符合要求后，双击内部框，即完成裁剪操作。

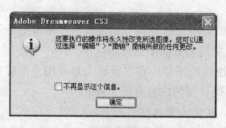

图 3-32　裁剪图像提示对话框

图 3-33　图片裁剪

说明：使用 Dreamweaver 裁剪时，会更改磁盘上的源图像文件，因此，在裁剪图像之前一般要备份图像文件，以便在需要恢复到原始图像时使用。

（3）对齐图像

对齐图像是指设置图像相对于同一段落或行中其他元素的对齐方式。可以将图像与同一行中的文本、另一个图像、插件或其他元素对齐；还可以使用对齐按钮（左对齐、右对齐、居中对齐）设置图像的水平对齐方式。

对齐图像使用图像属性面板实现，一般操作过程如下：

① 在"设计"视图中选择图像。

② 在属性面板中设置该图像的对齐属性。

3．创建鼠标经过图像

在浏览器中，当鼠标指针移过"鼠标经过图像"时，该图像将发生变化。鼠标经过图像实际上由两个图像组成：主图像（当首次载入页时显示的图像）和次图像（当鼠标指针移过主图像时显示的图像）。鼠标经过图像中的这两个图像应大小相等，位置重叠。当这两个图像大小不同时，Dreamweaver 将自动调整第二个图像的大小以匹配第一个图像。鼠标经过图像的效果在浏览器中才能看到。

创建鼠标经过图像的操作步骤如下：

① 在"文档"窗口中，将插入点放置在要显示鼠标经过图像的位置。

② 使用以下任何一种方法操作，打开如图 3-34 所示"插入鼠标经过图像"对话框，在对话框中设置相关参数，单击"确定"按钮即可。

● 在"插入"栏中，选择"常用"标签，然后单击"鼠标经过图像"图标。

● 选择"插入/图像对象/鼠标经过图像"命令。

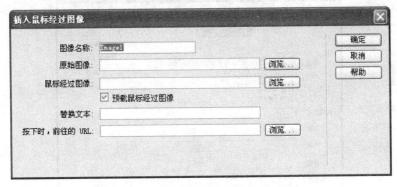

图 3-34　"插入鼠标经过图像"对话框

参数说明：

① "原始图像"是鼠标经过前的图像，"鼠标经过图像"是鼠标经过时的图像。

② 若选择"预载鼠标经过图像"复选框，则鼠标经过图像将会预载到浏览器的缓存中，浏览过程中鼠标指针滑过图像时不发生延迟。

③ "替换文本"是描述该图像的文本信息，使用只显示文本的浏览器时显示该信息。

④ "按下时，前往的 URL"是鼠标单击图像时要打开的文件。

3.4.4　插入和编辑 Flash 对象

1. 插入 Flash 动画

Flash 动画是常用的网页元素，尤其是在网页广告中更为常见，它使网页生动活泼。插入 Flash 动画的一般过程如下：

① 在文档窗口的"设计"视图中定位插入点，然后执行以下操作之一，打开"选择文件"对话框。

● 在插入栏的"常用"类别中，选择"媒体"工具 ，然后单击"Flash" 按钮 Flash 。

● 选择"插入/媒体/Flash"命令。

② 在对话框中，浏览选择一个 Flash 文件（扩展名为.swf），插入成功后，在插入点位置显示图 3-35 所示 Flash 占位符。

③ 预览 Flash 动画。插入 Flash 动画后，可以在属性面板中单击"播放"按钮立即预览，也可以在浏览器中预览 Flash 动画。

图 3-35　Flash 占位符

2．插入 Flash 按钮

在 Dreamweaver 文档中可以直接创建、插入和修改 Flash 按钮，而无需使用 Flash 软件。Flash 按钮对象是基于 Flash 模板的可更新按钮。在文档窗口中可以自定义 Flash 按钮对象，并添加文本、背景颜色以及指向其他文件的链接。

插入 Flash 按钮的一般过程如下：

① 在文档窗口中，将插入点放置在要插入 Flash 按钮的位置。

② 执行以下任何一种操作，打开图 3-36 所示"插入 Flash 按钮"对话框。

● 在插入栏的"常用"类别中，选择"媒体"工具 ，然后单击"Flash 按钮" 。

● 选择"插入/媒体/Flash 按钮"。

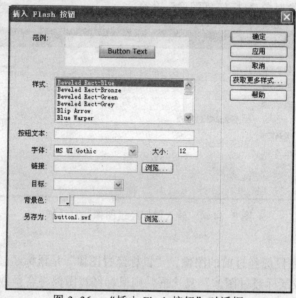

图 3-36 "插入 Flash 按钮"对话框

③ 在对话框中，通过"样式"和"范例"选择按钮的形状，通过"按钮文本"输入按钮上的文字，也可以为按钮设置链接。设置完成后单击"确定"按钮，Flash 按钮即插入到指定位置。插入后的按钮可通过属性面板中的"播放"按钮预览。

④ 编辑 Flash 按钮。

通过 Flash 按钮的属性面板，或者使用"插入 Flash 按钮"对话框，都能编辑文档窗口中的 Flash 按钮。

● 在文档窗口中选择 Flash 按钮，然后使用属性面板修改按钮的属性。

● 双击 Flash 按钮打开"插入 Flash 按钮"对话框，然后修改按钮的属性。

3.4.5 插入和编辑声音

Dreamweaver 支持多种类型的声音文件，如 WAV、MIDI 和 MP3 等声音文件都可以插入到 Web 页中。在 Web 页中插入声音的方式有两种：链接到声音文件和嵌入声音文件。

1．链接到声音文件

链接到声音文件是将声音添加到 Web 页面的一种简单而有效的方法。这种链接声音文件的方法可以使访问者能够选择是否要打开声音文件。

创建指向音频文件的链接过程如下：

① 选择要用作音频文件链接的文本或图像。

② 在属性面板中，单击文件夹图标以浏览音频文件，或者在"链接"文本框中输入文件的路径和名称。

2．嵌入声音文件

嵌入声音文件将声音直接并入页面中，但只有在访问站点的用户具有所选声音文件的适当插件后，声音才可以播放。嵌入的声音文件能够用作背景音乐，能够控制音量、播放器在页面上的外观、声音文件的开始点和结束点等。

嵌入声音文件的一般过程如下：

① 在"设计"视图中，将插入点放置在要嵌入文件的位置，然后执行以下任何一种操作。

● 在插入栏的"常用"类别中，单击"媒体"按钮，然后选择"插件"图标 插件 。

● 选择"插入/媒体/插件"命令。

② 在属性面板中，单击文件夹图标以浏览音频文件，或者在"链接"文本框中输入文件的路径和名称。

③ 调整插件占位符的大小，设置音频控件在浏览器中的显示尺寸。

3.4.6 页面属性

Dreamweaver CS3 的页面属性包括"外观"、"链接"、"标题"、"标题/编码"以及"跟踪图像"等 5 个方面的内容，在文档编辑状态下，通过属性面板的"页面属性"按钮对页面属性进行设置。

1．页面的外观属性

页面外观的属性对话框如图 3-37 所示，主要包括如下 3 方面内容：

① 设定页面文本默认状态的字体、大小、颜色、背景。

② 设定页面的背景图像。

③ 设定页面在窗口中的边距。

2．页面的链接属性

页面链接的属性对话框如图 3-38 所示，主要包括默认设置时链接的字体、未访问链接的颜色、已访问链接的颜色、活动链接的颜色等。

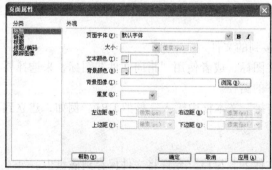
图 3-37 外观属性对话框

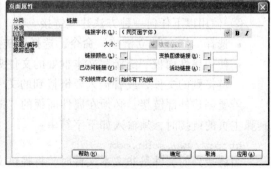
图 3-38 链接属性对话框

3．页面的标题属性

页面标题的属性对话框如图 3-39 所示，用于设置网页文档中使用的六级标题的格式。

4．页面的标题/编码属性

标题/编码的属性对话框如图 3-40 所示，用于设置 Web 页面标题、 Web 页面所用语言的文档编码类型，以及指定要用于该编码类型的 Unicode 标准化表单。

 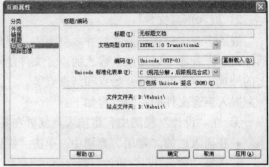

图 3-39　标题属性对话框　　　　　　　图 3-40　标题/编码属性对话框

该属性中最常用的是"标题"项，标题对话框用于指定在"文档"窗口和大多数浏览器窗口的标题栏中出现的页面标题。

说明：在默认页面属性时，Dreamweaver 使用 CSS 设置页面的属性。也可通过改变首选参数设置，使用 HTML 标签。

3.5　页面文档中的超链接

Dreamweaver 页面文档中的超链接有多种类型，包括链接到其他文件、锚记链接、电子邮件链接、图像地图及其链接。链接一般由链接热点、链接目标和链接指示标志等 3 部分构成。链接热点既可以是文本，也可以是图像或其他对象。

3.5.1　创建到其他文件的链接

链接到的文件可以是多种类型，如页面文档、图形文件、影片文件、声音文件、PDF 文件等。创建链接的一般过程：

① 选择热点文本或页面元素。

② 使用以下任何一种方法建立链接。

● 选择"修改/建立链接"命令，选择要链接到的文件。

● 使用属性面板"链接"文本框处的文件夹图标，或者使用"指向文件"图标，来选择要链接到的文件，或者输入要链接到的文件的路径。

若要创建外部链接，必须在属性面板的"链接"文本框中输入完整的 URL。例如，建立到搜狐主页的链接时，须输入如下字符串：

http://www.sohu.com

当链接到的文件是非文本文件时，将提供文件下载窗口，允许将文件保存到磁盘上。

3.5.2　创建锚记链接

使用锚记链接可以链接到文档中的特定位置，链接到的位置用"锚记"标记。锚记可以在当前文档中，也可以在其他的文档中。

创建到锚记的链接分为两步：第一步，创建命名锚记；第二步，创建到该锚记的链接。

1．创建命名锚记

① 在"文档"窗口的"设计"视图中，将插入点置于需要命名锚记的位置。

② 使用以下任何一种方法打开"命名锚记"对话框，如图 3-41 所示。

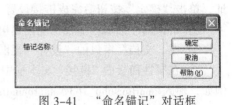

图 3-41　"命名锚记"对话框

- 使用"插入/命名锚记"命令。
- 在"插入"栏的"常用"类别中，单击"命名锚记"按钮。

③ 在"锚记名称"文本框中输入锚记的名称，并单击"确定"按钮，此时将在插入点位置显示锚记标记 ⚓。

说明：若在文档中看不到锚记标记时，可选择"查看/可视化助理/不可见元素"，锚记标记就会显示出来。

2．建立到锚记的链接

建立到锚记的链接一般有如下两种方法。

方法一：使用指向锚记的方法建立锚记链接。

① 在文档窗口的设计视图中，选择要创建链接的文本或图像。

② 在属性面板的"链接"文本框中，按如下要求，输入一个包含字符"#"和锚记名称的字符串。

- 要链接到的锚记在当前文档中时，字符串形式：#锚记名称。
- 要链接到的锚记在另外的文档中时，字符串形式：文件标识符#锚记名称。其中，文件标识符是包含文件路径的文件名。

方法二：使用指向文件方法建立锚记链接。

① 打开含有命名锚记的文档。

② 在"文档"窗口的"设计"视图中，选择要创建链接的文本或图像。

③ 使用以下任何一种方法建立链接。

- 将"链接"文本框右侧的"指向文件"图标 ⊕ 拖动到要链接到的锚记上。
- 在"文档"窗口中，按住【Shift】键进行拖动，从所选文本或图像拖动到要链接到的锚记上。

3.5.3　创建电子邮件链接

在网页中单击电子邮件链接时，该链接将调用与用户浏览器相关联的邮件程序，打开电子邮件信息窗口。在电子邮件信息窗口中，"收件人"文本框自动更新电子邮件链接中指定的地址。

创建电子邮件链接的一般过程如下：

① 在文档窗口的"设计"视图中，将插入点置于电子邮件链接的位置，或者选择要作为电子邮件链接的文本或图像。

② 执行以下任何一种操作，打开如图 3-42 所示的"电子邮件链接"对话框。

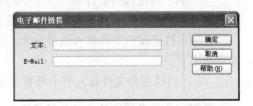

图 3-42　"电子邮件链接"对话框

- 使用"插入/电子邮件链接"命令。

● 在插入栏的"常用"类别中，单击"插入电子邮件链接"按钮 。

③ 在"文本"框中输入表示链接的文本信息，在"E-mail"框中输入链接到的 E-mail 地址，单击"确定"按钮后完成链接设置。

Dreamweaver 的属性面板也能创建电子邮件链接。操作如下：

① 在"文档"窗口的"设计"视图中选择文本或图像。

② 在属性面板的"链接"文本框中，输入"mailto:"字符串，紧接其后输入电子邮件地址。例如，输入 mailto:sohu_163@macromedia.com。

3.5.4　图像地图及其链接

图像地图是指已被分为多个区域并在区域设置了热点的图像，在图像地图中，当用户单击某个热点时，会发生某种操作（如，打开一个新文件）。

1. 创建热点地图

创建热点地图的一般过程如下：

① 在文档窗口中，选择图像。

② 在属性面板中，单击右下角的展开箭头，查看所有属性。

③ 在"地图"文本框中为该图像地图输入名称。必须注意，如果在同一文档中使用多个图像地图，要确保每个地图都有唯一名称。

④ 使用以下方法定义图像地图区域。

● 选择圆形工具，并将鼠标指针拖至图像上，创建一个圆形热点。

● 选择矩形工具，并将鼠标指针拖至图像上，创建一个矩形热点。

● 选择多边形工具，在各个顶点上单击，定义一个不规则形状的热点，然后单击指针热点工具 封闭此形状。

⑤ 创建热点后，出现热点属性面板，如图 3-43 所示。

图 3-43　热点属性面板

⑥ 单击每一个热点，按以下操作步骤完成热点属性面板中有关内容的设置。

a. 在热点属性面板的"链接"文本框中，设置链接对象的 URL 信息。

b. 在"目标"下拉列表中选择一个窗口，热点指定的链接文件将在该"目标"窗口中打开。

_blank：将链接的文件载入一个未命名的新浏览器窗口中。

_parent：将链接的文件载入含有该链接框架的父框架集或父窗口中。如果包含链接的框架不是嵌套的，则链接文件加载到整个浏览器窗口中。

_self：将链接的文件载入该链接所在的同一框架或窗口中。此目标是默认的，所以通常不需要指定它。

_top：将链接的文件载入整个浏览器窗口中，因而会删除所有框架。

说明：只有当所选热点包含链接后，目标选项才可用。

完成绘制图像地图后，在文档中的空白区域单击以更改属性面板。

2．编辑图像地图

图像地图的编辑操作主要有移动热点、调整热点大小以及热点的复制等。

（1）移动热点

使用指针热点工具选择要移动的热点，然后，可按以下任何方式移动热点。

① 将选择的热点拖动到新区域。

② 按下【Shift】键同时按方向键将热点向选定方向一次移动 10 个像素。

③ 使用方向键将热点向选定方向一次移动 1 个像素。

（2）调整热点的大小

使用指针热点工具选择要调整大小的热点，然后拖动热点选择器手柄，即可更改热点的大小或形状。

3.5.5　创建空链接和脚本链接

在网页中使用最为广泛的链接类型是链接到文档和命名锚记的链接，但除此之外，还有其他一些链接类型。空链接和脚本链接在 Web 页中也经常使用。

1．空链接

空链接是未指派目标的链接。创建空链接后，可向空链接附加行为，以便当鼠标指针滑过该链接时，交换图像或显示层。有关向对象附加行为的信息，将在后续内容中介绍。

按以下步骤操作，将创建空链接：

① 在文档窗口的"设计"视图中选择文本、图像或对象。

② 在属性面板中，将"javascript:;"或"#"输入"链接"文本框。

2．脚本链接

脚本链接执行 JavaScript 代码或调用 JavaScript 函数。它能够在不离开当前网页的情况下，为访问者提供有关某项的附加信息。脚本链接还可用于在访问者单击特定项时，执行计算、表单验证和其他处理任务。

按以下步骤操作，将创建脚本链接：

① 在文档窗口的"设计"视图中选择文本、图像或其他对象。

② 在属性面板的"链接"文本框中输入"javascript:"，然后在其后输入相关的 JavaScript 脚本代码或函数。

例如，在"链接"文本框中输入"javascript:alert（'这是脚本链接示例'）"文本时，将生成一个消息框链接，单击该链接时，会显示一个含有"这是脚本链接示例"消息的 JavaScript 警告框。

3.6　"五岳览胜"网页设计示例

本节是前述知识的综合应用举例，通过"五岳览胜"网页设计示例，详细介绍从一个空白页面开始，通过插入、编辑页面元素，最终完成一个简单网页的具体过程。

在本例开始前，已经建立了站点 mountain，示例所需的图片、文件等资源均在 mountain 站点中。

3.6.1 示例说明

在本地站点 mountain 中创建图 3-44 所示的网页，详细说明如下：

① 网页文档名为 index.html，网页标题为"一个简单网页"。

② index.html 网页中的图片文件存储在 mountain 站点的 images 文件夹下，文件名为 taishan.jpg，浏览网页时该图片的显示文本为"泰山"。

③ index.html 网页左下角有一个 flash 按钮，右下角显示网页制作的实时日期。

图 3-44　index.html 页面

④ 在 index.html 网页中有 3 个链接：

"泰山"链接到网页文件 taishan.html，该文件在 mountain 站点中，在网页中使用该链接时，在当前窗口打开网页文件 taishan.html。图 3-45 是 taishan.html 网页的起始窗口。

图 3-45　taishan.html 页面

"泰山新视野"按钮也是到 taishan.html 文档的链接，单击该按钮后，将在一个新窗口中打开 taishan.html 网页。

"泰山云雾"是链接到网页文件 taishan.html 内的一个锚记链接，浏览网页时，该链接将使"泰山云雾"图片出现在浏览器窗口中，如图 3-46 所示。

图 3-46　显示"泰山云雾"图片的 taishan.html 页面

⑤　在 taishan.html 文档中，已经建立了由"泰山云雾"图片到 index.html 文档的链接，要求将该链接移除。然后利用"泰山日出"图片设置到 index.html 的链接，使得浏览网页 taishan.html 时，单击"泰山日出"图片即跳转到 index.html 网页。"泰山日出"图片文件名为 sunrise.jpg，存储在 images 文件夹中。

3.6.2　示例网页设计

1．创建 index.html 文件

启动 Dreamweaver CS3，在文件面板中打开 mountain 站点，在 mountain 站点文件夹弹出快捷菜单，如图 3-47 所示，选择"新建文件"命令，在 mountain 站点中创建新文档，并命名为 index.html。

2．输入网页标题

在文件面板中双击 index.html 文件，将其在文档窗口中打开，在"标题"文本框中输入"一个简单网页"，此时光标处在文档窗口开始位置，如图 3-48 所示。

图 3-47　在 mountain 站点中新建网页

3．在文档窗口中输入文本

①　输入文本行"五岳览胜"，按回车键。

②　连续输入文本"东岳泰山、西岳华山……五岳览胜是众多海内外游客的旅游梦想。"，

按回车键。

③ 依次输入以下文本行，每个文本行均以回车键结束。

东岳泰山，位于山东泰安市，海拔 1532 米

西岳华山，位于陕西华阴县，海拔 1997 米

南岳衡山，位于湖南衡山县，海拔 1512 米

北岳恒山，位于山西浑源县，海拔 2017 米

中岳嵩山，位于河南登封县，海拔 1440 米

输入文本后的文档窗口如图 3-49 所示。

图 3-48　index.html 空文档窗口

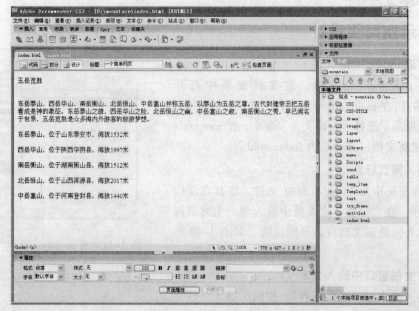

图 3-49　输入文本后的 index.html 文档窗口

④ 保存编辑结果，并用 F12 功能键预览。

4．插入水平线

① 将光标定位在第二个文本段尾部，即"……梦想。"之后。

② 选择"插入/HTML/水平线"命令，插入文档中第一条水平线。

③ 将光标定位在最后一行尾部，插入第二条水平线。

④ 保存编辑结果，并用 F12 功能键预览。

5．文本格式编辑

① 选中"五岳览胜"文本，在属性面板中单击"左对齐"按钮将文本左对齐，"字体"设置为"华文新魏"，"大小"设置为 36 像素，颜色设置为纯蓝色。如图 3-50 所示。

图 3-50 文本格式设置

② 选中第二段文本，将"字体"设置为"宋体"，"大小"设置为 18 像素，默认颜色设置为黑色，对齐方式为默认对齐。

③ 其他文本的格式设置。"字体"设置为"默认字体"，"大小"设置为 24 像素，颜色设置为草绿色（编码为#006600），水平居中对齐。

完成文本格式设置后的预览页面如图 3-51 所示。

6．插入编辑图片

① 在文件面板中选中图片文件 taishan.jpg，拖动该文件到文档窗口中"东岳泰山"文本的左侧，松开鼠标键后，显示图 3-52 对话窗口，在"替换文本"框中输入"泰山"，单击"确定"按钮，图片将插入到指定位置。

② 选中图片，使用属性面板设置"对齐"方式为"左对齐"，并调整图像为适当大小。

③ 保存编辑结果，并用 F12 功能键预览。

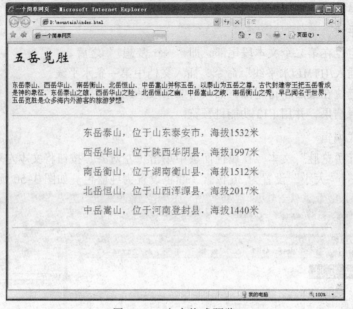

图 3-51　文本格式预览

7. 插入 Flash 按钮

① 定位插入点，选择"插入/媒体/Flash 按钮"命令，出现图 3-36 所示"插入 Flash 按钮"对话框，在列表中选定按钮形状，在"按钮文本"框中输入"泰山新视野"。

② 单击"确定"按钮，保存编辑结果，并用 F12 功能键预览。

8. 插入日期

① 将插入点定位在"泰山新视野"按钮之后，输入"网页制作时间："文本。

② 将插入点定位在文本之后，选择"插入"栏的"日期"按钮，出现图 3-53 所示对话框，设定有关项目后单击"确定"按钮，则日期插入在指定位置。

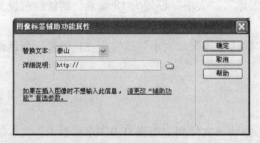

图 3-52　"图片标签辅助功能属性"对话框

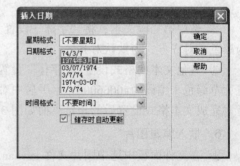

图 3-53　"插入日期"对话框

③ 保存编辑结果，并用 F12 功能键预览。

9. 建立 index.html 文档中的链接

（1）建立"泰山"到 taishan.html 的文件链接

① 在 index.html 文档窗口中选中"泰山"文本。

② 展开属性面板，在"链接"框中输入链接到的文件名"taishan.html"；或者单击链接浏

览按钮，打开图 3-54 所示"选择文件"对话框，浏览选定 taishan.html 文件。

③ 保存编辑结果，并用 F12 功能键预览。

（2）建立"泰山新视野"按钮到 taishan.html 文件的链接

① 在 index.html 文档窗口中，双击"泰山新视野"按钮，打开"插入 flash 按钮"对话框，在"链接"框中输入"taishan.html"，在"目标"框中选择"_blank"项，然后单击"确定"按钮。

② 保存编辑结果，并用 F12 功能键预览。

（3）建立"泰山云雾"到 taishan.html 文件的锚记链接

① 打开 taishan.html 文档，隐藏面板组，在"泰山云雾"图片左侧附近确定一个插入点，然后单击插入栏的锚记图标，插入命名锚记 mist，如图 3-55 所示。

图 3-54   "选择文件"对话框

图 3-55   在文档中插入命名锚记

② 切换到 index.html 文档，在"泰山新视野"按钮之后插入两个空格，并定位插入点。

③ 选择"插入/超级链接"菜单，出现图 3-56"超级链接"对话框，在"文本"框输入"泰山云雾"，在"链接"框输入"taishan.html#mist"，单击"确定"按钮。此时，插入点处出现"泰山云雾"超链接。

④ 在"泰山云雾"之后插入若干空格，将日期调整到页面适当位置。

⑤ 保存编辑结果，并用 F12 功能键预览。

图 3-56   "超级链接"对话框

10．设置页面属性

① 在 index.html 文档窗口中，打开属性面板的"页面属性"窗口，设置"外观"、"链接"的默认属性，如图 3-57 和图 3-58 所示。

② 单击"确定"按钮退出页面属性设置。

③ 保存编辑结果，并用 F12 功能键预览。

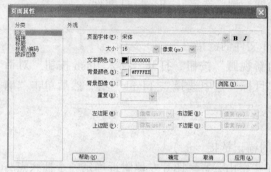 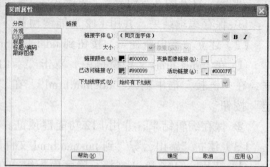

图 3-57　index.html 页面"外观"设置　　　　图 3-58　index.html 页面"链接"设置

11. taishan.html 文档中的图片链接

（1）移除"泰山云雾"图片的链接

① 切换到 taishan.html 文档窗口，选中"泰山云雾"图片，单击鼠标右键，在弹出的快捷菜单中选择"移除链接"菜单后，链接即移除。

② 保存编辑结果，并用 F12 功能键预览。

（2）为"泰山日出"图片加入超级链接

① 在 taishan.html 文档窗口，选中"泰山日出"图片。

② 在属性面板中拖动"链接"的"指向文件"图标到文件面板的 index.html 文件上，如图 3-59 所示。

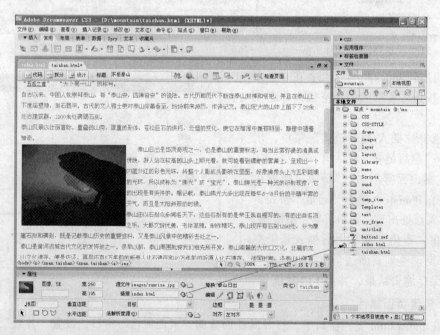

图 3-59　用拖动方式建立到文件的链接

③ 松开鼠标，"泰山日出"图片到 index.html 文件的链接即建立。

④ 保存编辑结果，并用【F12】功能键预览。

小　　结

（1）Dreamweaver CS3 是功能强大的可视化网页设计工具，是在 Dreamweaver 8 基础上推出的一个新版本，是构建网站和应用程序的专业化产品。Dreamweaver CS3 既支持可视化设计，又支持手工编码。作为初学者，熟悉 Dreamweaver CS3 的工作界面是使用 Dreamweaver CS3 的第一个环节。

（2）Web 站点是一组具有共享属性的链接文档。Dreamweaver 站点最多由三部分组成，即本地文件夹、远程文件夹和动态页文件夹，具体取决于所用的计算机环境和所开发的 Web 站点的类型。进行网页设计首先要规划和定义本地站点，Dreamweaver CS3 菜单栏的"站点"命令和文件面板的"站点"命令都可以定义本地站点。

（3）插入和编辑网页元素是 HTML 文档中的最基本操作，本章介绍了插入和编辑文本元素、水平线、图像、Flash 元素、声音、链接等页面元素的方法。属性面板是页面元素属性设置的重要面板。

（4）Dreamweaver CS3 处于文档编辑状态时，能够通过属性面板对页面属性进行设置。Dreamweaver 的页面属性包括"外观"、"链接"、"标题"、"标题/编码"以及"跟踪图像"等 5 个方面的内容。

（5）Dreamweaver 页面文档中的超链接有多种类型，包括链接到其他文档或文件的链接、锚记链接、电子邮件链接、空链接和脚本链接等。链接一般由链接热点、链接目标和链接指示标志 3 部分构成。链接热点既可以是文本，也可以是图像或对象。

习　题　三

1. 在个人计算机上安装并运行 Dreamweaver CS3，完成如下操作：

① 观察 Dreamweaver CS3 的启动过程。

② 分析 Dreamweaver CS3 的窗口结构特点，浏览 Dreamweaver CS3 的功能，查看 Dreamweaver CS3 的各种面板，熟悉 Dreamweaver CS3 的工作界面。

2. Dreamweaver CS3 的链接有哪几种，各自的功能特点是什么？

3. Dreamweaver CS3 的站点管理包括哪些主要功能？建立一个包括图像文件的本地站点，并建立一个只有文本信息的页面。

4. 模仿 3.6 节的"五岳览胜"网页示例，设计一个以"青春风采"为主题的网页，要求至少要包括"五岳览胜"网页中具有的页面元素的类型。

第 **4** 章 页面布局设计

本章概要

第 3 章学习了 Dreamweaver CS3 的基础操作知识，学会了在网页中插入编辑文本、图像等网页元素的基本方法，同时也体验到了要准确定位网页元素的困难性。在 HTML 简介一章，学习了通过表格标记和框架标记进行网页布局、定位网页元素的方法，但要靠编码实现。

Dreamweaver CS3 对页面布局设计提供了强大的支持，能够在"视图"状态下，利用表格、AP 元素和框架技术方便地进行页面布局，准确、灵活地定位页面中的各种元素。本章主要介绍 Dreamweaver CS3 的表格、AP 元素及框架的基本操作，在每一节设置的应用示例中对相关内容进行了系统的应用。

教学目标

- 掌握表格、层、框架的有关概念及基本操作方法。
- 熟练使用表格布局网页，熟练编辑表格中的网页元素。
- 学会使用 AP 元素布局网页的方法。
- 熟悉框架技术，学会使用框架布局网页的方法。
- 能使用时间轴设计简单的浮动广告。

4.1 使用表格进行页面布局

表格是进行页面布局最常用的工具，它既可以用可见表的形式在网页中呈现表格式数据，也可以仅起布局作用，准确定位文本、图像等页面元素。但二者在本质上是一致的，都是通过设计编辑表格，将页面元素在单元格中呈现出来。前者通常有表格线，后者通常会把表格线隐藏起来。

使用表格进行页面布局主要包括 3 方面的操作，即设计创建表格、编辑表格、在表格中插入管理网页元素。在一个 Web 页面中可以有多个表格，甚至在表格的单元格中还会嵌入另外的表格。

4.1.1 创建表格

1. 插入表格

Dreamweaver 使用插入栏或插入菜单来创建一个新表格。具体步骤如下：

① 在文档窗口的"设计"视图中，将插入点放在需要表格的位置。

② 单击插入栏"常用"类别中的"表格"按钮，或选择"插入/表格"菜单，出现图 4-1 所示"表格"对话框。

图 4-1　"表格"对话框

③ 按需要设置表格参数，单击"确定"按钮后完成表格的创建。图 4-2 是按照图 4-1 设置参数后生成的表格。

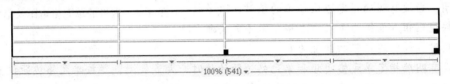

图 4-2　Dreamweaver 表格

表格下方（有时在表格上方）显示了表格在当前窗口中的宽度情况，宽度旁边是表格标题菜单与列标题菜单的箭头。使用菜单可以快速访问与表格相关的常用命令，图 4-3 所示为表格菜单。

（a）表格标题菜单

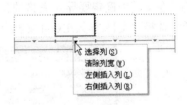

（b）表格列标题菜单

图 4-3　表格标题菜单和列标题菜单

关于"表格"对话框参数的说明：

（1）"表格大小"参数

行数：确定表格具有的行数。

列数：确定表格具有的列数。

表格宽度：以像素数或占浏览器窗口宽度的百分比指定表格的宽度。

边框粗细：以像素为单位指定表格边框的宽度。

单元格边距：单元格边框和单元格内容之间的像素数。

单元格间距：相邻的单元格之间的像素数。

（2）"页眉"参数

无：对表不启用列标题或行标题。

左侧：将表的第一列作为标题列，以便为表中的每一行输入一个标题。

顶部：将表的第一行作为标题行，以便为表中的每一列输入一个标题。

两者：允许在表中输入列标题和行标题。

（3）"辅助功能"参数

标题：提供了一个显示在表格外的表格标题。

对齐标题：指定表格标题相对于表格的显示位置。

摘要：给出表格的说明。屏幕阅读器可以读取摘要文本，但是该文本不会显示在用户的浏览器中。

图 4-4 是单元格边距及单元格间距的图示说明，该表定义时"单元格间距"为 10 像素，单元格边距为 12 像素。在图示中可清晰地看到，表中的一个单元格就是一个矩形框。

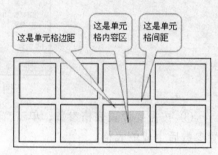

图 4-4　表格的单元格边距及单元格间距

说明：当没有明确指定边框粗细的值时，大多数浏览器按边框粗细设置为 1 显示表格。若不需要显示表格边框时，须将边框粗细设置为 0。

当没有明确指定单元格间距和单元格边距的值时，大多数浏览器按单元格边距设置为 1、单元格间距设置为 2 显示表格。若不需要浏览器显示表格中的边距和间距，须将"单元格边距"和"单元格间距"设置为 0。

2．导入 Excel 表格

Dreamweaver 能够将 Excel 表格导入当前文档中，并自动设置为 Dreamweaver 表格的格式。操作步骤如下：

① 在文档中确定要导入表格的位置。

② 选择"文件/导入/Excel 文档"命令，显示图 4-5 所示的"导入 Excel 文档"对话框。

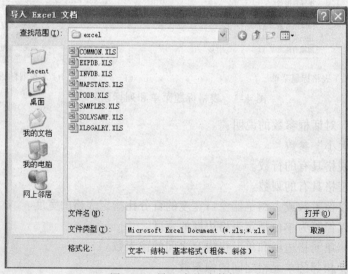

图 4-5　导入表格式数据

③ 浏览选择要导入的文件，单击"打开"按钮，即可将表格导入到 Dreamweaver 文档中。

说明：导入的 Excel 表的边框、单元格边距、单元格间距均默认设置为 0。

4.1.2　表格的编辑

编辑表格时，首先要选定表格元素，然后对表格进行具体的编辑操作，如调整表格大小、插入/删除行或列、设置单元格等。

1．选择表格元素

选择表格元素是表格编辑的第一个步骤，可以一次选择整个表、行、列或在表格中选择连续的单元格，还可以选择表格中多个不相邻的单元格。具体操作如下：

① 选择整个表格。单击表格左上角或者单击右边或底部边缘的任意位置可选择整个表格。

② 选择行或列。首先定位鼠标指针，使其指向行的左边缘或列的上边缘，当鼠标指针变为选择箭头时，单击选择行或列，当拖动时将选择多个行或列。

③ 选择一个单元格。在单元格中单击鼠标，即选中该单元格。

④ 选择矩形单元格块。将鼠标从一个单元格拖到另一个单元格即选定一个矩形单元格块。

⑤ 选择不相邻的单元格。按住【Ctrl】键的同时单击要选择的单元格、行或列，将选中多个单元格。如果它已经被选中，则再次单击会取消选择。

另外，还可以通过文档编辑窗口的状态栏选择表元素。当单击任何一个单元格后，状态栏将显示该表格的有关标记，如图 4-6 所示。此时单击<table>将选中整个表格，单击<tr>将选中当前单元格所在的表行。选中的标记以高亮度显示。

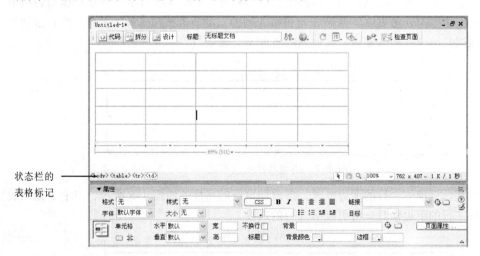

图 4-6　表格及状态栏中的标记

2．设置表格和单元格的格式

通过设置表格及表格单元格的属性，可以方便地设置表格和单元格的格式。

选中整个表格时属性面板显示当前表格的属性；只选中单元格时，属性面板显示选中单元格的属性。对属性面板的修改，只适用于当前选定的元素。

若要设置表格中文本的格式，可以对所选的文本应用格式设置或使用样式。

说明：HTML 中的表格格式设置具有优先顺序。当在"设计"视图中对表格进行格式设置时，Dreamweaver 允许以多种元素形式设置表格中单元格的格式。例如，可以以表格为对象设置整个表格的格式；可以以所选行、列为对象设置表格中单元格的格式；可以单独设定单元格的格式。这样，有时会出现格式设置不一致的情况。例如，将整个表格的某个属性（例如背景颜色或对齐）设置为一个值，而将单个单元格的属性设置为另一个值，此时出现了设置冲突。Dreamweaver 按照以下优先顺序确定最终格式：

单元格格式设置优先于行格式设置，行格式设置又优先于表格格式设置，即表格格式设置的优先顺序为：单元格>行>表格。

例如，如果将某个单元格的背景颜色设置为蓝色，然后将整个表格的背景颜色设置为黄色，则蓝色单元格不会变为黄色，因为单元格格式设置优先于表格格式设置。

3. 调整表格的大小

① 通过拖动选择控制点可以调整整个表格或单个行和列的大小，当调整整个表格的大小时，表格中的所有单元格按比例更改大小。

说明：如果表格的单元格指定了明确的宽度或高度，则调整表格大小将更改"文档"窗口中单元格的可视大小，但不更改这些单元格的指定宽度和高度。

② 通过更改属性面板的高度和宽度值，可以精确调整表格元素的大小。

4. 更改列宽和行高

① 拖动列或行的边框，更改表格列宽或行高。当鼠标移动到边框线上变成十字箭头形状╪时，按下鼠标拖动边框线，即可更改相应的列宽和行高。

- 更改列宽。拖动表格的列边框，将改变表格的列宽。如图 4-7 所示，当左右拖动表格第三列的右边框时，将更改表格第 3 列和第 4 列的宽度。若按住【Shift】键，然后拖动列边框，则只改变一列的宽度，其他列的宽度不会改变。

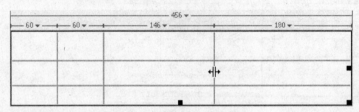

图 4-7　用拖动法更改列宽

- 更改行高。拖动一个行的下边框时，将改变该行的高度。如图 4-8 所示，当上下拖动表格内第二行的下边框时，将更改第二行的高度。

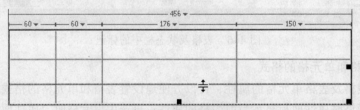

图 4-8　用拖动法调整行高

② 使用属性面板更改列宽和行高。选中表格的行或列，在属性面板中修改行高和列宽的值，相应的行高和列宽将会调整。

5．插入、删除行或列

插入、删除行或列须经过两步操作：

① 通过选定行或列来确定操作的位置。

② 选择"修改/表格"命令，进行插入、删除操作。

【例 4.1】在图 4-8 所示表格中插入一行，该插入行是表格的第 2 行。

具体操作如下：

① 选定表格的第 2 行，如图 4-9 所示。

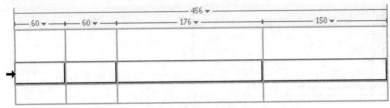

图 4-9　选定表格行

② 选择"修改/表格/插入行"命令，则在选定行之前插入一行。

若要删除完整的行或列，在选择行或列后直接按 Delete 键，整个行或列将从表格中删除。

6．合并和拆分单元格

（1）合并单元格

选定要合并的单元格后，使用属性面板左下角的工具 ▦，或选择"修改/表格/合并单元格"命令，则选定的单元格合并为一个单元格。

（2）拆分单元格

单元格可以拆分为行或列。操作步骤如下：

① 选定要拆分的单元格。

② 使用属性面板左下角的工具 ⅺ，或选择"修改/表格/拆分单元格"命令，在出现的"拆分单元格"对话框中确定拆分方式，并进一步给定拆分数目，如图 4-10 所示。

【例 4.2】将图 4-7 所示表的第一行第三个单元格拆分为 3 列。

图 4-10　"拆分单元格"对话框

操作过程如下：

① 单击指定拆分的单元格，然后使用属性面板的拆分工具 ⅺ，在"拆分单元格"对话框中按图 4-10 进行设置。

② 单击"确定"按钮完成拆分，结果如图 4-11 所示。

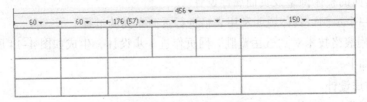

图 4-11　拆分单元格后的表

7．嵌套表格

嵌套表格是放置在另一个表格的单元格中的表格。可以像对其他任何表格一样对嵌套表格进行格式设置。

选定单元格后，在单元格中进行插入表格操作，即生成嵌套表格。

图 4-12 是有两个单元格的表及其选定第 2 个单元格时的状态栏情况，现在其第 2 个单元格中插入一个 3 行 1 列表格，图 4-13 是插入后的嵌套表，请读者注意状态栏的变化情况。

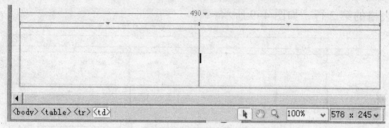

图 4-12　两个单元格的表及窗口状态栏

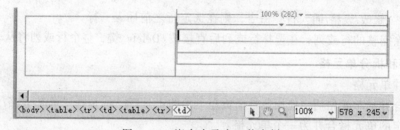

图 4-13　嵌套表及窗口状态栏

4.1.3　使用表格布局页面示例

在第 3 章中讨论了"五岳览胜"网页示例，在网页中使用了文本、图像、媒体对象、超链接等页面元素。但设计完成的网页是很粗糙的，页面元素的定位也不准确。使用表格技术则能方便地定位页面元素。

使用表格布局页面一般经过以下步骤：

① 页面布局设计。针对页面要展现的内容，进行页面导航和页面展示内容的布局设计，划分页面的区域，确定页面整体布局。

② 表格设计。根据页面区域划分情况，设计页面中的表格，确定表格数目、表格功能、表格位置、表格格式等内容。

③ 插入、编辑表格。选定位置，插入有关表格，并设定表格的格式。

④ 在表格中插入、编辑页面元素。在这个过程中，通常会对表格进行一定的格式调整。

⑤ 进行页面的整体调整及页面属性设置。

下面通过一个示例，具体说明利用表格进行页面布局的过程。

【例 4.3】用表格技术对"五岳览胜"网页作进一步设计，生成如图 4-14 所示的网页。

设计过程如下：

1．页面布局设计

按照内容划分，可以把图 4-14 所示的页面分为 4 部分，各部分如图 4-15～图 4-18 所示。

图 4-14　应用表格技术的"五岳览胜"页面

五岳览胜

图 4-15　页面内容第一部分

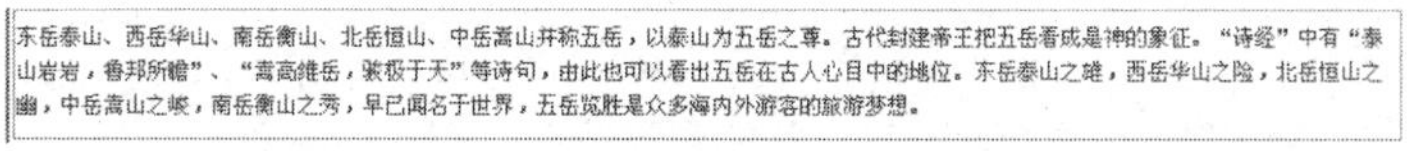

东岳泰山、西岳华山、南岳衡山、北岳恒山、中岳嵩山并称五岳，以泰山为五岳之尊。古代封建帝王把五岳看成是神的象征。"诗经"中有"泰山岩岩，鲁邦所瞻"、"嵩高维岳，骏极于天"等诗句，由此也可以看出五岳在古人心目中的地位。东岳泰山之雄，西岳华山之险，北岳恒山之幽，中岳嵩山之峻，南岳衡山之秀，早已闻名于世界。五岳览胜是众多海内外游客的旅游梦想。

图 4-16　页面内容第二部分

图 4-17　页面内容第三部分

泰山新视野　　泰山云霞　　　　　　　　　　　　　　2010年1月25日

图 4-18　页面内容第四部分

2．表格设计

（1）内容表格

① 第一部分和第二部分，各用一个一行一列的表格实现，每个表格中均插入一段文本。

② 第三部分可以视为一个一行二列的表格。其中，在第一个单元格中插入图片；第二个单元格平均拆分为五行，每行插入一段文本。

③ 第四部分用一个一行三列的表格实现，分别插入媒体对象、文本和日期。

（2）页面中的其他表格

页面内容由 4 部分构成，每部分之间都有一小段距离（即各部分之间是有间距的）。显然，这样的小间距难以通过段落实现准确的控制。在网页中，通常用插入一个高度适当的表格的方法实现类似的分隔，这种表格不含有任何内容。本例中，这样的表格共需要三个。

3. 插入并编辑表格

启动 Dreamweaver，在站点中新建文档 new.html，设置文档标题为"用表格布局的简单网页"。

（1）插入编辑第一个内容表格

在文档窗口开始位置，按照插入表格的方法，插入一个一行一列的表格，表格宽度 100，采用百分比设置。在表格属性面板中设置表格单元格的高度为 67 像素。图 4-19 为插入的表格和经过一定设置的表格属性。

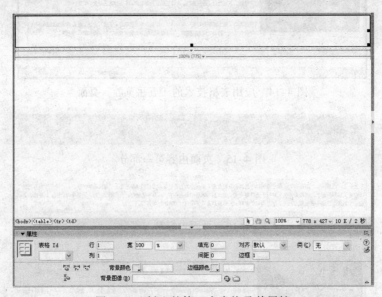

图 4-19　插入的第一个表格及其属性

（2）插入编辑第二个内容表格

插入第一个表格之后按回车键，定位下一个插入位置，插入第二个表格。表格属性设置与第一个表格相同。

（3）插入编辑第三个内容表格

定位插入点，然后按如下操作：

① 插入一行二列表格，表格宽度 100%，表格高度使用默认值。

② 设置第一个单元格宽为 32%，高度使用默认值。

③ 选中第二个单元格，将其拆分为五行，然后如图 4-20 所示选中这五行，在单元格属性面板中设置"高"为 60 像素。

图 4-21 所示为完成设置后该表格的属性面板。请读者注意，"行"数值由系统自动设定为 5。

（4）插入第四个内容表格

① 确定插入点，插入一行三列的表格，表格宽度设置为 100%。

② 使用属性面板设置表格单元格的高度为 20 像素。

③ 选中前两个单元格，在属性参数中，设置单元格宽度为 16%。

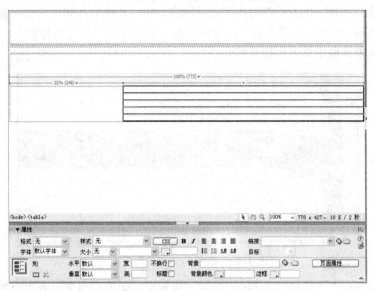

图 4-20　选中拆分生成的所有行

图 4-21　第三个内容表格的属性面板

（5）插入分隔控制表格

依次将插入点定位在每个内容表格之后，分别插入一个一行一列的表格，利用属性面板，设置表格单元格的高度为 3 像素，边框、间距及填充均设置为 0。

插入全部表格后，存盘预览，结果如图 4-22 所示。

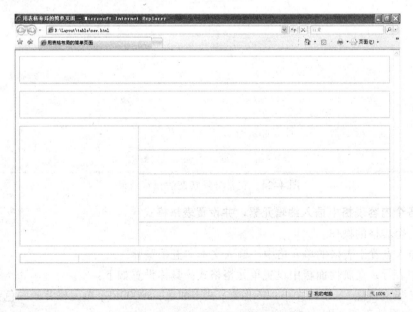

图 4-22　插入表格后的预览结果

在预览结果中我们注意到，起分隔作用的表格的高度比实际定义的 3 个像素大。通过"代码"视图查看代码可知，出现问题的原因是系统自动在单元格中存储了空格元素。图 4-23 是当前表格的"代码"视图，加背景的一段代码对应于页面中的一个分隔控制表。其中" "的作用是在表格单元格中加入空格元素。

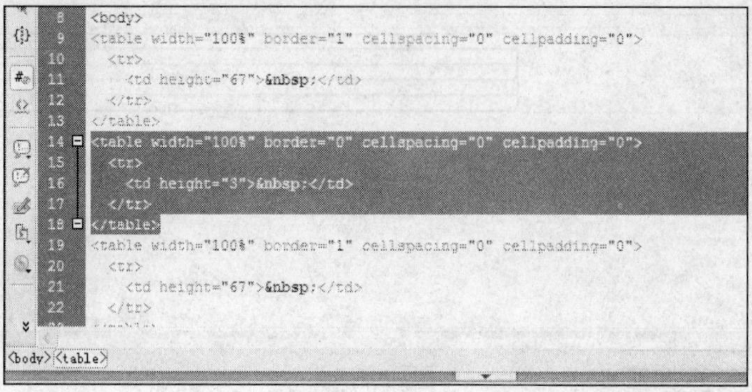

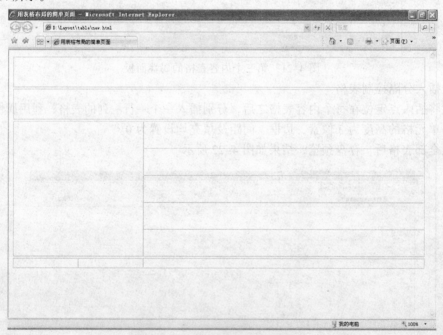

图 4-23　表格的"代码"视图

将所有分隔表格中的代码" "删除，再预览，即可看到分隔表为正常设置的状态，如图 4-24 所示。

图 4-24　正常分隔状态的预览结果

4. 在各个内容表格中插入编辑元素，并设置表格格式

① 第一个表格的操作。

a. 将插入点置于表格的单元格中，输入文本"五岳览胜"。

b. 选中表行，在属性面板中设置单元格格式。具体设置如下：

字体："华文新魏"；字体大小：36 像素；文本颜色：#0000FF；单元格背景颜色：#D78888。设置完成后的属性面板如图 4-25 所示。

图 4-25　第一个表格的单元格属性面板

② 按照上述方法，输入其他表格的文本，建立相应的链接，并设置单元格的格式。

③ 插入图片。

a. 选中要插入图片的单元格，按照前述插入图片的方法将图片插入。

b. 使图片在单元格中居中，设置图片的宽度、高度分别为 95%。

④ 在第四个表格中插入媒体对象和日期。

a. 选中第一个单元格，插入 flash 按钮，并建立链接。

b. 选中第三个单元格，插入日期。

c. 设置单元格的格式。

5. 设置页面属性

① 设置网页背景色与表格单元格的颜色相同。

② 设置网页四周边距均为 1 像素。

至此，"五岳览胜"网页的设计基本完成。将操作存盘后预览页面，结果与图 4-14 基本一致。

问题讨论：

① 按上述步骤生成的页面与图 4-14 非常接近，但并不是完全相同，主要区别是文本的行间距不同。预览结果的行间距小，而图 4-14 所示页面的行间距大，原因是没有对文本的格式作进一步设置。应用表格单元格属性中的"CSS"样式功能，能够很容易解决这个问题。关于 Dreamweaver 的 CSS，将在后续内容中介绍。

② 本例布局"五岳览胜"网页时使用了多个表格，目的是保持浏览器下载网页时，网页中各部分内容的完整性，因为小的表格能够尽快出现在客户端的浏览页面中。若不考虑这方面的因素，本示例页面完全可以由一个大的表格进行布局。

4.2　利用布局表格对页面布局

进行页面布局的一种常用的方法是使用 HTML 表格对元素进行定位。但是，有的页面使用 HTML 表格进行布局时不太方便，会使布局过程复杂化。为了简化使用表格进行页面布局的过程，Dreamweaver 提供了布局视图。在布局视图中，可以使用表格作为基础结构设计页面，避免了使用传统的方法创建时经常出现的一些问题。例如：在布局视图中可以在页面上方便地绘制布局单元格，然后将这些单元格移动到所需的位置；还可以方便地创建固定宽度的布局和自动伸展为整个浏览器窗口宽度的布局等。

4.2.1　布局表格的 3 种模式

使用布局表格时有 3 种模式，即布局模式、标准模式和扩展模式，合理使用这 3 种模式，能够提高网页布局的效率。

1．布局模式

布局模式用于绘制布局表格和布局单元格，是页面布局设计的主要模式。图 4-26 是布局模式中布局表格和布局单元格的视图。在布局单元格中，可以插入文本、图像、对象等网页元素。

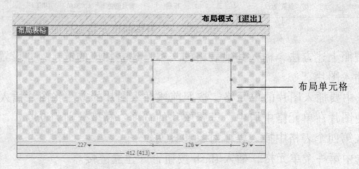

图 4-26　布局模式视图

在布局模式下打开页面文档时，文档中的表格自动显示为布局表格。

2．标准模式

标准模式将布局表格转化为 HTML 常规表格的形式，从而能够使用 HTML 表格的编辑方法对布局表格进行编辑，如拆分单元格、合并单元格、调整大小、设定格式等。图 4-26 布局表格的标准模式视图如图 4-27 所示。

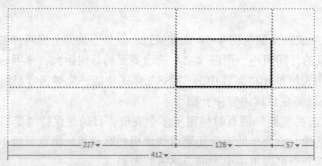

图 4-27　布局表格的标准模式视图

在默认状态下，标准模式中表格的填充、间距及边框的属性值均为 0，图 4-28 是选中上面的表格时属性面板的参数情况。

图 4-28　布局表格在标准模式下的属性

尽管在布局模式下可以对表格进行内容添加、表格编辑等操作，但由于布局模式的整体视觉效果不像标准模式那样直观，所以，在向布局表格中添加内容或对表格进行编辑之前一般要切换到标准模式。

3．扩展模式

扩展模式下，Dreamweaver 临时向文档中的所有表格添加单元格边距和间距，并且增加表格的边框，表格本身各元素的空间都得以扩展，以使编辑操作更加容易。利用这种模式，可以更加方便地选择表格中的项目或者精确地放置插入点。图 4-29（a）是在上述布局表格中插入图片后的标准模式视图，图 4-29（b）是其扩展模式视图。

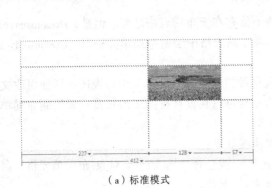
（a）标准模式

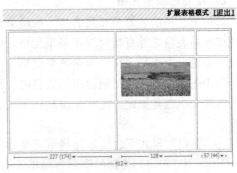
（b）扩展模式

图 4-29　表格标准视图和扩展视图

在表格的扩展模式中，Dreamweaver 只是在视觉上增大了表格的单元格边距、单元格间距以及表格边框。当在标准模式选择或定位表格元素感觉困难时，切换到扩展模式有助于提高操作的方便性。

4．表格模式的切换

使用以下任何一种方法，都能实现表格模式的切换。

① 选择"查看/表格模式"命令。

② 使用插入栏"布局"类别中的"标准"、"扩展"按钮进行切换。

注意：在代码视图中不能启用或禁用布局视图。

4.2.2　布局表格和单元格的绘制

1．绘制布局表格

绘制布局表格只能在布局模式下进行，选定"插入"栏的"布局"类别后，选择"查看/表格模式/布局模式"命令，即进入布局模式。

绘制布局表格操作步骤如下：

① 使用"布局"类别的绘制布局表格按钮 ，或选择"插入/布局对象/布局表格"命令进入绘制布局表格模式，鼠标指针变为加号"+"形状。

② 将鼠标指针放置在页面上，然后拖动指针即创建布局表格。

如果页面上没有其他内容，则新表格自动定位在该页的左上角。页面上显示的表格外框为绿色。一个标有"布局表格"的标签出现在所绘制的每个表格的顶部，用来帮助选择表格。

既可以在页面布局的空白区域中创建布局表格，也可以在现有布局单元格和表格的周围创建布局表格，还可以在已有的布局表格中嵌套新的布局表格。

说明：

① 不能在现有内容右侧绘制布局表格。如果当前页面上已包含内容，则只能在现有内容的下方绘制新的布局表格。

② 当需要在现有内容之下绘制布局表格但是出现禁止绘制鼠标指针时，须重新调整文档窗口的大小，以使现有内容底部和窗口底部之间产生更多的空白空间。

2．绘制布局单元格

布局单元格的容器是布局表格，布局单元格不能存在于布局表格之外。但是，Dreamweaver 允许在布局表格之外直接绘制布局单元格。当不在布局表格中绘制布局单元格时，Dreamweaver 会自动创建一个布局表格以容纳该单元格。

当 Dreamweaver 自动创建布局表格时，该表格最初显示为填满整个设计视图，即使更改文档窗口的大小也是如此。这种全窗默认布局表格使得可以在设计视图中的任意位置绘制布局单元格。

在"布局"模式下，绘制布局单元格的操作步骤如下：

① 使用"布局"类别的绘制布局单元格按钮 ，或选择"插入/布局对象/布局单元格"命令进入绘制布局单元格模式，鼠标指针变为加号"+"形状。。

② 将鼠标指针放置在开始绘制单元格的位置上，然后拖动指针创建布局单元格。若要连续创建多个单元格，则须按住【Ctrl】键并拖动鼠标。

说明：

① Dreamweaver 将新单元格的边缘与相临单元格的边缘自动靠齐（布局单元格不能重叠）。如果绘制单元格靠近包含它的布局表格的边缘，则单元格的边缘也会与该表格的边缘自动靠齐。若要临时禁用靠齐，可在绘制单元格时按住【Alt】键。

② 可以在一个布局表格中使用多个布局单元格对页进行布局，这是进行 Web 页布局最常用的方法。也可以使用多个布局表格进行更复杂的布局。使用多个布局表格将布局隔离为多个部分，这样每个部分不会受其他部分中所进行更改的影响。

③ 可以通过将一个新的布局表格放置在现有的布局表格中进行布局表格嵌套。当布局中某一部分的行或列不与布局中另一部分的行或列对齐时，该结构可以简化表格结构。例如，使用嵌套布局表格可以方便地创建一个两列布局，左边一列有四行，右边一列有三行。

4.2.3 布局表格和单元格的编辑

1．布局表格的调整和移动

（1）调整布局表格的大小

调整布局表格的大小，须经过以下两个步骤：

① 单击表格顶部的标签选择一个表格。表格选中后，周围出现选择控制点。

② 拖动选择控制点即可调整表格的大小。在调整表格大小时，表格边缘与其他单元格和表格的边缘自动靠齐。

注意：调整布局表格的大小后，该布局表格不能小于包含所有单元格的最小矩形的大小。调整布局表格的大小后也不能使其与其他表格或单元格重叠。

（2）移动布局表格

移动布局表格，须经过以下两个步骤：

① 单击表格顶部的标签选择一个表格。

② 执行下列操作之一：

- 将表格拖到页上的另一个位置。
- 按方向键移动该表格，每次移动 1 个像素。在按住【Shift】键的同时按方向键移动该表格，每次移动 10 个像素。

注意：只有当布局表格嵌套在另一个布局表格中时，才可以移动该布局表格。如图 4-30 所示，内层的布局表格可以移动，而外层的布局表格是无法移动的。

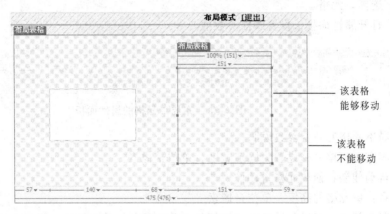

图 4-30　布局表格的移动

2．布局单元格的调整和移动

布局单元格的调整和移动与布局表格的调整和移动类似，方法如下：

① 选中布局单元格。选中的方法是单击该单元格的边缘，或者在按住【Ctrl】键的同时单击该单元格中的任何位置。

② 当鼠标如图 4-31 所示状态时，拖动即调整大小；当鼠标如图 4-32 所示状态时，拖动即移动单元格。

图 4-31　调整单元格大小　　　　　　　图 4-32　移动单元格位置

3．布局表格和布局单元格的格式设置

（1）布局表格的格式设置

布局表格的格式设置通过图 4-33 所示的布局表格的属性面板实现。操作如下：

① 单击表格顶部的标签选择表格。

② 打开属性面板，设置属性参数值。

图 4-33　布局表格的属性面板

布局表格的主要参数说明：

- 固定：将表格设置为固定宽度，单位是像素。
- 自动伸展：使表格最右边的列自动伸展。

- 高：表格的高度，单位是像素。
- 填充：单元格边距，即布局单元格内容和单元格边框之间的间隔，单位是像素。
- 间距：单元格间距，设置相邻布局单元格之间的间隔，单位是像素。

（2）布局单元格的格式设置

布局单元格的格式设置通过图 4-34 所示的布局单元格的属性面板实现。操作如下：

① 选择单元格。

② 打开属性面板，设置属性参数值。

图 4-34　布局单元格的属性面板

布局单元格的主要参数说明：

- 固定：将单元格设置为固定宽度，单位是像素。
- 自动伸展：使单元格自动伸展
- 高：单元格的高度，单位是像素。
- 背景颜色：布局单元格的背景颜色。单击颜色框并在颜色选择器中选择一种颜色，或在旁边的文本框中输入对应于某种颜色的十六进制数字。
- 水平：设置单元格内容的水平对齐方式。可用方式为左对齐、居中对齐、右对齐或默认。
- 垂直：设置单元格内容的垂直对齐方式。可用方式为顶对齐、居中、底部、基线或默认。
- 不换行：禁止文字换行。当选择了此选项后，布局单元格按需要加宽以适应文本，而不是在新的一行上继续该文本。

4．向布局单元格中添加内容

在布局视图中可以将文本、图像和其他内容添加到布局单元格中，就像在标准视图中一样。但在布局视图中不能向布局表格的空白（灰色）区域插入内容，因此在添加内容之前，必须先创建布局单元格，当添加内容的宽度大于布局单元格时，该单元格自动扩展。

4.2.4　使用布局表格布局页面示例

使用布局表格布局页面要经过以下步骤：

① 页面分析与布局设计。主要任务是划分页面区域，确定页面的整体布局，并按照页面区域划分情况，设计页面中要使用的布局表格。

② 绘制布局表格。选定位置，绘制所使用的布局表格，并设定表格的格式。

③ 在布局表格中插入、编辑页面元素。在此过程中，通常会对表格进行一定的格式调整。

④ 进行页面的整体调整及页面属性设置。视具体情况，有时在新建文档后即进行页面属性的设置。

下面通过一个示例，具体说明使用布局表格布局页面的一般过程。

【例 4.4】使用布局表格设计图 4-35 所示"五岳览胜"页面。

设计过程如下：

1．页面分析与布局设计

该页面包括 4 部分：左上部为图片区、右上部为纯文本区、左下部为导航区、右下部为图文混排区。每部分可以单独使用一个布局表格实现；也可以整个页面使用一个布局表格，各部分使用布局单元格实现。本例使用后一种方法。

图 4-35 应用布局表格的"五岳览胜"页面

2. 绘制布局表格

新建文档 new-taishan.html，按照构成页面的 4 个区域，绘制初始布局单元格。

① 进入"布局"模式。

② 在"布局"模式下绘制一个布局表格，表格高度足够大，表格宽度设为固定 750，然后绘制相应的单元格，如图 4-36 所示。

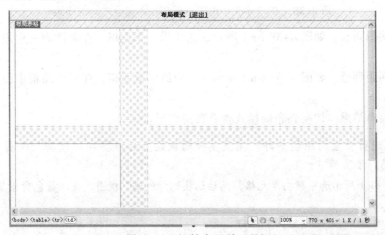

图 4-36 初始布局单元格

③ 切换到标准模式,将左下部单元格分为 9 行(每行用于添加导航区域的一行导航项目)，行高设置为 30 像素。然后，切换到布局模式直观查看单元格布局情况，并适当调整单元格的大小和位置，结果如图 4-37 所示。

④ 切换到扩展模式或标准模式，调整各部分之间的间距。图 4-38 所示是在标准模式下的调整情况。

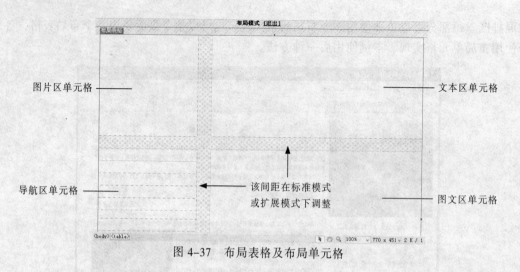

图 4-37　布局表格及布局单元格

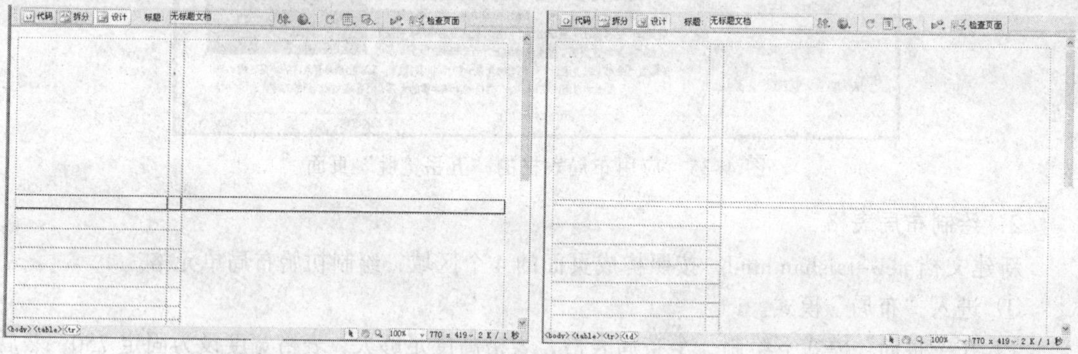

（a）调整垂直间距　　　　　　　　　　　　　　（b）调整水平间距

图 4-38　在"标准"模式下调整各大部分之间的间距

a. 垂直间距调整。如图 4-38（a）所示，选中横向单元格，在属性面板中设置单元格高度为 7 像素。

b. 水平间距调整。如图 4-38（b）所示，选中纵向单元格，在属性面板中设置单元格宽度为 7 像素。

c. 保存编辑结果，切换到布局模式查看布局情况。

说明：在进行垂直间距调整时，完成属性面板设置后，要在"代码"视图中删除相应的" "代码。方法如下：

按图 4-38（a）所示选中横向单元格，然后切换到"代码"视图，将以蓝色背景显示如下代码。

```
<tr>
    <td height="7"> </td>
    <td width="7" height="7"> </td>
    <td height="7"> </td>
</tr>
```

将上述代码中的" "删除后，切换到"设计"视图，即显示调整效果。

3．在布局模式下插入单元格内容，并进行格式设置

① "泰山"图片（taishan.jpg）的插入和设置。在文件面板中找到图片文件 taishan.jpg，用

鼠标将其拖至图片区单元格后选中该图片，在属性面板中设置图片属性，如图 4-39 所示。

图 4-39 泰山图片属性设置

② 在文本区单元格中，输入文本内容，并进行格式设置。

③ 在图文区单元格中输入文本，设置为左对齐；插入图片，设置为右对齐，并纵向调整图片至适当位置。

④ 在导航区单元格中输入文本内容，插入水平线，并设置超链接。若链接文本的链接目标尚不存在时，则在其属性面板的"链接"文本框中输入"#"。

4. 页面格式设置

① 切换到标准模式，在状态栏选中"table"标签，在属性面板中设置表格背景色为浅灰色。

② 如图 4-38 所示，分别选中横向单元格和纵向单元格，在属性面板中设置背景色为白色。

③ 打开页面属性对话框，设置默认字体为"宋体"、大小为 12 像素。

至此，页面设计的主要操作就完成了，保存编辑结果，预览页面，再进行细微调整，即完成页面设计。

4.3 使用 AP 元素进行页面布局

AP 元素（Absolute Positioning 元素，绝对定位元素）是分配有绝对位置的 HTML 页面元素，可以将它定位在页面上的任意位置。AP 元素像一个可移动的粘贴板，可以包含文本、图像或其他任何可在 HTML 文档正文中放入的内容。利用 AP 元素可以非常灵活地放置网页内容。

网页制作中 AP 元素概念的引进，为网页设计者提供了强大的网页控制能力，使用 AP 元素能够准确地实现页面布局。一个网页可以有多个 AP 元素，各个 AP 元素可以叠放，可以设定是否可见，可以设定 AP 元素的子元素等。在 Dreamweaver 中，AP 元素既可以作为一种网页定位技术出现，也可以作为一种特效形式出现。

在 Dreamweaver CS3 以前的版本中，AP 元素称为"层（Layer）"。

4.3.1 创建 AP 元素

1. 创建 AP 元素的方法

① 在插入栏的"布局"类别中单击"绘制 AP Div"按钮 。

② 在文档窗口的"设计"视图中，执行以下操作即可绘制 AP 元素：

* 拖动鼠标绘制一个 AP 元素。
* 按住【Ctrl】键并拖动鼠标连续绘制多个 AP 元素。
* 在选定了插入点后，也可以选择"插入/布局对象/AP Div"命令绘制 AP 元素。

图 4-40 是在空白文档中绘制 AP 元素的示例。选中的 AP 元素或当前刚绘制的 AP 元素以高亮度显示。若在"编辑/首选参数"中设定"不可见元素"时选中"AP 元素的锚点"，则在文档窗口中显示 AP 元素锚记 。

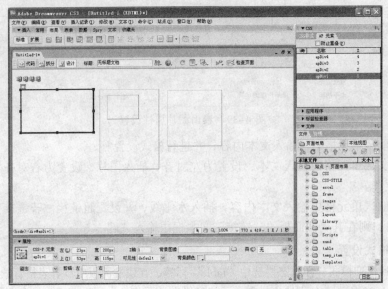

图 4-40　绘制 AP 元素

2．AP 元素面板

在文档窗口中绘制的每一个 AP 元素都会出现在 AP 元素面板中，通过 AP 元素面板可以管理文档中的 AP 元素。

在 AP 元素面板中，AP 元素显示为按 z 轴顺序排列的名称列表，如图 4-40 右侧部分。第一个创建的 AP 元素出现在列表的底部，最新创建的 AP 元素出现在列表的顶部。任何 AP 元素都可以通过更改 z 轴值改变它的叠放顺序。例如，如果创建了 4 个 AP 元素，将第二个 AP 元素移至顶部，则应为其分配一个高于其他 AP 元素的 z 轴值。

在 AP 元素面板中，选择"防止重叠"复选框后，将禁止当前文档中的 AP 元素重叠。

说明：

① 若 AP 元素面板未显示，则选择"窗口/AP 元素"命令，打开 AP 元素面板。

② 使用"编辑/首选参数"对话框中的"AP 元素"类别可指定新建 AP 元素的默认设置，图 4-41 为 AP 元素默认参数设置对话框。

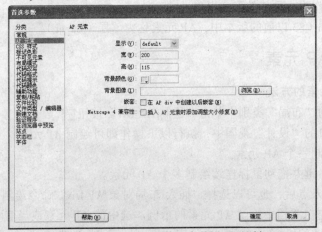

图 4-41　为 AP 元素默认参数设置对话框

4.3.2 AP 元素的基本操作

AP 元素的大小调整、移动、对齐及添加文本、图像等是 AP 元素的基本操作。在进行这些操作时，多数情况下，进行 AP 元素选择是一个必须的步骤。

1. 选择 AP 元素

选择 AP 元素是进行 AP 元素操作的第一个步骤，有如下两种情况：

（1）选择一个 AP 元素

单击一个 AP 元素的边框或在 AP 元素面板中单击该 AP 元素的名称，即可选择一个 AP 元素。选择的 AP 元素显示为带有调整柄的蓝色方框。

（2）选择多个 AP 元素

按住【Shift】键，连续单击多个 AP 元素的边框，或在 AP 元素面板上连续单击多个 AP 元素名称。当选定多个 AP 元素时，最后选定 AP 元素的大小调整柄将以实心突出显示，其他 AP 元素的大小调整柄则以空心显示。

在设计视图中直接单击 AP 元素标记或 AP 元素左上角的选择柄也能实现 AP 元素选择。

2. 调整 AP 元素大小

可以调整单个 AP 元素的大小，也可以同时调整多个 AP 元素的大小以使其具有相同的宽度和高度。如果已启用“防止重叠”选项，那么在调整 AP 元素的大小时将无法使该 AP 元素与另一个 AP 元素叠放。

（1）调整单个 AP 元素的大小

调整单个 AP 元素的大小，通常有以下几种情况：

- 拖动 AP 元素的调整柄调整 AP 元素的大小。
- 按方向键时按住【Ctrl】键，对 AP 元素一次调整一个像素的大小。
- 按方向键时按住【Shift】+【Ctrl】键，则按网格靠齐增量来调整 AP 元素的大小。
- 在属性面板中，输入“宽”和“高”的值，调整 AP 元素的大小。

（2）调整多个 AP 元素的大小

调整多个 AP 元素的大小的操作如下：

① 在设计视图中选择多个 AP 元素。

② 选择“修改/排列顺序/设成宽度相同”命令，则将选择的 AP 元素设定为相同的宽度；选择“修改/排列顺序/设成高度相同”命令，则将选择的 AP 元素设定为相同的高度。该操作的结果值取决于最后选定的 AP 元素的大小。

3. 移动 AP 元素

选择要移动的一个或多个 AP 元素，用鼠标拖动或用键盘方向键都能移动 AP 元素。当只移动一个 AP 元素时，可直接使用拖动的方法。当鼠标移至 AP 元素边框变时，鼠标变为十字箭头形状，如图 4-42 所示，此时直接拖动即可。

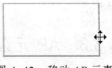

图 4-42 移动 AP 元素

4. 对齐 AP 元素

使用 AP 元素对齐命令可利用最后一个选定 AP 元素的边框来对齐一个或多个 AP 元素。

当对 AP 元素进行对齐时，未选定的子 AP 元素可能会因为其父 AP 元素的移动而移动。若要避免这种情况，则不要使用嵌套 AP 元素。

对齐多个 AP 元素的操作步骤如下：

① 选择 AP 元素。

② 选择"修改/排列顺序"菜单，然后选择一个对齐选项。

图 4-43 是 AP 元素对齐前后的情况，使用的对齐方式是"上对齐"。显示为实心控制柄的 AP 元素是后选择的 AP 元素，第一个 AP 元素与该 AP 元素的上边框对齐，对齐时垂直移动。

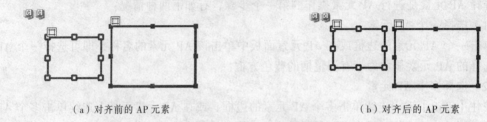

（a）对齐前的 AP 元素　　　　　　　　　　（b）对齐后的 AP 元素

图 4-43　对齐 AP 元素

5．将 AP 元素靠齐到网格

网格在文档窗口中显示为一系列的水平线和垂直线，有助于精确地放置对象。可以让经过绝对定位的网页元素在移动时自动靠齐网格，还可以通过指定网格设置更改网格或控制靠齐行为。无论网格是否可见，都可以使用网格靠齐行为。

在文档中，可以显示或隐藏网格，可以启用或禁用网格靠齐行为，也可以进行网格的其他设置。

① 使用"查看/网格设置/显示网格"命令，可以实现网格的显示或隐藏控制。需要精确定位 AP 元素时，通常在文档窗口中显示网格。

② 使用"查看/网格设置/靠齐到网格"命令，可以启用或禁用靠齐行为。只有选择"靠齐到网格"时，AP 元素才会自动靠齐邻近的网格。

③ 使用"查看/网格设置/网格设置"命令，可以更改网格设置。图 4-44 所示为"网格设置"对话框。

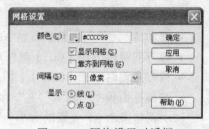

图 4-44　网格设置对话框

6．向 AP 元素中添加内容

在 AP 元素中可以添加文本、图像、对象等任何网页元素，操作方法为：单击 AP 元素内部，设定插入点，即可在其中插入内容和编辑网页元素。

说明：在默认情况下，当插入到 AP 元素的内容超过 AP 元素的指定大小时，AP 元素会自动扩展。

4.3.3　AP 元素的属性设置

1．查看和设置 AP 元素的属性

在属性面板中查看和设置 AP 元素属性的操作步骤如下：

① 在文档窗口中选择 AP 元素。

② 选择"窗口/属性"菜单，打开属性面板。

③ 通过设置属性来更改 AP 元素的属性。AP 元素的属性面板如图 4-45 所示。

图 4-45 单个 AP 元素的属性面板

主要参数说明：

- **CSS-P 元素**：用于指定 AP 元素的名称，以便在 AP 元素面板和 JavaScript 代码中标识该 AP 元素。每个 AP 元素都必须有它自己的唯一 ID。
- **左和上**：指定 AP 元素的左上角相对于页面（如果嵌套，则为父 AP 元素）左上角的位置，默认单位为像素（px）。
- **宽和高**：用于指定 AP 元素的大小。
- **Z 轴**：确定 AP 元素的堆叠顺序。在浏览器中，编号较大的 AP 元素出现在编号较小的 AP 元素的前面。值可以为正，也可以为负。当更改 AP 元素的堆叠顺序时，使用 AP 元素面板要比输入特定的 z 轴值更为简便。
- **可见性**：指定该 AP 元素最初是否是可见的。从以下属性中选择：
  - ➢ 默认。不指定可见性属性。当未指定可见性时，大多数浏览器都会默认为"继承"。
  - ➢ 继承。使用 AP 元素的父级可见性属性。
  - ➢ 可见。显示 AP 元素的内容，而与父级的值无关。
  - ➢ 隐藏。隐藏 AP 元素的内容，而与父级的值无关。
- **背景图像**：指定 AP 元素的背景图像。单击其文件夹图标可浏览到一个图像文件并将其选定。
- **背景颜色**：指定 AP 元素的背景颜色。此选项为空白时，则指定透明的背景。
- **溢出**：控制当 AP 元素的内容超过 AP 元素的指定大小时如何在浏览器中显示 AP 元素。选项名称及其作用见表 4-1。

表 4-1 "溢出"选项值及其作用

选 项 名 称	作 用
visible	该 AP 元素会通过延伸来容纳超出 AP 元素大小的内容
hidden	不在浏览器中显示超出 AP 元素大小的内容
scroll	浏览器在 AP 元素上添加滚动条，而不管是否需要滚动条
auto	浏览器仅在当 AP 元素的内容超过其边界时才显示 AP 元素的滚动条

当选择两个或更多个 AP 元素时，AP 元素属性面板会显示文本属性以及全部 AP 元素属性的一部分，从而允许同时修改多个 AP 元素。图 4-46 是同时选中两个 AP 元素时属性面板的图示。

图 4-46 选中多个 AP 元素时的属性面板

2. 更改 AP 元素的叠放顺序

使用属性面板或 AP 元素面板可更改 AP 元素的叠放顺序。在 AP 元素面板中，位于 z 轴最上面的 AP 元素，叠放时将显示在其他 AP 元素之前。

在属性面板的"Z 轴"文本框中输入 AP 元素序号，可直接改变 AP 元素的叠放顺序；在 AP 元素面板中移动 AP 元素也可改变 AP 元素的叠放顺序。

图 4-47 和图 4-48 是改变"Z 轴"值后，AP 元素显示的变化情况，其中 apDiv1 是灰色方框 AP 元素，apDiv2 是图像 AP 元素。

图 4-47　AP 元素 apDiv1 和 apDiv2 的"Z 轴"及显示图

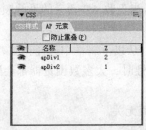

图 4-48　改变 AP 元素的"Z 轴"值后显示 AP 元素

3. 设置 AP 元素可见性

使用 AP 元素面板和 AP 元素属性面板都可以设置 AP 元素的可见性。

（1）使用 AP 元素面板设置 AP 元素的可见性

图 4-47 和图 4-48 中都给出了 AP 元素 apDiv1、apDiv2 的面板显示，睁开的眼睛图标出现时，AP 元素是可见的。在睁开的眼睛图标位置单击，当出现闭合的眼睛图标时，对应的 AP 元素将不被显示。如图 4-49 所示，AP 元素 apDiv1 显示闭合的眼睛图标，此时文档中的灰色方框 AP 元素将不显示。如果没有眼睛图标，该 AP 元素通常会继承其父 AP 元素的可见性。

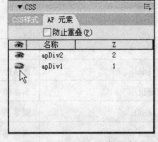

图 4-49　AP 元素面板

（2）使用 AP 元素属性面板设置 AP 元素的可见性

在 AP 元素属性面板中设置"可见性"的选项值，即可控制 AP 元素的可见性。"可见性"共有四个选项，其名称及含义如下：

default：默认状态。

inherit：继承父 AP 元素属性。

visible：AP 元素可见。

hidden：AP 元素不可见。

说明：如果 AP 元素没有嵌套，父 AP 元素就是文档正文，而文档正文始终是可见的。另外，如果未指定可见性，则不会显示眼睛图标（这在属性面板中表示为"默认"可见性）。

4.3.4　AP 元素和表格的转换

为了调整布局并优化网页设计，有时需要在 AP 元素和表格之间进行转换，AP 元素可以转换为表格，表格也可以转换为 AP 元素。

1．AP 元素转换为表格

① 选择"修改/转换/将 AP Div 转换为表格"命令，打开图 4-50 所示"将 AP 元素转换为表格"对话框。

② 在对话框中选择所需的选项，然后单击"确定"按钮。

2．表格转换为 AP 元素

① 选择"修改/转换/将表格转化为 AP Div"命令，打开图 4-51 所示"将表格转换为 AP Div"对话框。

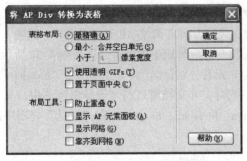

图 4-50　"将 AP Div 转换为表格"对话框

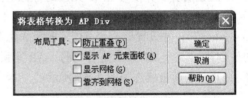

图 4-51　"将表格转换为 AP Div"对话框

② 在对话框中选择所需的选项，然后单击"确定"按钮。

4.3.5　AP 元素应用示例

AP 元素通常用于页面中部分元素的定位，在页面中使用 AP 元素的主要操作有以下几点：

① 绘制 AP 元素。

② 将 AP 元素在页面中定位。

③ 在 AP 元素中插入具体内容。

④ 设置 AP 元素的属性。

下面通过一个示例，具体说明 AP 元素在页面布局中的作用。

【例 4.5】设计一个包括 3 个导航项目的导航菜单，当鼠标移动到一个导航项目时，即弹出一个与其相关的下拉菜单，如图 4-52 所示。

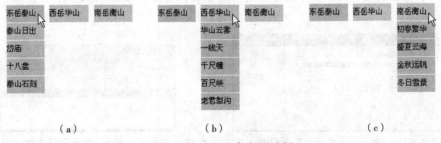

图 4-52　AP 元素应用示例

设计过程如下：

（1）新建文档 layout-AP.html，设置页面默认文字大小为 12 像素。

（2）在文档窗口中绘制 3 个 AP 元素 apDiv1、apDiv2、apDiv3，通过属性面板设定宽度和高度分别为 60px 和 25px，然后调整 AP 元素的水平位置，再使三个 AP 元素的上边缘对齐。

（3）分别在 AP 元素中插入一个 1 行 1 列的表格，设置宽度、高度与 AP 元素相同，单元格背景为淡蓝色，然后插入文本"东岳泰山"、"西岳华山"、"南岳衡山"，如图 4-53 所示。

东岳泰山　西岳华山　南岳衡山

图 4-53　插入文本后的 AP 元素

（4）继续绘制第四、五、六 3 个 AP 元素，在第四个和第六个 AP 元素中各插入一个 5 行的表格，在第五个 AP 元素中插入一个 6 行的表格，表格宽度及单元格高度与上述表格相同，每个表格均从第 2 行开始插入相应文本，凡插入文本的单元格均设置背景为淡蓝色。

（5）对表格中的文本设置超级链接，若尚无链接目标时，则建立空链接。

（6）设置新建 AP 元素的宽度与前三个 AP 元素的宽度相同，调整 AP 元素的高度、位置，进行 AP 元素对齐，并使每个 AP 元素的首行空白单元格与对应导航条项目重合，如图 4-54 所示。

（7）在 AP 元素面板中，将第四、五、六 3 个 AP 元素分别命名为"taishan"、"huashan"、"hengshan"，并设置该 3 个 AP 元素为"隐藏"。此时，在文档窗口的"设计"视图中，只有初始创建的 3 个 AP 元素是可见的，AP 元素 taishan、huashan、hengshan 在"设计"视图中隐藏。AP 元素面板状态如图 4-55 所示。

图 4-54　AP 元素结果图

图 4-55　示例 AP 元素面板

（8）按以下方法设置"东岳泰山"导航项目：

① 选择"窗口/行为"命令，打开行为面板。

② 选择 AP 元素 apDiv1，在行为面板中单击"添加行为"按钮，选择"显示-隐藏元素"行为，如图 4-56 所示。

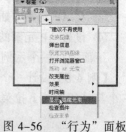

图 4-56　"行为"面板

③在打开的"显示-隐藏元素"对话框中，设置 AP 元素 taishan 为"显示"，如图 4-57 所示。单击"确定"按钮后，行为面板如图 4-58 所示。

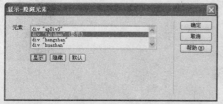

图 4-57　"显示-隐藏元素"对话框

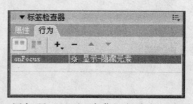

图 4-58　添加了"显示-隐藏"行为的"行为"面板

④　在行为面板中，单击"显示-隐藏元素"左侧的事件列表，打开如图 4-59 所示的列表框，选择"onMouseOver"事件。此时的行为面板如图 4-60 所示。

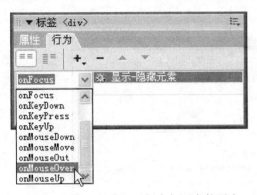

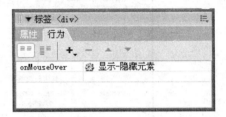

图 4-59　在"行为"面板中打开事件列表　图 4-60　添加行为后的"东岳泰山""行为"面板

⑤　继续为 AP 元素 apDiv1 添加"显示-隐藏元素"行为，将"onMouseOut"事件的 div "taishan" 设置为"隐藏"，使得鼠标离开"东岳泰山"导航项目时，隐藏 AP 元素 taishan。

⑥　为 AP 元素 taishan 添加"显示-隐藏元素"行为，将"onMouseOver"事件的 div "taishan" 设置为"默认"，当鼠标进入 taishan 区域时，其保持当前的"显示-隐藏"属性。

⑦　再次为 AP 元素 taishan 添加"显示-隐藏元素"行为，将"onMouseOut"事件的 div "taishan" 设置为"隐藏"，使得鼠标离开 taishan 时，该元素自动隐藏。

（9）按照上述方法，设置其他两个导航项目。

完成上述设置后保存文件，预览即得到图 4-52 所示的浏览结果。

4.4　使用框架进行页面布局

对页面结构相对简单的网页来说，使用框架技术进行页面布局是一种较为快捷的方式。Dreamweaver CS3 内置了多种成型的框架结构，为使用框架布局页面提供了极大的方便。本节介绍使用框架进行页面布局的有关技术。

4.4.1　框架概述

图 4-61 所示是使用框架技术布局的一个网页，它是由 3 个框架组成的框架布局。顶部框架显示页面标题；左侧的框架显示页面的导航条；右侧的主框架显示导航条中打开的链接文件的内容。这些框架中的每一个都显示单独的 HTML 文档。

在访问者浏览图 4-61 所示网页的过程中，顶部框架中显示的内容保持不变。侧面框架导航条包含链接，单击其中任一链接都会更改主框架显示的内容，但左侧框架本身的内容保持静态。

Dreamweaver 的框架是浏览器窗口中的一个区域，任何一个框架都可以显示任意一个文档，框架是存放文档的容器。任何框架都依附于框架集而存在，框架集是 HTML 文档，它定义了一组框架的布局和属性。

当在 Dreamweaver 中设计使用框架集的页面时，必须要保存页面的框架集文件及在各个框架内的初始文件。如图 4-61 所示的页面，它由 3 个框架构成，因此，它至少要包含 4 个单独的 HTML 文件：一个是存储框架结构的框架集文件，其他 3 个是存储框架内初始内容的文件。保存该框架网页时，必须全部保存这 4 个文件，否则该页面在浏览器中将无法正常显示。

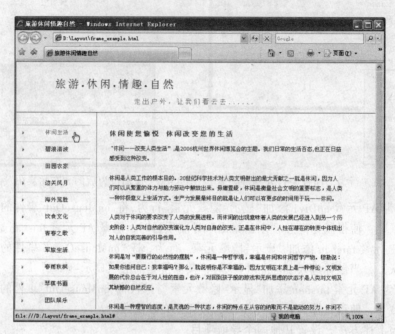

图 4-61　用框架布局的一个页面

当在浏览器地址中输入框架集文件的 URL 时，即可查看一组框架，浏览器打开显示在这些框架中的相应文件，以显示框架结构的页面。

4.4.2　框架的基本操作

1. 创建框架集

Dreamweaver 有两种创建框架集的方法：在当前文档中选择预定义的框架集和新建框架集。选择预定义的框架集将自动设置创建布局所需的框架集和所有框架，它是迅速创建基于框架布局的最简单方法。

（1）使用预定义框架集

Dreamweaver CS3 提供了 13 种预定义框架集，其图示符号及框架说明如表 4-2 所示。

表 4-2　预定义框架集的图示符号及框架说明

图　示　符　号	框　架　说　明
	左侧框架
	右侧框架
	顶部框架
	底部框架
	下方和嵌套的左侧框架
	下方和嵌套的右侧框架

续表

图　示　符　号	框　架　说　明
	左侧和嵌套的下方框架
	右侧和嵌套的下方框架
	上方和下方框架
	左侧和嵌套的顶部框架
	右侧和嵌套的上方框架
	顶部和嵌套的左侧框架
	顶部和嵌套的右侧框架

使用预定义框架集建立框架结构的方法如下：

① 将插入点放置在文档中。

② 执行以下任何一种操作：

● 在插入栏的布局类别中，单击"框架"按钮 的下拉箭头，然后选择预定义的框架集。

● 选择"插入/HTML/框架"命令，在弹出菜单中选择预定义的框架集。

（2）新建框架集

Dreamweaver CS3 新建框架集的方法如下：

① 选择"文件/新建"命令，打开"新建文档"对话框。

② 在"新建文档"对话框中，选择"示例中的页/框架集"类别，如图 4-62 所示。

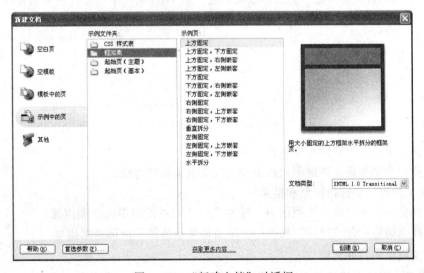

图 4-62　"新建文档"对话框

③ 从"框架集"列表选择框架方式，然后单击"创建"按钮。

2．编辑框架集

框架的主要编辑操作包括拆分框架、删除框架以及调整框架大小等。

（1）拆分框架

将一个框架拆分成几个更小的框架，有如下几种方式：

① 拆分插入点所在的框架：从"修改/框架集"子菜单选择拆分项。

② 以垂直或水平方式拆分框架：将框架边框从"设计"视图的边缘向"设计"视图的内部拖入。

③ 使用不在"设计"视图边缘的框架边框拆分框架：在按住 Alt 键的同时拖动框架边框。

④ 将一个框架拆分成四个框架：将框架边框从"设计"视图一角拖入框架的中间。

（2）删除框架

将框架的边框拖离页面或拖到父框架的边框上后，当前框架即被删除。如果正被删除的框架中的文档有未保存的内容，则 Dreamweaver 将提示保存该文档。

（3）调整框架大小

直接拖动框架的内边框线，即可调整框架的大小。

说明：

① 若"设计"视图中框架边框不显示时，则选择"查看/可视化助理/框架边框"菜单，使框架边框在"文档"窗口的"设计"视图中显示出来。

② 不能通过拖动边框完全删除一个框架集。要删除一个框架集，须关闭显示它的"文档"窗口。如果该框架集文件已保存，则删除该文件。

3．选择框架和框架集

框架和框架集的选择，既可在"文档"窗口中进行，也可通过框架面板进行。实现选择后，在文档窗口的"设计"视图和框架面板中的框架或框架集周围显示一个虚线的选择轮廓。

（1）在框架面板中选择框架和框架集

① 选择"窗口/框架"命令，显示框架面板。图 4-63 是一个框架及框架面板图。

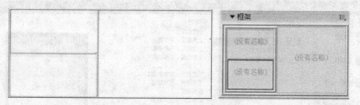

图 4-63　框架及框架面板

② 选择框架：在框架面板中单击框架内部。

③ 选择一个框架集：在框架面板中单击环绕框架集的边框。

（2）在文档窗口中选择框架和框架集

① 选择框架：在"设计"视图中，按住【Alt】键的同时单击框架内部。

② 选择框架集：在"设计"视图中，单击框架集的某一内部框架边框。

4．指定框架的打开文档

通过将新内容插入框架的空文档中，或通过在框架中打开现有文档，来指定框架的初始内容。

要在框架中打开现有文档，操作步骤如下。

① 将插入点放置在框架中。

② 选择"文件/在框架中打开"命令。

③ 选择要在框架中打开的文档并单击"确定"按钮。该文档随即显示在框架中。

④ 要使文档成为在浏览器中打开框架集时在框架中显示的默认文档，则须保存该框架集。

5. 框架集文件和框架的保存

在浏览器中预览框架集前，必须保存框架集文件以及要在框架中显示的所有文档。可以单独保存每个框架集文件和带框架的文档，也可以同时保存框架集文件和框架中出现的所有文档。

在使用 Dreamweaver 中的可视工具创建一组框架时，框架中显示的每个新文档将获得一个默认文件名。例如，第一个框架集文件被命名为"UntitledFrameset-1"，而框架中第一个文档被命名为"UntitledFrame-1"。

（1）保存框架集文件

操作步骤如下：

① 在框架面板或文档窗口中选择框架集。

② 选择下列项之一：

● 保存框架集文件：选择"文件/保存框架页"命令。

● 将框架集文件另存为新文件：选择"文件/框架集另存为"命令。

（2）保存在框架中显示的文档

操作步骤如下：

① 在框架中单击。

② 选择"文件/保存框架"或"文件/框架另存为"命令。

（3）保存与一组框架关联的所有文件

选择"文件/保存全部"命令，即可保存一组与框架相关联的所有文件。该命令将保存在框架集中打开的所有文档，包括框架集文件和所有带框架的文档。如果该框架集文件未保存过，则在"设计"视图中框架集的周围将出现粗边框。对于尚未保存的每个框架，在框架的周围都将显示粗边框。

6. 设置框架和框架集的属性

选择框架或框架集后，即可通过属性面板查看和设置所选框架或框架集的属性。

（1）框架属性

使用框架的属性面板来查看和设置框架的主要属性，包括边框、边距以及是否在框架中显示滚动条等。设置框架属性将覆盖框架集中该属性的设置。框架属性面板如图 4-64 所示。

图 4-64　框架属性面板

主要参数说明：

框架名称：链接的 target 属性或脚本在引用该框架时所用的名称。框架名称必须是单个单词；允许使用下画线"_"，但不允许使用连字符"-"、句点"."和空格。框架名称必须以字母起始。框架名称区分大小写。不要使用 JavaScript 中的保留字（例如 top 或 navigator）作为框架名称。

源文件：指定在框架中显示的源文件。

滚动：指定在框架中是否显示滚动条。将此选项设置为"默认"将不设置相应属性的值，从而使各个浏览器使用其默认值。大多数浏览器默认为"自动"，这意味着只有在浏览器窗口中没有足够空间来显示当前框架的完整内容时才显示滚动条。

不能调整大小：选中该项后，浏览网页时不能通过拖动框架边框调整框架大小。

边框：在浏览器中查看框架时显示或隐藏当前框架的边框。

边框颜色：设置框架边框的颜色。

边界宽度：设置框架内容与框架左、右边框的距离，单位为像素。

边界高度：设置框架内容与框架上、下边框的距离，单们为像素。

（2）框架集属性

框架集属性面板如图 4-65 所示，使用此属性面板设置框架集的边框和框架大小。

图 4-65　框架集属性面板

属性面板中"行列选择范围"窗的显示形式因框架结构而变化：当框架为左右结构时显示为左右垂直窗；为上下结构时，显示为上下水平窗。如图 4-66 所示。

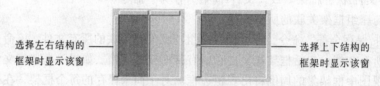

选择左右结构的框架时显示该窗　　　　选择上下结构的框架时显示该窗

图 4-66　"行列选择范围"窗的两种形式

设置框架大小的最常用方法是将左侧框架设置为固定宽度，将右侧框架设置为相对大小，这样在显示框架时，能够使右侧框架伸展以占据所有剩余空间。

对于应始终保持相同大小的框架，通常以"像素"为单位设置列或行为固定值，例如导航条框架。

4.4.3　框架应用示例

使用框架技术布局网页一般需要经过以下步骤：

① 创建框架集及框架文档。

② 设置框架的属性。

③ 设置框架中的文档。

下面通过一个示例，具体说明使用框架技术布局网页的过程。

【例 4.6】应用框架技术，设计图 4-67 所示页面。页面的说明如下：

① 页面主窗口区显示的初始文档"五岳简介"为一 HTML 文档，文件名为 five.html。

② 页面左侧为导航区。超链接"东岳泰山"、"西岳华山"、"南岳衡山"、"北岳恒山"、"中岳嵩山"的链接文档在主窗口区中打开；其他超链接的链接文档在新窗口中打开。

③ 页面顶端标题区背景使用图片文件 top.jpg，"会当两绝顶，一览众山小"是输入的文本。

④ 页面顶端标题区与左侧导航区的内容在浏览页面时保持不变。

图 4-67 用框架技术设计的页面

设计过程如下：

1．创建框架集及框架文档

① 新建一个文档，使用预定义框架集，在文档窗口中创建一个"顶部和嵌套的左侧框架"，如图 4-68 所示。各个框架均使用默认名称，即主框架为 mainframe、左侧框架为 leftframe、顶部框架为 topframe。

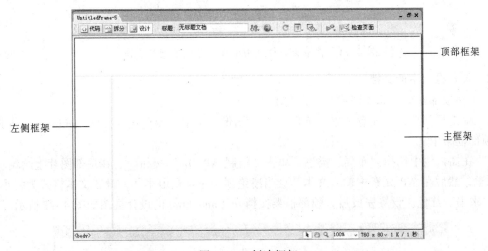

图 4-68 创建框架

② 保存框架集及各个框架文件。选择"文件/保存全部"命令，将框架集保存为 index-frame.html，将主框架保存为 mainframe.html，将左侧框架保存为 leftframe.html，将顶部框架保存为 topframe.html。

2．设置框架属性

（1）设置框架的边界值

将主框架和顶部框架的边界宽度和边界高度均设置为 0，将左侧框架的边界宽度设置为 0、边界高度设置为15。下面是左侧框架边界值的设定步骤。

① 按下【Alt】键，单击左侧框架内任意位置，选中左侧框架。

② 在框架属性面板中设置边界宽度和边界高度值，如图4-69所示。

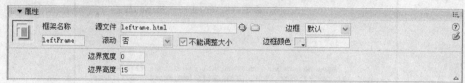

图4-69 设定左侧框架边界值

（2）设置顶部框架的高度和左侧框架的宽度

① 单击框架中间横线框，选中上下框架，设定顶部框架高度为 120 像素，框架属性面板如图4-70所示。

图4-70 在框架属性面板中设置顶部框架的高度

② 单击框架中间竖线框，选中左右框架，设定左侧框架宽度为 100 像素，框架属性面板如图4-71所示。

图4-71 在框架属性面板中设置左侧框架的宽度

3. 设置框架中的文档

（1）在顶部框架中插入图像并输入文本

① 单击顶部框架内任意位置，选择"插入/图像"菜单，浏览选择文件 top.jpg，并将其插入到顶部框架中。

② 在插入栏中选择"布局"类别，单击"绘制 AP Div"按钮，在顶部图片上绘制一个 AP 元素，然后在 AP 元素中输入文本"会当凌绝顶，一览众山小"，设置文本格式为大小 36 像素、隶书、红色。设置完成后，顶部框架文档 topframe.html 的设计视图如图4-72所示。

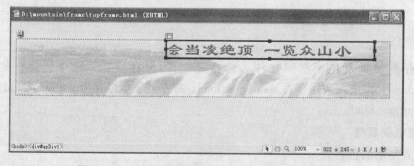

图4-72 顶部框架文档 topframe.html 的设计视图

（2）在左侧框架中插入文本

① 插入定位表格。单击左侧框架内任意位置，插入一个 10 行 1 列的表格，宽度设置 100（百分比），单元格高度设置为 38 像素。图 4-73 所示为表格的属性面板。

图 4-73　表格的属性面板

② 在表格单元格中输入文本，然后设定文本格式、设定单元格属性。

（3）设置主框架的初始文档

选择主框架，设定 five.html 文档为框架源文件。主框架属性如图 4-74 所示。

图 4-74　主框架属性

（4）设置导航区文本的超链接

① 设置要链接到的文档，该设置由"链接"参数指定。

② 设置链接文档打开的方式，该设置由"目标"参数指定。

对于不同的框架结构，属性面板中"目标"可选值不完全相同，其可选值与框架结构、框架名称自动关联，即框架结构和框架名称的改变会使其可选值自动变化。图 4-75 是当前状态的"目标"项可选值情况。

图 4-75　"目标"项可选值

若在主框架中打开文件，则"目标"项应选用"mainFrame"；若在新窗口中打开文件，则"目标"项应选用"_blank"。超链接"东岳泰山"、"西岳华山"、"南岳衡山"、"北岳恒山"、"中岳嵩山"的链接文件在主窗口区中打开，应设置"目标"选项为"mainFrame"；其他超链接的链接文档在新窗口中打开，应设置"目标"选项为"_blank"。

图 4-76 是设定"东岳泰山"超链接时的属性面板，"链接"文件是 taishan.html，"目标"选项是 mainFrame。完成设置之后，浏览网页时单击"东岳泰山"超链接，则在主框架中打开文件 taishan.html。

图 4-76　设置"东岳泰山"超链接时的属性面板

（5）保存全部文件

保存全部文件后预览，并根据预览结果对页面进行局部调整。

4.5　设计制作浮动广告条

页面浮动广告是网页中较为常见的广告形式，特别是一些时效性很强的信息，很适合使用浮动广告条的方式在网页上发布。使用 Dreamweaver 的 AP 元素和时间轴，能够方便地设计制作这类浮动广告条。

【例 4.7】设计制作如图 4-77 所示的浮动广告条，广告条中的表格是一个白色的细线表格。

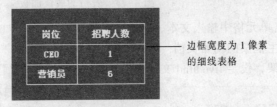

图 4-77　浮动广告条

本例的关键步骤有 3 个：

① 在页面中绘制 AP 元素。

② 在 AP 元素中设计细线表格。

③ 利用时间轴使 AP 元素动起来。

设计制作过程如下：

1．绘制 AP 元素

① 打开要显示浮动广告条的网页文档（为方便说明，本例使用新建的空文档），单击"绘制 AP Div"按钮在文档窗口中绘制一个 AP 元素。

② 设置 AP 元素为适当大小，并设置背景色为红色。图 4-78 所示为 AP 元素的属性面板。

图 4-78　AP 元素的属性面板

2．在 AP 元素中插入细线表格

① 在 AP 元素中插入一个 1 行 1 列的表格 table1，设置表格长度为 100%，设置表格高度与 AP 元素的高度相同，其他设置如图 4-79 所示。

图 4-79　表格 table1 的属性面板

② 设置表格 table1 的单元格的对齐方式为水平方向"居中对齐"、垂直方向"居中"，以保证在该单元格内的元素居中放置。

③ 在 table1 中插入一个 3 行 2 列的表格 table2，设置宽度为 80%，调整高度适中；设置背景颜色为白色，边框、填充设置均为 0，间距设置为 1 像素；输入文本，并设置对齐方式。此时，AP 元素的设计视图如图 4-80 所示。

④ 选择表格 table2 的所有单元格，设置背景颜色为红色，字体颜色为白色，加粗显示，如图 4-81 所示。

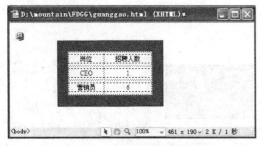

图 4-80　AP 元素的设计视图　　　　图 4-81　设计视图中具有细线表格的广告条

3. 利用时间轴使广告条动起来。

① 选择"窗口/时间轴"命令，打开时间轴面板，如图 4-82 所示。

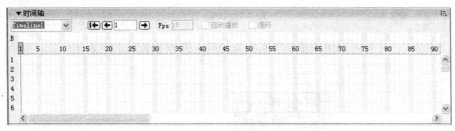

图 4-82　时间轴面板

② 选择 AP 元素，将其拖动到时间轴面板的第 1 帧上，如图 4-83 所示。

图 4-83　将 AP 元素拖动到第 1 帧上

③ 选择第 15 帧中的结束标记，将其拖动到第 90 帧的位置，以延长播放的时间，如图 4-84 所示。

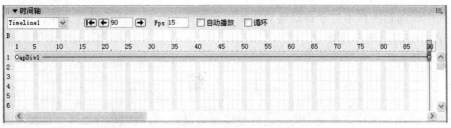

图 4-84　结束帧后移以延长播放的时间

④ 选择第 10 帧位置，打开如图 4-85 所示快捷菜单，选择"增加关键帧"命令，在第 10 帧位置增加关键帧，然后调整文档窗口中广告条的位置，如图 4-86 所示。窗口中出现的线条，

表示浏览页面时广告条的移动轨迹。

图 4-85　快捷菜单

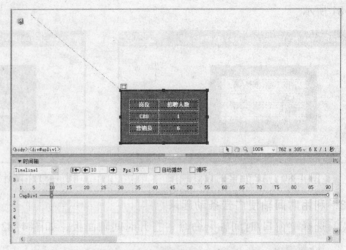

图 4-86　加入关键帧后调整 AP 元素的位置

⑤ 同样方法，在时间轴面板中添加其他关键帧，并调整各帧的广告条位置，如图 4-87 所示是设置完成后的窗口视图。

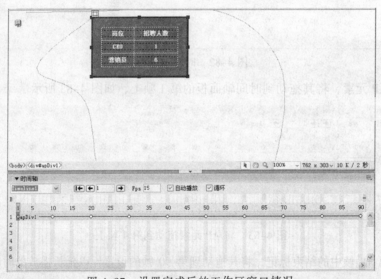

图 4-87　设置完成后的工作区窗口情况

⑥ 选中时间轴面板中的"自动播放"和"循环"复选框，然后保存文件，预览网页，一个浮动的广告条将呈现在页面中。

小　　结

（1）在编辑网页前应该首先对网页进行整体布局设置，合理的布局使网页看起来美观大方，并且便于网页元素的插入与编辑。页面布局的实质是实现页面元素的准确定位，常用的页面布局技术是表格、AP 元素和框架技术。

（2）表格是进行页面布局最常用的工具，使用表格进行页面布局主要包括 3 方面的操作，即设计创建表格、编辑表格、在表格中插入管理网页元素。通常，在一个 Web 页面中有多个表格，甚至在表格的单元格中还会嵌入另外的表格。Dreamweaver 的表格包括两类，即 HTML 表格和布局表格，在有些情况下布局页面时，使用布局表格比使用 HTML 表格更为灵活方便。

（3）AP 元素是一种 HTML 页面元素，可以将它定位在页面上的任意位置。AP 元素像一个可移动的粘贴板，可以包含文本、图像或其他任何可在 HTML 文档正文中放入的内容。利用 AP 元素可以非常灵活地放置网页内容。在 Dreamweaver 中，AP 元素既可以作为一种网页定位技术出现，也可以作为一种特效形式出现。

（4）框架是布局简单网页的常用技术，Dreamweaver CS3 提供了多种预定义框架结构，可以直接使用这些框架布局页面，也可以使用编辑修改后的框架布局页面。任何框架都依附于一个框架集，框架集中的任何一个框架可以显示任意一个文档。使用框架布局页面时必须保存框架集及其他框架文档。

（5）页面浮动广告是网页中较为常见的广告形式，本章通过设计制作浮动广告的例子，介绍了细线表格的制作过程，介绍了利用时间轴制作简单动画的方法。

习 题 四

1. Dreamweaver CS3 的页面布局的方式有哪几种？各有什么特点？
2. 仿照例 4.3，设计一个使用表格布局的页面。
3. 仿照例 4.5，设计一个使用 AP 元素布局的页面。
4. 仿照例 4.6，设计一个使用框架布局的页面。
5. 设计制作一个有实际内容的网页，然后在网页中设计一个浮动广告条。
6. Dreamweaver CS3 提供了大量的网页模板，使用这些模板可以方便地设计出具有一定的专业水平的网页。试利用 Dreamweaver CS3 的网页模板，设计制作如图 4-88 所示的网页。

图 4-88　利用 Dreamweaver CS3 的网页模板制作的网页

第 5 章　CSS 样式及应用

本章概要

　　CSS 样式是 Dreamweaver 的一项重要技术，它使得页面格式设置与页面内容独立开来，可以单独设置样式然后应用到页面中，使网页设计和管理维护的效率大为提高。本章对 Dreamweaver 的 CSS 样式的基本知识进行介绍，主要内容是样式的类型及规则、样式的设置与管理方法、应用 CSS 样式设置页面格式的方法，本章最后是一个样式设计与应用的示例。

　　教学目标

- 了解 CSS 样式的概念与作用。
- 了解 CSS 样式的格式规则及样式类型。
- 掌握 CSS 样式设置与管理方法。
- 掌握在网页设计与维护中应用 CSS 样式的方法。

5.1　CSS 样式概述

　　CSS（Cascading Style Sheets，层叠样式表）是在网页设计中广泛使用的一项页面格式设置技术，该项技术的应用，使页面格式设置和页面管理的效率大为提高。本节仅对 CSS 样式的一般性知识作简要介绍，CSS 样式的定义和应用方法在其他章节介绍。

5.1.1　CSS 样式的作用及特点

　　利用 CSS 样式不仅可以对网页中的文本进行精确的格式化控制，设置字体、字号、颜色、背景、字符间距、行距、段落格式等，还可以为网页设置背景色或背景图片，设置各种链接动态效果等。如果把 CSS 样式保存为外部文件（CSS 样式文件），采用外部链接方式应用样式文件，可以实现多个网页的格式控制。与 HTML 格式不同的是，对 CSS 样式进行修改时，应用该样式的文件格式会自动更新。

　　CSS 具有如下特点：

　　（1）集中管理样式信息

　　CSS 的基本概念在于可将网页要展示的内容与样式设定分开，也就是将网页的外观设定信息从网页内容中独立出来，并集中管理。这样，当要改变网页外观时，只需更改样式设定的部分，HTML 文件本身并不需要更改。当更新某一个 CSS 样式时，使用该样式的所有文档的格式都会自动更新为新样式。

　　（2）共享样式设定

　　网页的样式设定和内容分离的好处，除了可集中管理外，如果进一步将 CSS 样式信息存储为独立的文件，即可为多个不同的网页文件共同使用，这样，就避免了在每一个网页文件中重复设定格式的问题。

（3）将样式分类使用

多个 HTML 文件可套用同一个 CSS 样式文件，一个 HTML 网页文件也可以套用多个 CSS 样式文件。例如，可以创建一个 CSS 规则来应用颜色，创建另一个 CSS 规则来应用边距，然后将两者应用于页面上的同一个文本。

（4）减少图形文件的使用

很多网页为求设计效果而大量使用图形，导致网页的下载速度变慢。而 CSS 可以设计丰富多彩的文字样式，再配合 IE 浏览器内置的滤镜特效，也能达到原来只靠图形才能表现的视觉效果。这样的设计方式不仅让修改网页内容变得更方便，也会提高下载速度。

5.1.2　CSS 格式设置规则

CSS 格式设置规则由两部分组成：选择器和声明。选择器是标识格式元素的术语（如 P、H1、类名或 ID），声明用于定义元素样式。

【例 5.1】CSS 格式示例。

```
h1 {
font-size:16 pixels;
font-family:Helvetica;
font-weight:bold;
}
```

在该示例中，h1 是选择器，花括号"{}"内的所有内容都是声明。

声明由两部分组成：属性（如 font-family）和值（如 Helvetica）。上面的 CSS 规则为 h1 标签创建了一个特定的样式，应用此样式的元素中，所有用 h1 标签定义的文本都将是 16 个像素大小、Helvetica 字体和粗体。

5.1.3　CSS 样式的存在形式及样式类型

1. 样式存在形式

CSS 的样式形式有 3 种，即外部 CSS 样式、嵌入式 CSS 样式和内联 CSS 样式。

（1）外部 CSS 样式

外部 CSS 样式是保存在 HTML 文档之外的样式文件，该文件存储了一系列 CSS 规则。简单地说，外部样式就是按照 CSS 的语法规则编写的文本文件，该文件可以保存在计算机的任何位置上，在应用时 Dreamweaver 将其加载到站点文件夹下。利用 HTML 文档的 link 标签，将外部 CSS 文件连接到文档中，实现对文档的格式控制。

外部 CSS 样式文件能够被链接到 Web 站点中的一个或多个页面，因此利用外部 CSS 样式可以对网页格式进行集中控制。外部样式文件的默认扩展名是".css"。

（2）嵌入式 CSS 样式

嵌入式 CSS 样式保存于 HTML 文档中，样式代码直接出现在 HTML 文档的<head>-</head>标签内，具体包括在 style 标签中。因此，我们说嵌入式 CSS 样式是嵌入在 HTML 文档中的一系列 CSS 规则。

嵌入式 CSS 样式仅作用于它所在的 HTML 文档。Dreamweaver 的样式导出功能，可以将一个嵌入式样式导出为一个外部样式文件。

（3）内联 CSS 样式

内联 CSS 样式是直接在标签内使用的样式。如：

```
<table style="color:red;font-size:12pt">
```

内联 CSS 样式主要用于对特定的标签作具体的调整，内联样式的作用范围仅限于该特定标签。

2. 样式类型

CSS 样式有 3 种类型，即类样式、HTML 标签样式和 CSS 选择器样式。

（1）类样式

类样式可以将样式属性应用于任何文本范围或文本块，如果网页中应用了该类样式，在其 HTML 代码中会出现 class=" "的代码串，引号内是使用的自定义样式的名字。

（2）HTML 标签样式

HTML 标签样式用于重新定义特定标签的格式。创建或改变这类样式时，所有应用该标记的文本会自动更新。例如，可以重新定义 h1 标签，当创建或更改 h1 标签的 CSS 样式时，所有用 h1 标签设置了格式的文本都会立即更新。

（3）CSS 选择器样式

CSS 选择器样式（高级样式）用于重新定义特定元素组合的格式设置，或重新定义 CSS 允许的其他选择器表单的格式设置。例如：可以同时定义 h1、h2、h3 标签的字型、颜色等格式属性；也可以定义一个 AP 元素的格式属性。

说明：

① 手动设置的 HTML 格式设置会覆盖通过 CSS 应用的格式设置。要使 CSS 规则能够控制段落格式，必须删除所有手动设置的 HTML 格式。

② Dreamweaver 会呈现在"文档"窗口中直接应用的大多数样式属性。也可以在浏览器窗口中预览文档以查看样式的应用情况。但有些 CSS 样式属性在不同的浏览器中呈现的外观不相同，有些还不被浏览器支持。

5.2 CSS 样式的设置与管理

Dreamweaver 对 CSS 样式提供了强大的支持，专门设有"样式"面板用于 CSS 样式的定义和管理，并且可以通过多种方法应用 CSS 样式。本节将对 CSS 样式的相关技术作详细介绍。

5.2.1 样式面板

CSS 样式面板提供了对样式表设置和管理的全部功能，打开文档后，通过"窗口/CSS 样式"菜单即可启用样式面板。未定义和使用样式时，样式面板不显示任何样式内容，如图 5-1 所示。定义了样式后，样式面板将显示已有的样式和使用中的样式信息，如图 5-2 所示。

图 5-1　未定义样式时的样式面板

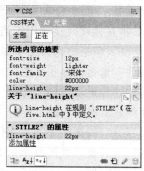

图 5-2　定义和使用了样式时的样式面板

要能够利用样式面板进行熟练的样式管理，首先应熟悉样式面板的各个构成要素。

（1）"全部"视图和"正在"视图

样式面板有两个视图，即"全部"视图和"正在"视图。"全部"视图显示当前文档中定义的样式和附加到当前文档中的样式，"正在"视图只显示活动文档的选定项目中使用的样式。

（2）"全部"视图结构

"全部"视图的 CSS 样式面板由"所有规则"窗格和"属性"窗格构成。"所有规则"窗格显示当前文档可用样式的列表，在该窗格中选择样式时，该样式中定义的所有属性都将出现在"属性"窗格中。凡是在"属性"窗格中显示的属性，均可立即修改。默认情况下，"属性"窗格仅显示那些先前已设置的属性，并按字母顺序排列它们。

（3）"正在"视图结构

"正在"视图由"所选内容的摘要"窗格、"规则"窗格和"属性"窗格构成。

"所选内容的摘要"窗格显示活动文档中当前所选项目的 CSS 属性的摘要。该摘要显示直接应用于所选内容的所有规则的属性（仅显示已设置的属性）。

例如，下列规则创建一个类样式和一个标签（在此例中为段落）样式：

```
.foo{
color:green;
font-family: "宋体";
}

p{
font-family: "华文新魏";
font-size:12px;
}
```

当在"文档"窗口中选择带有类样式.foo 的段落文本时，"所选内容的摘要"窗格将同时显示两个规则的相关属性，因为两个规则都应用于所选内容。在这种情况下，"所选内容的摘要"窗格将列出以下属性：

```
font-size:12px
font-family: "宋体"
color:green
```

"所选内容的摘要"窗格按逐级细化的顺序排列属性。在上面的示例中，标签样式定义字体大小，类样式定义字体（font-family）和颜色。类样式定义的字体属性覆盖标签样式定义的字体属性，因为类选择器比标签选择器更为具体。

"规则"窗格根据选择显示两个不同视图："关于"视图或"规则"视图。在"关于"视图（默认视图）中，此窗格显示所选 CSS 属性规则的名称，以及包含该规则文件的名称。在"规则"视图中，此窗格显示直接或间接应用于当前所选内容的所有规则的层次结构。

在"所选内容的摘要"窗格中选择某个属性时，定义规则的所有属性出现在"属性"窗格中。默认情况下，"属性"窗格仅显示那些先前已设置的属性，并按字母顺序排列它们。

（4）"属性"窗格的 3 种显示视图

"属性"窗格有 3 种显示视图，即"类别"视图、"列表"视图和"只显示设置属性"视图。"类别"视图显示按类别分组的属性（如"字体"、"背景"、"区块"、"边框"等），已设置的属性位于每个类别的顶部；"列表"视图显示所有可用属性列表，同样，已设置的属性排在顶部；"只显示设置属性"视图中将那些尚未设置的属性隐藏起来。

说明：在"属性"窗格中所作的任何更改都将立即应用。

5.2.2　创建 CSS 样式的一般过程

网页中的 CSS 样式有两种形式，一种是将 CSS 样式直接插入在网页 HTML 代码中，插入的 CSS 样式只对当前网页有效；另一种是将 CSS 样式保存为一个单独的文件，用链接的方式应用于网页。

创建 CSS 样式的主要环节有 3 个，即选择 CSS 样式类型、确定 CSS 样式的形式、设置 CSS 样式的格式。一般过程如下：

（1）打开"新建 CSS 规则"对话框

将插入点置于文档中，执行以下任何一种操作，打开图 5-3 所示"新建 CSS 规则"对话框。

① 在"CSS 样式"面板中，单击面板右下方的"新建 CSS 规则"按钮❶。

② 选择"文本/CSS 样式/新建 CSS 规则"命令。

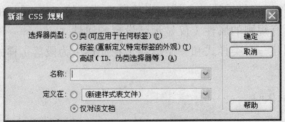

图 5-3　"新建 CSS 规则"对话框

（2）确定 CSS 样式类型

若要创建可作为 class 属性应用于文本范围或文本块的自定义样式，则选择"类"选项，然后在"名称"文本框中输入样式名称。该样式名称是以句点"."开头的字母数字串，如：.mystyle。

当省略句点时，由 Dreamweaver 自动加入。

若要重定义特定 HTML 标签的默认格式设置，则选择"标签"选项，然后在"标签"文本框中输入一个 HTML 标签，或从弹出式菜单中选择一个标签。

若要为具体某个标签组合或所有包含特定 ID 属性的标签定义格式设置，则选择"高级"选项，然后在"选择器"文本框中输入一个或多个 HTML 标签，或从下拉列表中选择一个标签。在当前文档中没有使用 ID 标识的对象时，下拉列表中提供的选择器（称为伪类选择器）有 a:link、a:active、a:visited 和 a:hover，专门设置链接文字的格式属性，其含义如下：

① a:link：超链接的文本在链接未被访问时的样式。

② a:active：当前被激活的链接文本的样式。

③ a:visited：已访问过的链接文本的样式。

④ a:hover：鼠标放置在链接文本上时文字样式。

（3）确定 CSS 样式的形式

若要创建外部样式表，则选择"新建样式表文件"；若要在当前文档中嵌入样式，则选择"仅对该文档"。

完成上述设置后单击"确定"按钮，打开图 5-4 所示"CSS 规则定义"对话框。在"CSS 规则定义"对话框中进行格式定义，设置 CSS 样式的格式。多数情况下，在"CSS 规则定义"中所作的设置，将会立即自动应用在当前文档中。

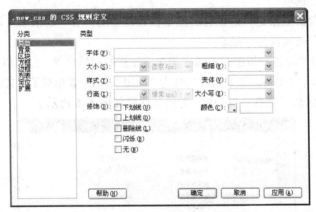

图 5-4　"CSS 规则定义"对话框

下面是关于"CSS 规则定义"对话框中主要项目的说明。

① CSS"类型"属性。"类型"类别对话框如图 5-4 所示，各参数说明如下：

● 字体：设置样式的字体，如宋体、华文新魏等。

● 大小：定义文本大小。可以通过选择数字和度量单位选择特定的大小，也可以选择相对大小。以像素为单位可以有效地防止浏览器破坏文本。

● 样式：定义文本呈现形式，有"正常"、"斜体"和"偏斜体"3 个选项，默认设置是"正常"。

● 行高：设置文本所在行的高度。选择"正常"选项将自动按字体大小计算行高，也可以输入一个确切的值并选择一种度量单位以设置固定行高。

● 修饰：向文本中添加下画线、上画线或删除线，或使文本闪烁。常规文本的默认设置是"无"。

● 粗细：对字体应用特定或相对的粗体量。

● 颜色：设置文本颜色。

② CSS 样式"背景"属性。"背景"类别对话框如图 5-5 所示。

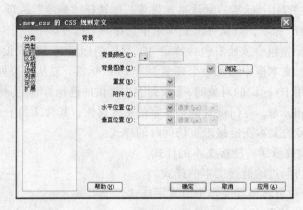

图 5-5 "背景"类别对话框

各参数说明如下：

- 背景颜色：设置元素的背景颜色。
- 背景图像：设置元素的背景图像。
- 重复：确定是否以及如何重复背景图像。包括"不重复"、"重复"、"横向重复"和"纵向重复"四个选项。
- 附件：确定背景图像是固定在它的原始位置还是随内容一起滚动。注意，某些浏览器可能将"固定"选项视为"滚动"。
- 水平位置和垂直位置：指定背景图像相对于元素的初始位置。这可以用于将背景图像与页面中心垂直和水平对齐。如果附件属性为"固定"，则位置相对于"文档"窗口而不是元素。

③ CSS 样式"区块"属性。"区块"类别对话框如图 5-6 所示。

图 5-6 "区块"类别对话框

各参数说明如下：

- 单词间距：设置文本单词的间距。若要设置特定的值，则在弹出式菜单中选择"值"，然后输入一个数值。在第二个弹出式菜单中，选择度量单位（例如像素、点等）。
- 字母间距：增加或减小字母或字符的间距。若要减小字符间距，则指定一个负值。字母间距设置覆盖对齐的文本设置。
- 垂直对齐：指定应用它的元素的垂直对齐方式。仅当应用于 <img> 标签时，Dreamweaver 才在"文档"窗口中显示该属性。

- 文本对齐：设置元素中文本的对齐方式。
- 文本缩进：指定第一行文本缩进的程度。可以使用负值创建凸出，但显示方式取决于浏览器。仅当标签应用于块级元素时，Dreamweaver 才在"文档"窗口中显示该属性。
- 空格：确定对元素中空白的处理方式，有"正常"、"保留"和"不换行"3 个选项。"正常"为收缩空白；"保留"为保留所有空白，包括空格、制表符和回车；"不换行"指定仅当遇到 br 标签时文本才换行。Dreamweaver 不在"文档"窗口中显示该属性。
- 显示：指定是否以及如何显示元素。

④ CSS 样式"方框"属性。图 5-7 所示是"方框"与"区块"的图示，受样式控制的元素限定在方框区域，既有区块内容，也有填充区域。"方框"类别对话框如图 5-8 所示。

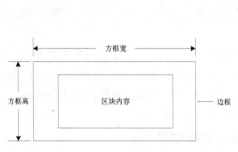

图 5-7　"方框"与"区块"图示

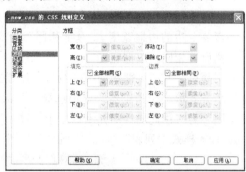

图 5-8　"方框"类别对话框

各参数说明如下：

- 宽和高：设置元素的宽度和高度。
- 浮动：设置元素在页面中的浮动方式，有"左对齐"、"右对齐"、"无"3 种选项。正常设置效果在预览窗口中才能显示出来。
- 清除：设置方框元素旁边是否允许存在浮动元素，有"左对齐"、"右对齐"、"两者"、"无"4 种选项。"左对齐"指方框左边有浮动元素时方框元素将移到浮动元素下方；"右对齐"指方框右边有浮动元素时方框将移到浮动元素下方。
- "填充"及"全部相同"："填充"指定元素内容与元素边框之间的间距（如果没有边框，则为边界）。取消选择"全部相同"选项可设置元素各个边的填充。"全部相同"为应用此属性的元素的"上"、"右"、"下"和"左"侧设置相同的填充属性。
- "边界"及"全部相同"："边界"指定一个元素的边框与另一个元素之间的间距（如果没有边框，则为填充）。仅当应用于块级元素（段落、标题、列表等）时，Dreamweaver 才在"文档"窗口中显示该属性。取消选择"全部相同"可设置元素各个边的边距。"全部相同"为应用此属性的元素的"上"、"右"、"下"和"左"侧设置相同的边距属性。

⑤ CSS 样式"边框"属性。"边框"属性用于设定边框的样式、粗细及颜色，"边框"类别对话框如图 5-9 所示。

各参数说明如下：

- "样式"及"全部相同"："样式"设置边框的样式外观。样式的显示方式取决于浏览器。Dreamweaver 在"文档"窗口中将所有样式呈现为实线。取消选择"全部相同"可设置元素各个边的边框样式；"全部相同"为应用此属性的元素的"上"、"右"、"下"和"左"侧设置相同的边框样式属性。

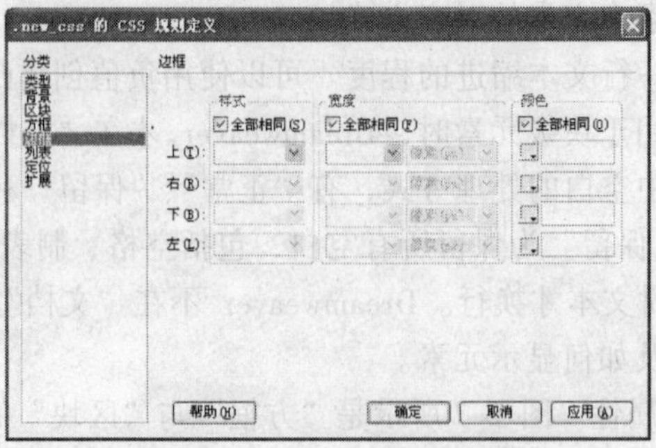

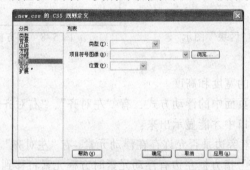

图 5-9 "边框"类别对话框

- "宽度"及"全部相同"："宽度"设置元素边框的粗细。取消选择"全部相同"可设置元素各个边的边框宽度。"全部相同"为应用此属性元素的"上"、"右"、"下"和"左"侧设置相同的边框宽度。
- "颜色"及"全部相同"："颜色"设置边框的颜色。可以分别设置每条边的颜色，但显示方式取决于浏览器。取消选择"全部相同"可设置元素各个边的边框颜色。"全部相同"为应用此属性的元素的"上"、"右"、"下"和"左"侧设置相同的边框颜色。

⑥ CSS 样式"列表"属性。"列表"类别对话框如图 5-10 所示。

图 5-10 "列表"类别对话框

各参数说明如下：
- 类型：设置项目符号或编号的外观。
- 项目符号图像：为项目符号指定自定义图像。
- 位置：设置列表项文本是否换行和缩进（外部）以及文本是否换行到左边距（内部）。

⑦ CSS 样式"定位"属性。"定位"属性确定元素在页面上的定位方式，"定位"类别对话框如图 5-11 所示，各参数说明如表 5-1 所示。

图 5-11 "定位"类别对话框

表 5-1　"定位"类别的参数说明

参数选项	在样式控制中的作用
"类型"绝对	按照"定位"框中输入的数据定位元素。若有上级元素时，则在上级元素中定位
"类型"相对	使用"定位"框中输入的坐标（相对于对象在文档的文本流中的位置）来定位元素
显示	确定内容的初始显示条件。如果不指定可见性属性，则默认情况下内容将继承父级标签的值。选择以下可见性选项之一： 继承：（默认）继承内容的父级可见性属性 可见：将显示内容，而与父级的值无关 隐藏：将隐藏内容，而与父级的值无关
Z 轴	确定内容的堆叠顺序。Z 轴值较高的元素显示在 Z 轴值较低的元素（或根本没有 Z 轴值的元素）的上方
溢出	确定当容器的内容超出容器的显示范围时的处理方式。这些属性按以下方式控制扩展： 可见：将增加容器的大小，以使其所有内容都可见 隐藏：保持容器的大小并剪辑任何超出的内容。不提供任何滚动条 滚动：将在容器中添加滚动条，而不论内容是否超出容器的大小 自动：将使滚动条仅在容器的内容超出容器的边界时才出现
位置	指定内容块的位置和大小。浏览器如何解释位置取决于"类型"设置。如果内容块的内容超出指定的大小，则将改写大小值。 位置和大小的默认单位是像素。还可以指定以下单位：pt（点）、in（英寸）、mm（毫米）、cm（厘米）或 %（父级值的百分比）等。缩写必须紧跟在值之后，中间不留空格。例如，3mm
剪辑	定义内容的可见部分。如果指定了剪辑区域，可以通过脚本语言（如 JavaScript）访问它，并操作属性以创建像擦除这样的特殊效果。使用"改变属性"行为可以设置擦除效果

⑧ CSS 样式"扩展"属性。"扩展"对话框如图 5-12 所示。

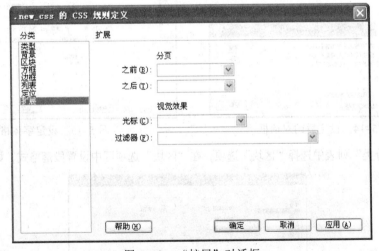

图 5-12　"扩展"对话框

各参数说明如下：

● 分页：在打印期间，在样式所控制的对象之前或者之后强行分页。在弹出式菜单中选择要设置的选项。

- 光标：当指针位于样式所控制的对象上时呈现的鼠标指针的形状。在弹出式菜单中选择要设置的选项。
- 过滤器：对样式所控制的对象应用特殊效果。从弹出式菜单中选择一种效果。图 5-13 所示为滤镜选项的菜单列表。

过滤器的列表选项比较复杂，它是包括了语法结构的操作命令。

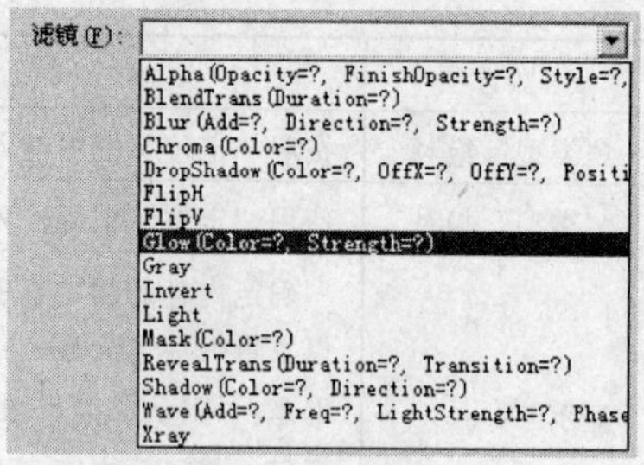

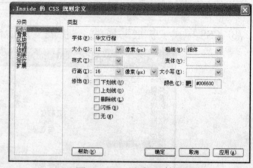

图 5-13　滤镜选项的菜单列表

5.2.3　创建内部样式示例

【例 5.2】新建一个 HTML 文档，在该文档中创建一个内部样式，样式名为.Inside，样式创建后在文档中应用该样式。新建样式的格式要求如下。

① 字体格式：华文行楷，大小 12 像素，行高 16 像素，颜色码#006600，细体显示。

② 段落格式：首行左缩进 20 像素，字间距 5 像素，居中对齐。

下面是创建和使用样式.Inside 的具体过程。

1. 创建.Inside 样式

① 新建文档 css_style.html,将插入点放在文档中，打开图 5-3 所示"新建 CSS 规则"对话框。

② 设定样式类型和样式形式。选择"类"选项，在"名称"文本框中输入样式名称"Inside"，选择"仅对该文档"单选按钮。设定后的对话框如图 5-14 所示。

③ 单击"确定"按钮，打开".Inside CSS 规则定义"对话框。

④ 在分类列表中选择"类型"选项，在"类型"选项区中设定字体格式信息，如图 5-15 所示。

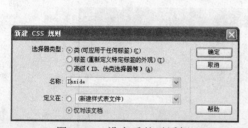

图 5-14　设定后的对话框

图 5-15　设定字体格式

⑤ 在"分类"列表中选择"区块"选项，在"区块"选项区中设置段落格式，如图 5-16 所示。

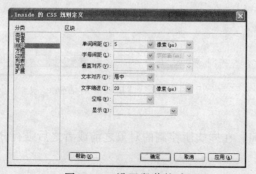

图 5-16　设置段落格式

⑥ 单击"确定"按钮，完成创建样式.Inside 的操作。图 5-17 所示为 CSS 样式面板显示的.Inside 样式的信息。

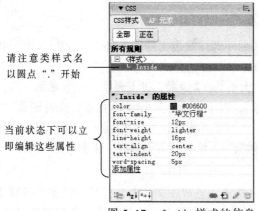

请注意类样式名以圆点"."开始

当前状态下可以立即编辑这些属性

图 5-17　.Inside 样式的信息

创建新样式后，在文档"代码"视图的 head 标签内将会增加相应的样式代码。下面是.Inside 样式的代码：

```
.Inside {
    font-family: "华文行楷";
    font-size: 12px;
    line-height: 16px;
    font-weight: lighter;
    color: #006600;
    text-align: center;
    text-indent: 20px;
    word-spacing: 5px;
}
```

2. 应用.Inside 样式

① 在当前文档中输入两段文本，然后将插入点定于第一段文本的任意位置。

② 在 CSS 面板中右击样式表.Inside，在打开的快捷菜单中选择"套用"命令，如图 5-18 所示。此时，第一段文本将按.Inside 样式表的格式显示。

图 5-18　在文档中套用.Inside 样式

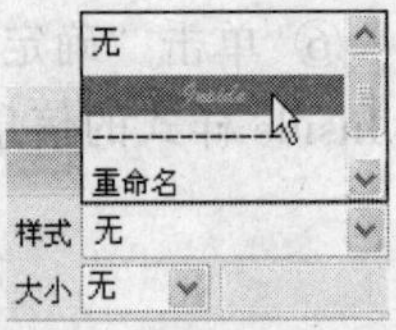

文本套用样式时，也可以使用属性面板的样式列表，如图 5-19 所示，在列表中选中的样式，将应用到文本中。

5.2.4 创建外部样式示例

图 5-19 使用样式列表套用样式

【例 5.3】创建定义超链接格式的外部样式表文件 Outside.css，并将该样式应用到文档中。样式表 Outside.css 的格式内容如下：

① 正常链接：蓝色"宋体"，大小为 12 像素，带下画线，正常显示。

② 鼠标经过：蓝色"华文新魏"，带下画线，大小为 14 像素，倾斜显示，增加淡绿色背景。

③ 活动链接：紫红色"宋体"，不带下画线，大小 12 像素，正常显示，闪烁。

④ 已访问链接：紫红色"宋体"，12 像素，带下画线，正常显示。

1. 创建样式文件

① 新建文档 css_outside.html，将插入点放在文档中，打开"新建 CSS 规则"对话框。

② 设定样式类型为"高级"，单击"选择器"的下拉箭头，弹出链接选项的下拉列表，如图 5-20 所示。

③ 选择 a:link 选项，弹出图 5-21 所示"保存样式表文件为"对话框。在窗口中浏览选定要使用的文件夹，如 CSS 文件夹，并在"文件名"文本框中输入"Outside"，单击"保存"按钮后弹出"a:link 的 CSS 规则定义"对话框，在对话框中设置有关属性值，完成"正常链接"的设置。

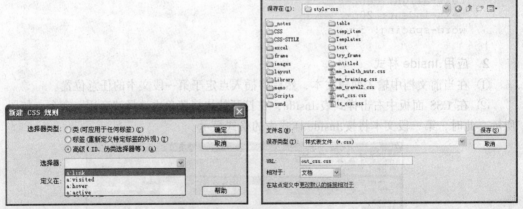

图 5-20 设置超链接样式的"新建 CSS 规则"对话框　　图 5-21 "保存样式表文件为"对话框

④ 继续单击 CSS 样式面板中的"新建 CSS 规则"按钮，完成 a:hover（鼠标经过）、a:active（活动链接）、a:visited（已访问链接）的规则设置。

新建样式表文件 Outside.css 在样式面板中的显示情况如图 5-22 所示。

2. 在文档 css_outside.html 中应用 Outside.css 样式

Outside.css 样式定义的是链接属性，在文档 css_outside.html 中建立文本的超链接之后，该样式表立即被应用。

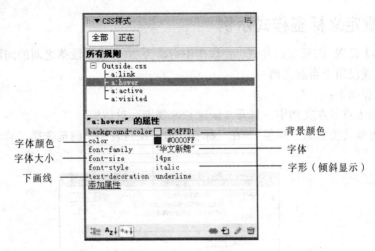

图 5-22　Outside.css 样式

在文档中应用 Outside.css 样式之后，查看代码视图会发现，head 标签中增加了如下代码：

```
<link href="CSS/Outside.css" rel="stylesheet" type="text/css" />
```

上述代码是当前文档对使用外部样式表 Outside.css 的描述。Outside.css 文件的具体内容如下：

```
a:link {
    font-family: "宋体";
    font-size: 12px;
    font-style: normal;
    color: #0000FF;
    text-decoration: underline;
}
a:hover {
    font-family: "华文新魏";
    font-size: 14px;
    font-style: italic;
    color: #0000FF;
    text-decoration: underline;
    background-color: #C4FFD1;
}
a:active {
    font-family: "宋体";
    font-size: 12px;
    font-style: normal;
    color: #CC0000;
    text-decoration: blink;
}
a:visited {
    font-family: "宋体";
    font-size: 12px;
    font-style: normal;
    color: #CC0000;
    text-decoration: underline;
}
```

读者仔细观察就会发现，上述代码的内容，与 CSS 样式面板中的属性显示内容是一致的。

5.2.5 重定义标签样式示例

【例 5.4】设置<P>标签的样式，使段落中行高为 20 像素，段落之间的间距与段落内行间距相同。该设置仅用于当前文档。

操作过程如下：

① 将插入点放在文档中，打开"新建 CSS 规则"对话框。

② 设置样式类型为"标签"，在"标签"的下拉列表中，浏览选择"p"标签，如图 5-23 所示。

图 5-23　"p"标签的"新建 CSS 规则"窗口

③ 选择"仅对该文档"项，确定后在"CSS 规则定义"对话框中进行如下设置。

a. 在"类型"分类中设置"行高"为 20 像素。

b. 在"方框"分类中设置"边界"选项，使"上"、"下"为 0。

c. 单击"确定"按钮，完成段落标签<p>的定义。

说明：标签<p>未作改变的属性，仍使用默认值。

5.2.6 CSS 样式的编辑和使用

1. 编辑样式

（1）编辑全部样式表

使用样式面板的"全部"视图，即可对与当前文档关联的所有样式进行编辑。

① 在 CSS 样式面板中选择"全部"视图。

② 在"所有规则"窗格中，选择要编辑的样式表双击，打开"CSS 规则定义"窗口。

③ 在窗口中，根据需要修改样式表，然后保存样式表。

（2）编辑当前文本的关联样式

① 打开 CSS 样式面板。

② 将插入点置于要编辑 CSS 样式的文本中，此时在样式面板中显示当前文本的关联规则。

③ 双击"所选内容的摘要"窗格中的条目，立即打开该属性所在的"CSS 规则定义"窗口，重新设置参数后确定即可。

说明：编辑外部 CSS 样式表时，与该 CSS 样式表关联的所有文档全部更新，以反映所作编辑的效果。

2. 删除样式和属性

删除样式的一般过程如下：

① 在 CSS 样式面板中选择要删除的样式。

② 使用面板下方的删除按钮 ，或使用快捷菜单的 "删除" 功能，如图 5-24 所示，即可删除相应样式。样式删除后，其在当前文档中的应用效果即自动消失。

如果只删除样式的某个属性，只需在属性窗格中选定要删除的属性后，使用快捷菜单的 "删除" 功能即可，如图 5-25 所示。

图 5-24　删除样式

图 5-25　删除样式的属性

3．使用内部 CSS 样式

使用 CSS 样式一般包括两个步骤，即：选择应用样式的元素，然后对所选元素应用样式。本书介绍对文本元素应用样式的方法，基本操作如下：

（1）在文档中，选择要应用 CSS 样式的文本

样式应用的文本范围不同，选择文本的方法也不相同，主要有以下几种情况：

① 样式应用于一个段落。当样式应用于整个段落时，只需将插入点放在段落中即可；

② 样式应用于局部文本。当样式只应用于段落中的局部文本时，则需要在段落中选择一个文本范围；

③ 用标签指定文本。当需要指定应用 CSS 样式的确切标签时，需要通过文档状态栏的标签选择器选择相应标签。

（2）在指定文本上应用样式

选择文本之后，执行以下任何一种操作，即可实现样式的应用。

① 在 CSS 样式面板中选择 "全部" 视图，右键单击要应用的样式的名称，然后从上下文菜单选择 "套用" 命令。

② 在文本属性面板中，从 "样式" 弹出式菜单中选择要应用的类样式。

③ 在 "文档" 窗口中，右键单击所选文本，在上下文菜单中选择 "CSS 样式"，然后选择要应用的样式。

④ 选择 "文本/CSS 样式" 命令，然后在子菜单中选择要应用的样式。

4．使用外部 CSS 样式

使用外部 CSS 样式同样包括两个步骤：选择应用样式的元素，然后对所选元素应用附加样式，基本操作如下：

① 选择要应用样式的元素。

② 使用 CSS 样式面板中的"附加样式表"按钮 打开"链接外部样式表"对话框，在"文件/URL"文本框中添加附加样式表文件（也可浏览选定），如图 5-26 所示。

图 5-26　"链接外部样式表"对话框

③ 单击"确定"按钮，指定的样式表将关联到当前文本中。

说明：

① 打开"链接外部样式表"的方法有多种，上面介绍的使用内部样式的操作中，当出现样式列表时，只要选用"附加样式"项，即可附加外部样式。

② 对同一个文本，能够使用多种样式，既允许内部样式，也允许外部样式。

5. 使用 Dreamweaver 的范例样式

Dreamweaver 提供了多种不同类格式的范例样式，这些样式在网页设计时可以方便地应用。使用范例样式通过图 5-26 所示的"链接外部样式表"对话窗口进行。在该对话窗口中，单击"范例样式表"链接，打开图 5-27 所示"范例样式表"对话框，选择样式后确定，即完成使用范例样式表的操作。

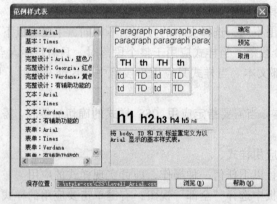

图 5-27　"范例样式表"对话框

6. 撤销内容中的样式

执行以下操作，自定义样式将从所选元素中撤销。

① 选择要从其中撤销样式的元素。

② 在属性面板中，从"样式"或"类"下拉菜单中选择"无"。

5.2.7　CSS 的基本应用特性

前面的内容介绍了 CSS 的基本知识，本小节对 CSS 的基本应用特性进行简要总结，以加强对 CSS 应用的理解。

1．分组

对需要设置共同属性的不同元素或样式，可以组合起来统一定义所共有的属性，即按共有属性分组定义。例如：

```
body,td,p {
        color:#000000;
        text-align:left
}
```

2．继承

通过继承，CSS 设置可以被应用到多个标签中。绝大部分（但不是全部）的 CSS 声明可以通过封闭 CSS 选择器中的 HTML 标签来继承。例如，可以通过一个 CSS 设置来改变整个页面的字体：

```
body{
    font-family: "Arial";
    font-size: 14px;
    line-height: 18px;
    color: #000000
}
```

这种形式的定义之所以可能，是因为<body>标记被认为是页面上所有元素的父标识。

3．层叠

页面中的一个对象可以同时应用多个 CSS 样式，但是，在相同的方式中，一个广泛应用到某一块文本上的 CSS 规则，可以被其他应用到相同文本中某个更为特殊的规则所覆盖。

4．CSS 的冲突规则

将两个或更多 CSS 规则应用于同一元素时，这些规则可能会发生冲突并产生意外的结果。浏览器按以下方式应用 CSS 规则：

① 如果将两种规则应用于同一元素，浏览器显示这两种规则的所有属性，除非特定的属性发生冲突。例如，一种规则可能指定文本颜色为蓝色，而另一种规则可能指定文本颜色为红色。

② 如果应用于同一元素的两种规则的属性发生冲突，则浏览器显示最里面的规则（离元素本身最近的规则）的属性。例如，如果外部样式表和嵌入式样式同时影响文本元素，则应用嵌入式样式。

如果有直接冲突，则自定义 CSS 规则（使用 class 属性应用的规则）中的属性将覆盖 HTML 标签样式中的属性。

5.3　CSS 样式的综合应用

应用 CSS 样式设置页面格式的一般过程如下：

① 使用 CSS 样式面板定义 CSS 样式。

② 应用 CSS 样式。

下面通过一示例，具体说明 CSS 样式的设计与应用过程。

【例 5.5】CSS 样式的综合设计应用。图 5-28 所示是 Dreamweaver 的文档"设计"视图，窗口内容由五段文本构成，其中有 3 个超链接，要求使用 CSS 样式进行格式设置。具体格式如下：

① 默认字体格式：文本字体为宋体，大小 12 像素，颜色为草绿色。

② 段落格式：行高 20 像素，首行缩进 18 像素，段落之间的间距与段落内行间距相同。

③ 链接格式：使用 5.2.4 节建立的外部样式表文件 Outside.css 的格式。

④ 超链接的鼠标形状：Dreamweaver 超链接使用默认鼠标形状（手型），"样式的设置与管理"和"样式在网页中的应用"超链接使用 Help 鼠标形状 ⁇。

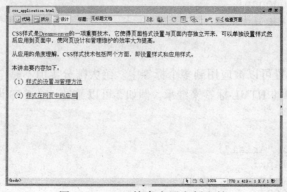

图 5-28　CSS 综合应用实例文档

通过定义并应用以下 CSS 样式以设置文档格式：

① 定义标签 body 的 CSS 样式，以设置默认字体格式。

② 定义标签 p 的 CSS 样式，以设置段落格式。

③ 应用外部样式表文件 Outside.css，以设置链接的格式。

④ 定义超链接的鼠标形状样式，以改变鼠标形状。

设计与操作过程如下：

1. 默认字体格式设置

通过重定义标签 body 的属性，实现默认字体控制。

① 启用 CSS 样式面板，打开"新建 CSS 规则"对话框，选择样式类型为"标签"，在"标签"文本框中输入"body"（也可通过下拉列表选定），并选中"仅对该文档"单选按钮，然后单击"确定"按钮。

② 显示"body 的 CSS 规则定义"对话框后，在"类型"对话框中设置字体、大小及颜色，然后单击"确定"按钮完成设置。

此时，文档窗口中的普通文本均变为当前默认的设置格式。查看"代码"视图，会发现在 head 标签内增加了如下代码：

```
<style type="text/css">
<!--
body {
    font-family: "宋体";
    font-size: 12px;
    color: #006600;
}
-->
</style>
```

2. 段落格式设置

通过重置 p 标签实现段落格式控制。

① 行高和段落之间的间距设置：与 5.2.5 节相同。

② 首行缩进设置：在"p 的 CSS 规则定义"对话框中选"区块"类，设置"文字缩进"为 18 像素，然后单击"确定"按钮完成设置。

此时，文档显示如图 5-29 所示。

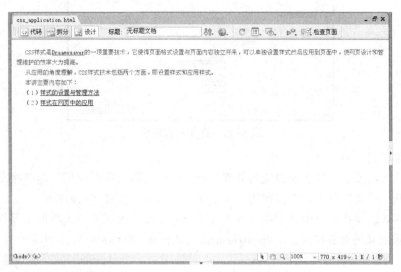

图 5-29　完成段落格式设置后的文档窗口

查看"代码"视图，会发现在 style 标签内增加了如下代码：

```
p {
    line-height: 20px;
    text-indent: 18px;
    margin: 0px;
}
```

3. 链接格式设置

使用 CSS 样式面板中的"附加样式表"按钮 ▦ 打开"链接外部样式表"对话框，在"文件/URL"文本框中浏览选择样式表文件 Outside.css。

完成格式设置后，附加的外部样式表将立即显示在 CSS 样式面板的"全部"视图中，请读者注意观察样式面板的变化情况。

说明：外部样式表 Outside.css 中 a:link 规则的效果在附加后能够立即显现，其他规则的效果只有在浏览页面时，才能显现出来。

4. 超链接的鼠标形状设置

超链接的鼠标形状设置分两个步骤：设置样式和应用样式。

由于 Dreamweaver 超链接使用默认鼠标形状，不必进行设置和管理。下面是其他两个超链接的鼠标形状设置过程。

（1）设置样式

打开"新建 CSS 规则"对话框，设置样式类型为"类"，在"名称"文本框中输入"help_style"，并选中"仅对该文档"单选按钮。单击"确定"按钮后显示"help_style 的 CSS 规则定义"对话框，在"扩展"类中，选定"光标"为"help"，如图 5-30 所示。

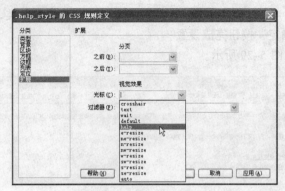

图 5-30　设置鼠标形状

（2）应用样式

分别将插入点置于"样式的设置与管理"和"样式在网页中的应用"超链接文本中，在属性面板中打开"样式"列表，选择使用"help_style"样式，如图 5-31 所示。

至此，样式的设置与应用就全部完成了。图 5-32 所示为该文档关联的全部样式，其中，body 和 p 是重定义的标签样式，.help_style 是嵌入式样式，Outside.css 是外部样式。

图 5-31　应用 help-style 样式

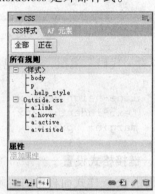

图 5-32　示例文档中的样式

完成上述操作后，设置页面标题，然后保存文件，预览页面。图 5-33 是页面浏览时的窗口界面。

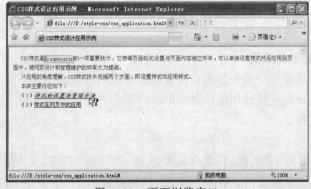

图 5-33　页面浏览窗口

说明：若在预览页面时看不到 a:link 的设置效果，则需清除 IE 浏览器的历史记录，然后刷新页面即可。

小   结

CSS 样式是页面格式设置的一项重要技术，它使得页面格式设置与页面内容独立开来，可以单独设置样式然后应用到页面中，大大提高了网页设计和管理维护的效率。

（1）CSS 的样式存在形式有 3 种，即外部样式、嵌入式样式和内联样式。外部 CSS 样式是保存在 HTML 文档之外的样式文件，利用外部 CSS 样式可以控制多个网页的格式；内部 CSS 样式保存于 HTML 文档中，只对所在的文档有作用；内联样式是直接在标签内使用的样式，其作用仅限于该特定标签。

（2）CSS 样式有 3 种类型，即类样式、HTML 标签样式和 CSS 选择器样式。类样式可以将样式属性应用于任何元素；HTML 标签样式用于重定义特定标签的格式；CSS 选择器样式（高级样式）用于重新定义特定元素组合的格式设置，或重新定义 CSS 允许的其他选择器表单的格式设置。

（3）创建 CSS 样式的主要环节有 3 个，即：选择 CSS 样式类型、确定 CSS 样式的形式、设置 CSS 样式的格式。前两个环节在"新建 CSS 规则对话框"中进行，第三个环节在 "CSS 规则定义"对话框中进行。

（4）一个样式可以应用于不同的对象，同样一个对象可以应用多种不同的样式。当多种样式作用于一个对象时，有时会发生格式控制的冲突。当规则的属性发生冲突时，离对象本身最近的规则发生作用。因此，如果外部样式表和内联样式同时影响文本元素，则应用内联样式。

习 题 五

1. 什么是 CSS 样式？CSS 样式的功能特点是什么？
2. Dreamweaver CS3 有哪些样式类型？各自的功能特点是什么？
3. 使用 CSS 样式表对例题 4.3 完成的网页作进一步格式设置，具体要求如下：
① 使各段落的文本具有合适的行距。
② 去掉部分横向表格线。
③ 使每一行的正文文本与左右边框距离为 3 像素。
完成格式设置后的页面效果如图 5-34 所示。

图 5-34 用 CSS 设置格式的"五岳览胜"页面

第 6 章　模板和库技术

本章概要

模板和库技术是大型网站的常用技术，Dreamweaver 的模板和库技术为网页的批量设计和管理提供了极大的方便。如果一个网站存在多个具有共同特征的网页，在设计和管理这些网页时，就应考虑使用模板和库技术。应用模板可以提高具有相近版式网页的设计和管理效率，应用库技术可以对网页的局部内容进行快速的设计和维护。

本章在介绍模板和库的有关概念的基础上，重点介绍 Dreamweaver 模板和库的操作知识，主要内容是模板和库项目的创建、编辑、管理及应用。

教学目标

- 了解模板和库的概念、特点及作用。
- 掌握模板的创建、编辑及管理方法。
- 能够熟练使用模板进行页面设计和管理。
- 掌握库项目的创建、编辑及管理方法。
- 能够熟练使用库项目进行页面设计和管理。

6.1　模板和库概述

为了提高网页制作和管理的效率，Dreamweaver 引入了模板和库技术，使用模板可以快速制作页面版式相同或相近的网页，使用库技术能够对页面中的特定元素进行有效地管理。本节对模板和库的作用及特点作介绍。

6.1.1　模板

模板是一种特殊的页面文档，当需要制作某种带有共同格式和特征的文档时，可以首先设计一个模板文档，然后利用模板文档设计制作其他的网页。例如，对于商业站点，大多数文档上通常会出现相同的内容，如公司的徽标和公司的名称等。在编辑网页时，如果在每个文档中都重复添加这些内容，不但麻烦，而且容易出错。如果将这些格式存储为模板，再通过该模板创建新文档，所生成的新文档中会自动出现这些共有内容，这样，在设计制作网页时，只需编辑文档中不同的内容就行了。

图 6-1~图 6-4 是"五岳览胜"网站中的一组网页，以此为例进一步说明模板的概念及作用。

图片文件 —————

————— 图片文件

图 6-1　"五岳览胜"之华山

该区域的内容
所有页面相同

该区域的内容
所有页面相同

图 6-2　"五岳览胜"之衡山

导航区每行内容占
用一个单元格

图片设置为右
对齐格式

图 6-3　"五岳览胜"之恒山

图 6-4　"五岳览胜"之嵩山

　　观察上面的一组网页，不难发现，这组网页不但具有相似的页面格式，而且页面的局部内容也相同。网页具体的共同特征可概括为以下两个方面：

　　① 每个网页的页面结构相同。左上部为图片区、右上部为纯文本区、左下部为导航区、右下部为图文混排区。

　　② 每个网页的导航区和纯文本区的内容完全相同。

　　另外，我们在第 4 章的布局表格一节也介绍过一个类似的网页（见图 4-35）。

　　具有上述特征的网页，在设计和制作时，如果使用模板技术，就会使网页设计的效率大为提高。使用模板设计制作上述一组网页的一般过程如下：

　　① 首先设计图 4-35 所示的网页，然后将其设定为模板，并在模板中锁定那些在各网页中共有的内容，如图 6-5 所示。

图 6-5　制作模板时要锁定的区域

　　② 利用模板生成新的网页文档。在生成的新文档时，Dreamweaver 不允许编辑位于锁定区域中的内容，只能在可编辑区域进行编辑和修改。这样，应用该模板的所有网页，将会完全保持那些在模板中被锁定的内容，从而保持了文档风格的一致性。

使用模板，不但会提高网页设计的效率，而且也会提高网页管理的效率。使用模板设计的网页，当关联的模板改变时，相应的网页也会自动改变。因此，通常利用 Dreamweaver 的模板特性，对站点中所有应用同一模板的文档进行批量更新。

6.1.2　库项目

库项目是为有效地进行页面特定元素的管理而创建的一类特殊资源，每一个库项目都是 Web 站点的页面元素。当把站点页面的某个元素设置为一个库项目后，通过库项目管理技术改变该项目内容后，所有使用该项目的页面都可以自动更新。Web 站点中需要重复使用或频繁更新的某些页面元素，可以使用库技术进行设计和管理。

例如，当前有一个正在设计的大型站点，按照规划，需要在每个页面上都出现同样的宣传广告语，而且每经过一段时间后，页面上的广告语就要更新一次。在设计时，就可以把该广告语设计为库项目。每当需要更新广告语时，只需要更新相应的库项目，就能自动地更新每一个使用它的页面。

在 Dreamweaver 中，只能将位于<body>和</body>标记间的内容存储为库项目，内容包括文本、表格、图像、表单、Java 程序、ActiveX 控件和插件等。对于 CSS 样式和时间线，因为它们的代码位于文档的头部，也即位于<head>和</head>标记之间，因此无法存储为库项目。可以将单独的文档内容（例如一幅图像或一段文字）定义成库项目，也可以将多个文档内容的组合定义成库项目。

在不同的文档中放入相同的库项目时，可以得到完全一致的效果，就好像将源文档中相应的内容复制到目标文档中一样。

利用库项目，可以实现对文档风格的维护。当很多网页带有相同的内容，但是又不希望从同一模板中派生这些文档时，就可以利用库项目的机制，将这些文档中的共有内容定义为库项目，然后放置到文档中。一旦在站点中对库项目进行了修改，通过 Dreamweaver 的站点管理特性，可以实现对站点中所有放入该库项目的文档进行更新，实现风格的统一更新。

每个站点都有自己的库，在默认情况下，Dreamweaver 将库项目存储在 Library 文件夹中，该文件夹位于每个站点的本地根文件夹内。使用库项目时，Dreamweaver 不是在网页中插入库项目，而是向插入该项目的文档拷贝 HTML 源代码，并添加一个包含引用原始外部项目的 HTML 注释。但是，对于链接项（如图像），库只存储对该项的引用。原始文件必须保留在指定的位置，才能使库项目正确工作。因此，当库项目中包含链接时，若链接对象的原始位置发生了变化，则可能导致不能正常使用库项目。

另外，在后续内容中还会了解到关于库项目和行为的关系。当创建一个库项目，并且它包括一个附有 Dreamweaver 行为的元素时，Dreamweaver 会将该元素及其事件处理程序（用于指定哪个事件触发动作，如 onClick、onLoad 或 onMouseOver，以及事件发生时调用哪个动作的属性）复制到库项目文件中。但是，Dreamweaver 不会将关联的 JavaScript 函数复制到库项目中。相反，当向文档中插入库项目时，Dreamweaver 通常会自动向该文档的 head 部分插入适当的 JavaScript 函数。

6.1.3　模板与库的功能比较

模板和库都是批量制作和管理网页的技术。模板主要针对网页的版式进行设计，利用模板可以快速设计出版式相同或相近的页面。库主要针对页面的某些元素设计，利用库项目可以对不同页面的相同网页元素进行管理。

模板规定了网页中不可编辑的页面内容，这些页面内容将呈现在关联页面的相同的位置。而库项目在网页中没有固定的位置，一个库项目在页面中使用时，可以出现在任何位置上，也可以在一个页面中多次使用同一个库项目。

如果将模板中的页面元素设为库项目，则更改该库项目后，使用该模板的所有页面都可能更新。

6.2   模板的应用

使用模板技术设计制作网页主要涉及 3 方面的内容，即：创建与编辑模板、管理模板以及应用模板创建网页，本节将对相关知识作详细介绍。

6.2.1   模板的创建与编辑

1. 创建模板

创建模板有两种方法，既可以利用已有文档创建模板，也可以从新建的空文档创建模板。一般过程为：打开文档→将文档另存为模板→保存模板。

① 打开要创建为模板的文档。若要利用已有文档创建模板，则打开要创建模板的文档；若要从新建的空文档创建模板，则选择"文件/新建"命令，打开一个新的空文档。

② 将当前文档另存为模板。选择"文件/另存为模板"命令，打开"另存为模板"对话框，从"站点"下拉列表中选择一个用来保存模板的站点，并在"另存为"文本框中为模板输入名称，如图 6-6 所示。

③ 单击"保存"按钮，将模板保存在默认位置。

说明：

① Dreamweaver 将模板文件保存在站点的本地根文件夹中的 Templates 文件夹中，使用文件扩展名.dwt。如果该 Templates 文件夹在站点中尚不存在，Dreamweaver 将在保存新建模板时自动创建该文件夹。

② 当另存为模板的文档含有超链接时，将出现图 6-7 所示对话框，提示是否更新已有的链接。单击"是"按钮后，Dreamweaver 将更新链接，以保持正确的链接指向。因为模板保存在 Templates 文件夹中，当将页面另存为模板时，文档相对链接的路径将更改。在 Dreamweaver 中，当基于该模板创建新文档时，文档中所有的相对链接将被更新以继续指向正确的文件。

③ 使用 Dreamweaver 的资源面板也可以创建模板。图 6-8 所示为资源面板的"模板"对话框。单击"资源"面板底部的"新建模板"按钮 ，一个新的、无标题模板即空模板将被添加到"资源"面板的模板列表中。

图 6-6　"另存为模板"对话框　　　　图 6-7　"更新链接"对话框

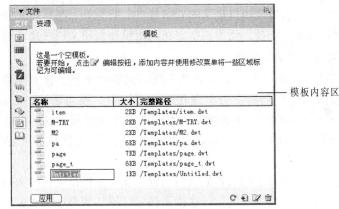

图 6-8　利用资源面板创建模板

2．打开模板

打开模板是对模板进行编辑操作的第一个步骤。由于模板也是文档，因此可以按照打开普通文档的方法打开它。当然，模板又是特殊的文档，因此也可以利用模板面板，采用特殊的方法来打开它。

（1）按照打开普通文档的方法打开模板

站点中所有的模板存储在 Templates 文件夹中，它们带有.dwt 的扩展名。只要从站点窗口中选择要打开的模板项，双击其图标，即可启动 Templates 的文档窗口，载入模板文件。

例如，在图 6-9 所示文件面板中，在模板文件名 page-t.dwt 上双击即可在 Dreamweaver 的文档窗口中打开该模板文档。

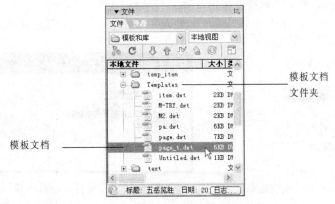

图 6-9　利用文件面板打开模板

（2）在模板面板中打开模板

打开图 6-8 所示的模板面板后，当前站点中所有的模板都将显示在模板文档列表中。选中要编辑的模板，双击模板项，或是单击模板面板右下角的编辑钮 ，即可启动 Dreamweaver 的文档窗口，载入模板文档。

载入模板文档后，Dreamweaver 文档窗口上的标题栏会显示"<<模板>>"字样，如图 6-10 所示，标明当前编辑的是模板文档。

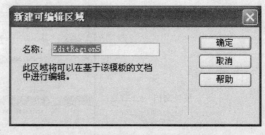

图 6-10 模板文件的文档窗口标题栏

模板文档载入后，即可对模板文档进行编辑操作。可以按照编辑普通文档的方法，输入文本、添加图像等，也可以使用自定义的 CSS 样式、行为等。与普通文档不同的是，对模板的编辑除使用普通的编辑操作外，还需要指定在利用模板创建文档时允许编辑的区域。

3．设置模板的可编辑区域

构建模板的目的是为了批量生成具有统一风格的文档，这意味着在模板中出现的内容，在将来通过模板构建文档时，会出现在每个文档中，换句话说，在模板中的内容应该是各文档的共有内容。然而在生成文档时，用户可能在无意间对这些共有内容进行修改或删除，从而失去文档的统一风格，因此 Dreamweaver 利用可编辑区域和锁定区域的概念，来避免这种失误。

在模板中采用常规方法输入和编辑的内容，在通过模板生成的文档中都是不可修改的，它们固定出现在文档中相应的位置上，这就是锁定区域。如果希望在生成的文档中对模板原有内容进行修改，则需要在模板中标记可编辑区域。

默认设置下，模板文档的所有区域都是锁定区域。要在生成的文档中能够对模板现有区域进行编辑，须将这些区域标记为可编辑区域。

标记可编辑区域通常有两种方式：一是在模板文档中插入新的可编辑区域；二是将现有内容标记为可编辑区域。

（1）在模板文档中插入新的可编辑区域

一般操作过程如下：

① 打开模板文件，将插入点放置在要标记为可编辑区域的位置。

② 选择"插入/模板对象/可编辑区域"命令，或使用如图 6-11 所示插入工具栏的模板按钮 ，打开如图 6-12 所示"新建可编辑区域"对话框。

图 6-11 插入工具栏的模板按钮　　　　图 6-12 "新建可编辑区域"对话框

③ 在"名称"文本框中输入可编辑区域的名称，如输入"New_EditRegion"，单击"确定"按钮后，即创建可编辑区域，如图 6-13 所示。

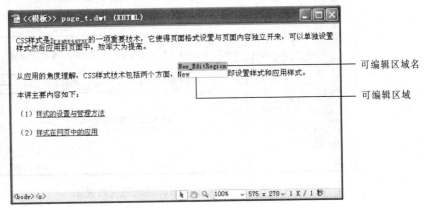

图 6-13　在模板文档中插入可编辑区域

在模板中，可编辑区域由高亮显示的矩形边框围绕，该边框使用在首选参数中设置的高亮颜色。该区域左上角的选项卡显示可编辑区域的名称。在文档中插入空白的可编辑区域时，区域的名称会出现在该区域内部。它实际上只是一个占位符，表明当前可编辑区域的位置。在通过模板构建文档时，用实际内容替换这些文字。

（2）将现有内容标记为可编辑区域

选中模板文档中的文字、图像或 AP 元素等内容后，进行如上所述的建立可编辑区域操作，即可将选中对象标记为可编辑区域，如图 6-14 所示。

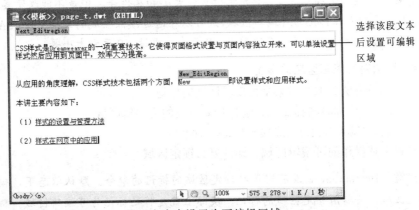

图 6-14　将现有内容设置为可编辑区域

图 6-15 是图 6-14 所示模板文档的代码视图，从代码中可以看到，可编辑区域用特殊的标签进行了标记。一般形式为：

```
<!-- TemplateBeginEditable name="可编辑区域名称" -->
可编辑区域内容
<!-- TemplateEndEditable -->
```

利用这种标记，Dreamweaver 可以识别文档中的可编辑区域内容以及可编辑区域的名称。

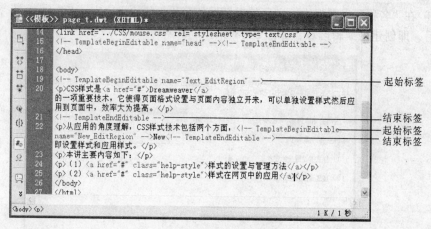

图 6-15　定义了可编辑区域的代码视图

说明：

①　在模板中，设计者可以对所有的文档内容，包括锁定区域和可编辑区域进行任意的编辑，这很显然，因为这样才可以保证对模板的完全控制。但是在通过模板构建的文档中，只能编辑位于可编辑区域中的内容，锁定区域的内容无法编辑。

②　整个表格可以都被标记为可编辑区域，但是如果希望将单元格标记为可编辑区域，则只能将每个单元格分别标记为可编辑区域，而不能将多个单元格标记为一个可编辑区域。

③　AP 元素和 AP 元素中的内容是不一样的。如果仅将 AP 元素标记为可编辑区域，则可以在通过模板生成的文档中改变 AP 元素位置、大小和属性等，但是不能改变其中的内容；如果仅将 AP 元素的内容标记为可编辑区域，则可以在通过模板生成的文档中修改 AP 元素中的内容，但是不能改变 AP 元素属性，无法移动 AP 元素、重设 AP 元素大小等。

4．取消对可编辑区域的标记

按照如下方法，取消对某个可编辑区域的标记：

①　在文档或标签选择器中，选择想要更改的可编辑区域。

②　选择"修改/模板/删除模板标记"命令。

经过上述操作的可编辑区域，即恢复为锁定区域。

注意：Dreamweaver 没有取消对锁定区域的标记的命令。默认状态下，模板中的内容都处于锁定区域。要取消锁定区域的标记，实际上就是将之标记为可编辑区域。

6.2.2　模板的管理

1．在站点窗口中查找模板文件

站点中的模板存储在站点文件夹中的"Templates"目录中，虽然从模板面板的模板列表中可以看到当前站点中所有的模板列表，但是有时候，我们或许希望知道它们在站点中对应哪个文件。

Dreamweaver 可以帮助从站点窗口中查找模板文件，方法如下。

①　在模板面板中的模板列表中，选择要查找的模板。

② 单击模板面板右上角的三角形按钮，打开面板菜单，如图 6-16 所示，选择"在站点定位"命令后，则自动切换到站点窗口中，同时打开相应的文件夹，并定位该模板文件。

图 6-16　定位模板文件

2．重命名模板

要重命名模板，一般采用如下的方法：

① 在模板面板中的模板列表中，单击要重新命名的模板项名称，激活其文本编辑状态；也可以单击面板右上角的三角形按钮，打开面板菜单，然后选择"重命名"命令，同样会激活其文本编辑状态。

② 输入需要的新名称。

③ 单击模板名称区域外任意位置，或是按下回车键，即可重新命名模板。

如果希望取消对模板的命名，在文本编辑状态尚处于激活状态时，可以按下 Esc 键。否则，只能重新输入。

对模板的重命名实际上就是对模板文件的重命名，可以从站点窗口的相关目录中看到重新命名后的模板文件，因此，也可以在站点窗口中直接对模板进行重命名。

3．删除模板

要删除模板，一般采用如下方法：

① 在模板面板的模板列表中，选择要删除的模板项。

② 单击面板右上角的三角形按钮，打开面板菜单，然后选择"删除"命令，或直接单击模板面板右下角的删除按钮 。这时，Dreamweaver 会打开一个对话框，提示确认删除操作。

③ 确认删除操作后，即可将模板从站点中删除。

删除模板的操作实际上就是从本地站点的"Templates"目录中删除相应的模板文件。因此，也可以直接在站点窗口中找到要删除的模板文件，然后将其删除。

注意：对模板的删除操作应慎重进行，因为文件被删除后，无法恢复。

6.2.3　应用模板

1．创建基于模板的文档

要基于模板创建新文档，一般按照如下方法进行操作：

① 选择"文件／新建"命令，打开"新建文档"对话框，然后单击"模板中的页"选项，如图 6-17 所示。

② 在"站点"列表中，选择包含要使用模板的 Dreamweaver 站点，然后从右侧的列表中选择一个模板。

③ 单击"创建"按钮后，即可启动一个新的 Dreamweaver 文档窗口，并根据模板创建新的文档。图 6-18 所示是基于 page_t.dwt 模板创建文档时的对话框。

在新文档中将显示模板文件中的所有内容。当移动鼠标到被模板锁定的区域时鼠标显示为状态，禁止对锁定的区域进行任何编辑操作。对于那些可编辑区域的内容，此时可进行正常的编辑操作，编辑方法与普通文档的编辑相同。

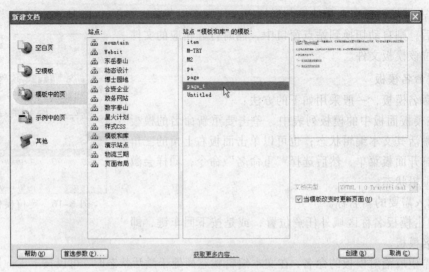

图 6-17　"新建文档"对话框

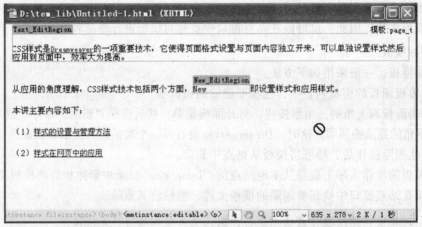

图 6-18　基于 page_t.dwt 模板创建文档时的对话框

当然，也可以通过资源面板，建立基于模板的文档。一般过程如下：

① 打开资源面板，打开模板窗口。

② 在模板列表中选择模板后右击，打开快捷菜单，从中选择"从模板新建"命令，如图 6-19 所示，此时即打开如图 6-18 所示基于模板建立文档的窗口。

③ 进行编辑操作，然后保存新建文档。

2．在现有文档上应用模板

在 Dreamweaver 中，不仅可以通过模板构建新文档，而且可以在现有文档中应用模板。将模板应用到包含内容的文档时，Dreamweaver 会尝试将现有内容与模板中的区域进行匹配。如果应用的是现有模板的修订版本，则名称可能会匹配。

如果将模板应用到一个尚未应用模板的文档

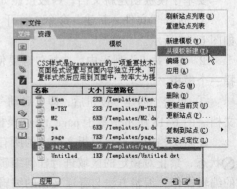

图 6-19　利用资源面板建立基于模板的文档

时，则没有可编辑的区域可以进行比较，且会出现不匹配的情况。Dreamweaver 将跟踪这些不匹配的情况，设计人员可根据具体情况将当前页的某些内容移动到相应区域，或者删除这些不匹配的内容。

在现有文档上应用模板的一般方法如下：

① 打开要应用模板的文档。

② 在模板面板中选择要应用的模板，然后将其拖动到文档窗口中。

说明：当对现有的文档应用模板时，文档和模板在区域上应有一定的对应关系，否则，模板在文档中将不能正常应用。

3．从模板分离文档

若要更改基于模板的文档的锁定区域，必须将该文档从模板分离。将文档分离之后，整个文档都将变为可编辑的。

从模板分离文档的一般操作如下：

① 打开想要分离的基于模板的文档。

② 选择"修改/模板/从模板中分离"命令。

说明：文档从模板分离后，Dreamweaver 将删除该文档中的所有模板代码，在文档窗口中不再存在任何锁定区域，所有的区域都是可编辑的。有时候利用这种方法，可以实现对文档的全方位控制。在对该文档重新应用模板之前，对模板的任何操作不会对该文档有任何影响。

4．修改模板和更新站点

在 Dreamweaver 中，如果修改了模板，则可以通过相应的命令，对文档中指定页面或所有应用模板的页面重新应用模板。即，可以利用 Dreamweaver 的站点管理特性，批量更新所有应用同一模板的文档。

（1）打开文档的附加模板

在通过模板创建文档后，文档就同模板密不可分。将这种文档称为附着模板的文档。以后在每次修改模板后，可以利用 Dreamweaver 的站点管理特性，自动对这些文档进行更新，从而改变文档风格。

有时候希望了解文档到底基于什么模板而创建，或是希望修改模板，更新文档风格，则可以利用下面的方法，打开文档的附加模板。

① 打开附着模板的文档。

② 使用"修改/模板/打开附加模板"命令。这时会启动 Dreamweaver 的文档窗口，载入相应的模板。此时可对模板进行编辑。

（2）更新当前页

如果希望对某个文档进行更新，可以采用如下的方法：

① 打开文档附着的模板，按照需要进行修改，并保存。

② 打开要更新的文档。

③ 使用"修改/模板/更新当前页"命令。这时当前文档的风格就被更新了，也即重新应用了修改后的模板。

（3）更新整个站点

如果希望将整个站点中应用同一模板的文档进行批量更新，可以按照如下方法进行操作：

① 打开相应的模板，按照需要进行修改，并保存。

② 在文档窗口中，打开"修改/模板/更新页面"菜单。这时会出现图 6-20 所示"更新页面"对话框，提示选择更新方式。

③ 在"查看"下拉列表框中设置更新的范围。当选用"整个站点"选项时，则对整个站点中所有的文档进行更新。被更新的站点为其右方站点下拉列表中选用的站点。选择该项会导致站点中的所有文档分别重新应用它们各自所使用的模板。

若在"查看"下拉列表框中选择"文件使用"项，如图 6-21 所示，则对站点中所有使用某一模板的文档进行更新。从右方的下拉列表中，可以选择文档所附着的模板。不使用该模板的其他文档则不被更新。

图 6-20 "更新页面"对话框

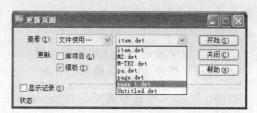

图 6-21 更新指定模板的文档

对图 6-21 所示的"更新页面"对话框中，单击"开始"按钮后，站点内所有使用 page_t.dwt 模板的文档将被立即更新。

5．导入和导出 XML 内容

XML 是可扩展标记语言（Extensible Markup Language）的简称，它是一种结构化文档的标记语言，它允许根据需要按照某种规范自行定义语言标记。

在 Dreamweaver 中，可以利用 X M L 的导入和导出特性来操作 XML 内容。利用 XML 的导出特性，可以将当前文档中的可编辑区域导出到外部文档中，以便在 Dreamweaver 环境之外使用；利用 XML 的导入特性，可以将外部的 XML 文档内容导入到现有的 Dreamweaver 模板中。

（1）导出 XML 档

将文档中的可编辑区域导出到外部文档的一般操作过程如下：

① 打开通过模板建立的文档，在其中包含相应的可编辑区域。

② 使用"文件/导出/作为 XML 的数据模板"命令，打开图 6-22 所示的对话框，选择导出可编辑区域时使用的标记方式，然后单击"确定"按钮。

③ 在出现的 Windows 标准文件操作对话框中，选择要保存文件的文件夹，输入要生成的 XML 文件名称。单击"保存"按钮后，即可将现有文档导出为 XML 文档。

（2）导入 XML 文档

导入 XML 文档的一般操作过程如下：

① 在 Dreamweaver 环境中选择"文件/导入/XML 到模板"命令，打开图 6-23 所示对话框。

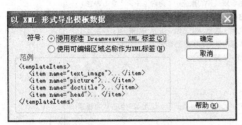

图 6-22 "以 XML 形式导出模板数据"对话框　　　　图 6-23 "导入 XML"对话框

② 选中要导入的 XML 文件，单击"打开"按钮，即可导入 XML 文档。

在导入 XML 文档时，Dreamweaver 会将 XML 文档内容同 XML 中指定的模板相融合，并在一个新的 Dreamweaver 窗口中显示它。

6.2.4　模板应用示例

在网页中使用模板技术的一般过程如下：

① 制作模板。

② 使用模板创建网页。

③ 通过模板更新网页。

下面通过一个示例，具体说明在网页中应用模板技术的基本过程。

【例 6.1】应用模板技术设计如图 4-35、图 6-1～图 6-4 所示"五岳览胜"的一组页面，并将所有网页中右上部区域的"五岳览胜"更换为"会当凌绝顶，一览众山小"。

实现本例要求应经过以下环节：

① 制作模板文档，并在文档中设置可编辑区域。

② 应用模板文档创建新文档。

③ 按照目标页面要求，在新文档中修改可编辑区域的内容，生成符合要求的页面。

④ 修改模板内容，以批量更新"五岳览胜"的所有页面。

设计与操作过程：

1. 利用模板设计页面

（1）制作模板

首先将图 4-35 所示的网页文件 new-taishan.html 另存为 page_1.html，利用 page_1.html 制作模板。操作如下：

打开文档 page_1.html，使用"文件/另存为模板"命令，将其另存为模板 page.dwt，并立即更新所有链接。

（2）设定可编辑区域

① 在 page.dwt 文档窗口中，单击文档窗口左上角图片，然后在状态栏中单击<td>标签，选中图片所在单元格，如图 6-24 所示。

图 6-24　选中图片所在单元格

② 设定选中区域为可编辑区域。选择"插入/模板对象/可编辑区域"命令，将当前选中单元格设定为可编辑区域，命名为 picture。

③ 用上述方法将右下部区域设为可编辑区域，命名为 text_image。

④ 保存模板文档，完成模板设置。图 6-25 所示为完成后的模板文档 page.dwt。

可编辑区域 ——  —— 可编辑区域

图 6-25　设定了可编辑区域的模板文档

（3）对 page_1.html 文档应用模板 page.dwt

页面文档 page_1.html 只是生成模板 page.dwt 的基础文档，并没有附加模板 page.dwt，要想使模板 page.dwt 对其发生作用，必须对其附加模板 page.dwt。操作如下：

① 打开文档 page_1.html。

② 打开资源面板，选择"模板"类别，打开模板窗口。

③ 选择模板文档名 page.dwt，将其拖动到 page_1.html 文档窗口中，如图 6-26 所示。

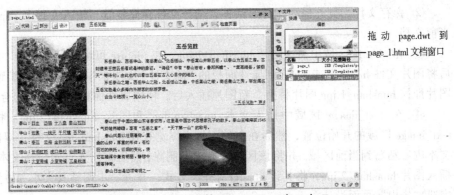

拖动 page.dwt 到
page_1.html 文档窗口

图 6-26 拖动模板 page 到文档 page_1.html 窗口中

④ 松开鼠标后显示图 6-27 所示 "不一致的区域名称" 对话框，此时需进行以下操作：

● 选择 "可编辑区域" 项为 "Document body"，在 "将内容移到新区域" 下拉列表中选择 "不在任何地方"。

● 选择 "可编辑区域" 项为 "Document head"，在 "将内容移到新区域" 下拉列表中选择 "head"。

● 单击 "确定" 按钮。模板 page.dwt 即应用于当前文档中。

在 page_1.html 文档中应用模板后，模板中的可编辑区域标记将显示在 page_1.html 文档的对应位置上，同时在文档右上角显示所使用的模板文件名 page。

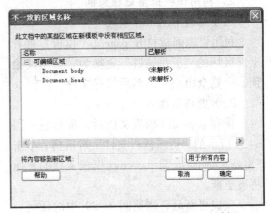

图 6-27 "不一致的区域名称" 对话框

（4）利用模板设计 "五岳览胜" 的系列页面

① 创建基于 page.dwt 模板的文档。打开资源面板，在模板类别中选择 page 模板，然后在资源命令列表中选择 "从模板新建" 命令，打开基于 page.dwt 模板的文档窗口，如图 6-28 所示。

可编辑区域
picture

可编辑区域
text_image

图 6-28 基于 page.dwt 模板创建文档

② 保存文件。打开保存文件对话框，选择文件存储位置，输入文件名 page_2.html 后存储当前文档。

③ 在 picture 区域中插入图片 huashan_1.jpg。在 picture 可编辑区域单击"泰山"图片，然后将图片文件 huashan_1.jpg 拖到属性面板的"源文件"文本框中，picture 可编辑区域的"泰山"图片即被 huashan_1.jpg 图片替换。新图片插入后，使用属性面板调整图片为合适大小。

④ 在 text_image 区域中插入文本 huashan.doc 和图片 huashan_2.jpg。将插入点定位在 text_image 区域的开始位置，然后在文件面板中浏览查找 huashan.doc 文件，双击将其打开，将文本内容粘贴到当前区域，并将该区域原有内容删除；然后将插入点定位在文本中的任意位置，插入图片 huashan_2.jpg，将其设为"右对齐"方式，并进一步调整其大小和位置后保存文档，完成"华山"页面设计。

⑤ 按照上述方法完成"衡山"、"恒山"、"嵩山"页面的设计。

2．利用模板批量更新页面

（1）修改 page.dwt 模板

利用资源面板打开 page.dwt 模板，将右上部区域的"五岳览胜"更换为"会当凌绝顶，一览众山小"，然后保存文件。

（2）更新页面

保存 page.dwt 模板文档后，屏幕显示图 6-29 所示的"更新模板文件"对话框，单击"更新"按钮后，与 page.dwt 模板关联的页面将被更新。

完成更新后，浏览图 6-29 中的任何一个文件，都会看到更新后的结果。

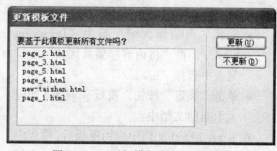

图 6-29 "更新模板文件"对话框

6.3　库项目的应用

库项目主要针对页面的某些元素设计，利用库项目可以对不同页面的相同网页元素进行管理。库项目技术的主要内容是创建库项目、管理库项目和应用库项目。

6.3.1　创建库项目

在 Dreamweaver 中，创建库项目的方式有两种：一种是基于文档内容创建项目；另一种是创建空白项目，其具体的操作方法稍有不同。

1．基于文档内容创建库项目

可以将单独的网页元素创建为库项目，也可以将多个网页元素的组合创建为库项目。创建库项目的一般过程如下：

① 打开要创建项目的文档，打开资源面板，选择库类别。

② 在文档窗口中，选择要保存为库项目的内容，然后将选中的内容拖动到库面板中，如图 6-30 所示。

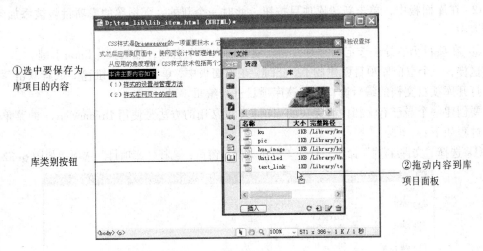

①选中要保存为
库项目的内容

库类别按钮

②拖动内容到库
项目面板

图 6-30 创建项目窗口图

③ 拖动内容到项目区后松开鼠标，资源面板如图 6-31 所示。

库项目内容

默认库项目文件名

图 6-31 资源面板中的库项目内容

④ 必要时，修改默认的库项目文件名称，命名库项目文件，完成项目的创建。当然，建立库项目也可使用其他方法。以下任何一种方法都可创建库项目。

● 在文档窗口中选择内容后，单击库面板的"新建库项目"按钮 ⊞。
● 在文档窗口中选择内容后，单击库面板右上角的三角形按钮，打开面板菜单，使用库面板的"新建库项"命令。
● 在文档窗口中选择内容后，选择 Dreamweaver 的"修改/库/增加对象到库"命令。

建立库项目后，在文档中的库项目内容被标记为浅黄色，以区别于普通的文档内容。在文档中，Dreamweaver 禁止对库项目中的元素进行编辑操作，但是允许从文档中将库项目删除。

2．创建空白库项目

基于文档内容创建项目时需要在文档中选择内容，而创建空白库项目时则不能选择任何内容。一般过程如下：

① 确保没有在"文档"窗口中选择任何内容。如果选择了内容，则该内容将被放入新的库项目中。

② 在库面板中，单击新建库项目按钮。此时一个新的、无标题的库项目将被添加到库项目列表中。

③ 在项目仍然处于选定状态时，为该项目输入一个名称，然后按【Enter】键。

这样，一个空白库项目就建成了。此时，在库面板中，单击编辑按钮 ，或者双击库项目，即可打开库项目文档的编辑窗口，对该库项目进行编辑。

要创建一个与已有文档内容无关的库项目，更常用的方法是使用 Dreamweaver 的菜单命令，操作过程如下：

① 选择"文件/新建"命令，打开"新建文档"窗口，选择"库项目"选项，如图 6-32 所示。

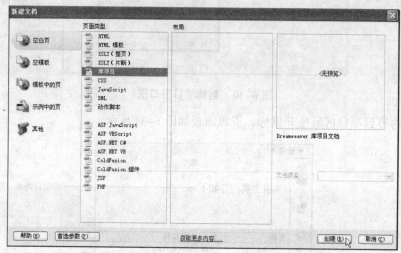

图 6-32　利用"新建文档"对话框创建库项目

② 单击"创建"按钮，打开库项目文档编辑窗口，编辑库项目后保存，完成库项目创建。

创建库项目后，用文件面板浏览站点，会发现在站点文件夹下增加了 Library 文件夹，打开该文件夹，即可浏览已有的库项目。

6.3.2　管理库项目

在 Dreamweaver 中，常用的库项目管理操作有查找库项目文件、库项目重命名、删除库项目等。

1．在站点窗口中查找库项目文件

站点中的库项目文件都存储在站点目录中的"Library"文件夹中，利用如下的方法，可以从站点窗口中快速查找相应的库项目文件。

① 在库项目面板中选择要查找的库项目。

② 单击面板右上角的三角形按钮，打开面板菜单。

③ 选择"在站点中定位"命令，这时会自动切换到站点窗口中，同时打开相应的文件夹，并定位库项目文件。

2．重命名库项目

要对库项目重新命名，可以按照如下方法进行操作。

① 从库面板的库项目列表中选择要重新命名的库项目。

② 在要重新命名的库项目项名称上单击，激活其文本编辑状态；也可以打开面板菜单，选择"重命名"命令，同样会激活其文本编辑状态。

③ 输入新名称。

④ 设置完毕，单击库项目文字编辑区之外任意位置，或是按下回车键，即可完成对库项目的重命名。

如果希望取消对库项目的命名，在文本编辑状态尚处于激活状态时，可以按下 Esc 键。否则，只能重新输入。

对库项目的重命名实际上就是对库项目文件的重命名，因此，可以从站点窗口的相关文件夹中查找要命名的库项目文件，直接重命名库项目。

3．删除库项目

要删除库项目，可以采用如下方法。

① 从库面板中的库项目列表中，选中要删除的库项目项。

② 单击面板右上角的三角形按钮，打开面板菜单，然后选择"删除"命令，或是直接单击面板右下角的删除库项目按钮🗑。这时 Dreamweaver 会打开一个删除确认对话框，确认后，库项目将被删除。

删除库项目的操作实际上就是从本地站点的"Library"目录中删除相应的库项目文件。因此，也可以直接在站点窗口中找到要删除的库项目文件，然后将其删除。

说明：

① 删除库项目的操作只是删除了库项目文件，任何已经插入到文档中的库项目内容不会被删除。即，删除库项目，不会更改任何使用该项目的文档内容。

② 删除一个库项目后，将无法通过使用"撤销"操作将其恢复。

6.3.3　在文档中使用库项目

1．在文档中插入库项目

在文档中插入库项目的一般过程如下：

① 在文档窗口中，将插入点放置到要插入库项目的位置。

② 从库项目列表中选择要插入的库项目。

③ 单击库项目面板上的"插入"按钮，或将库项目从库面板中拖动到文档窗口中。

此时文档中会出现库项目所表示的文档内容，同时以淡黄色高亮显示，表明是一个库项目。

利用上面的方法插入库项目，实际上是将库项目中的代码在文档中复制了一份，然后在代码的开头和结尾添加相应的提示标记，其结构如下所示。

```
<!-- #BeginLibraryItem "(库项目文件在站点中的路径和名称)" -->
(库项目内容)
<!-- #EndLibraryItem -->
```

在文档窗口中，库项目是作为一个整体出现的，无法对库项目中的局部内容进行编辑。

如果希望仅仅添加库项目内容对应的代码，而不希望它作为库项目出现，可以按住【Ctrl】键，再将相应的库项目从库面板中拖动到文档窗口里。这时插入的内容以普通文档的形式出现，可以随意编辑它。当更新库项目时，以这种方式使用项目的页面不会随之更新。

2．编辑库项目

编辑库项目的一般过程如下：

① 在库面板中选择要编辑的库项目。

② 单击面板底部的编辑按钮或双击库项目。

③ Dreamweaver 将打开一个用于编辑该库项目的新窗口，并载入相应的库项目内容。此时，在文档窗口的标题栏上，会显示"<<库项目>>"字样。

④ 按照正常的文档编辑方法，对库项目内容进行编辑。保存库项目文档的编辑结果时，凡是应用该库项目的文档都会更新。

例如，假若文档 lib_item.html 和 lib_item_1.html 都应用了当前库项目，那么保存库项目文件时将会显示图 6-33 所示的"更新库项目"对话框。选择"更新"将更新本地站点中所有包含编辑过的库项目的文档；选择"不更新"将不更改任何文档，直到使用"修改/库/更新当前页"或"更新页面"命令才进行更改。

图 6-33　"更新库项目"对话框

3．更新页面

更新页面包括两种情况：一是更新整个站点或所有使用特定库项目的文档；二是要更改当前文档，以使用所有库项目的当前版本。

更新整个站点或所有使用特定库项目的文档，一般按如下过程操作：

① 选择"修改/库/更新页面"菜单，打开图 6-34 所示"更新页面"对话框。

图 6-34　"更新页面"对话框

② 在"查看"下拉列表中执行下列操作之一：

- 选择"整个站点"，然后从相邻的下拉列表中选择站点名称。这会更新所选站点中的所有页面，使其应用所有库项目的当前版本。
- 选择"文件使用"，然后从相邻的下拉列表中选择库项目名称。这会更新当前站点中所有使用所选库项目的页面。
- 确保在"更新"选项中选择了"库项目"，然后单击"开始"按钮，Dreamweaver 将按照设定更新文件。

若只更改当前文档，以使用所有库项目的当前版本，则只需选择"修改/库/更新当前页"即可。

4．将文档中的库项目内容与库项目分开

在文档窗口中插入的库项目内容是作为一个整体存在的，无法直接在文档中对其进行编辑，有时候并不希望它作为一个库项目存在，而希望它作为普通的文档内容，则可以按照如下方法，使其与库项分离。

① 选中该库项目内容。

② 单击属性面板中的"从源文件中分离"按钮，弹出图 6-35 对话框后，单击"确定"按钮。

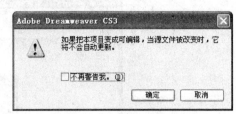

经过上述操作之后，就解除了插入到文档中的库项目内容与原始库项目之间的关系，该项内容即可进行自由编辑。一旦进行上述操作之后，相关内容也就不能再利用 Dreamweaver 的库项目自动更新。

图 6-35　分离库项目的确认对话框

5. 重建库项目

Dreamweaver 通过"重新创建"的方式，在文档中恢复意外丢失或删除了的库项目。一般过程如下：

① 在相应文档中选择该项目的一个实例。

② 在属性面板中单击"重新创建"按钮。

如果库项目不存在，则会重建库项目。如果库项目存在，则会出现一个对话框，提示是否要覆盖它。单击"确定"按钮后，即可将其覆盖。

6.3.4　库项目应用示例

在网页中应用库项目一般要经过如下环节：

① 创建库项目。

② 在文档中插入库项目。

③ 通过修改库项目实现网页内容的更新。

下面通过一个示例，具体说明在网页中应用库项目的过程。

【例 6.2】用库项目管理"五岳览胜"页面，具体要求如下：

① 用库项目管理图片。将图 6-1 所示"五岳览胜"之华山页面中右下区域的图片用库项目进行管理。

② 用库项目管理超链接。将"五岳览胜"导航区中"友情链接"的所有超链接用库项目进行管理。

实现本例要求须经过以下环节：

① 创建基于华山页面文档 page_2.html 的库项目，库项目内容为页面中指定的图片。

② 创建基于模板文档 page.dwt 的库项目，库项目内容为导航区中"友情链接"的所有超链接。

设计与操作过程：

1. 用库项目管理图片

① 打开"五岳览胜"之华山页面文档 page_2.html，打开资源面板的库面板。

② 将文档中的图片（huashan_2.jpg）拖动到库面板的项目列表区，将库项目命名为 hua_image。

③ 编辑库项目文档 hua_image。

a. 在库项目列表区中双击项目 hua_image，将项目在文档窗口中打开。

b. 在属性面板的"替换"文本框中输入"华山风光"，并根据需要编辑其他内容。如图 6-36 所示。

图 6-36　编辑库项目

④ 建立库项目后，通过在库文件中更新库项目，即可更新有关页面。例如，当需要用图片 huashan_5.jpg 替换 hua_image.lib 中的项目图片 huashan_2.jpg 时，只需打开库项目，用图片 huashan_5.jpg 替换原有图片，然后更新库项目即可。

2. 用库项目管理超链接

由于"五岳览胜"的导航区在模板 page.dwt 中创建，因此，我们使用模板 page.dwt 创建库项目。

① 打开模板文档 page.dwt，打开资源面板的库面板。

② 在模板文档中选中超链接"旅游知识 环球旅游 高山流水"并拖动到库面板中，命名项目为 text_link，如图 6-37 所示。

图 6-37　创建超链接项目

③ 保存文档后，显示图 6-38 所示"更新模板文件"对话框，单击"更新"按钮，弹出图 6-39 所示"更新页面"对话框，单击"更新"按钮后，完成页面更新。

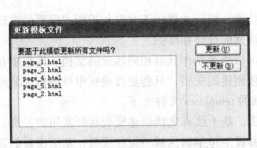

图 6-38 "更新模板文件"对话框

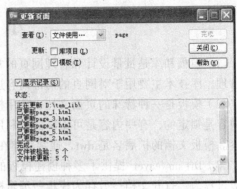

图 6-39 "更新页面"对话框

④ 利用库项目文件 text_link.lib 更新页面。

a. 在库面板中打开库项目文档 text_link.lib，将超链接"高山流水"更改为"名山大川"，并根据具体情况，更新其超链接的 URL，如图 6-40 所示。

图 6-40 更改库项目中的超链接

b. 保存编辑结果，显示图 6-41 所示"更改库项目"对话框，单击"更新"按钮后，弹出图 6-42 所示"更新页面"对话框，开始更新相关文件中的库项目内容。

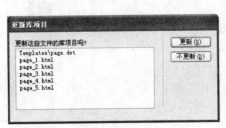

图 6-41 "更新库项目"对话框

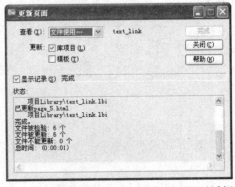

图 6-42 更新库项目的"更新页面"对话框

说明：只有在"更新页面"对话框中选中"显示记录"时，才会显示更新状态的记录列表。

小　　结

（1）模板和库是批量设计和管理网页的常用技术，模板主要用于具有相近版式网页的设计和管理，库技术主要用于对网页的局部内容进行快速的设计和维护。

（2）模板是一种特殊的页面文档，使用模板可以快速制作具有相同版式的文档。模板中有些内容是锁定的，有些内容是可编辑的。利用模板创建的文档，只能更改模板中可编辑区域的内容。模板文档的扩展名是.dwt，通常存储在站点的 templates 文件夹下。

（3）Dreamweaver 提供了多种创建模板的方法，基于已有文档创建模板是最常用的方法，一般过程为：打开文档→另存为模板→编辑模板并设定可编辑区域→保存模板；基于模板创建文档的一般过程为：文件→新建→选择模板→编辑可编辑区域→保存文档。

（4）库是由库项目构成的一类特殊资源，当把站点页面的元素设置为库的一个项目后，通过库技术改变该项目内容后，所有使用该项目的页面都可以自动更新。库项目在页面中使用时，可以出现在任何位置上，也可以在一个页面中多次使用同一个库项目，一个页面也可以使用多个不同的库项目。库项目文件的扩展名是.lbi，通常存储在站点的 Library 文件夹下。

（5）Dreamweaver 提供了多种创建库项目的方法。基于文档内容创建项目的一般过程为：打开文档→选定内容→创建项目→保存项目；创建空白项目的一般过程为：打开文档→设定插入点→创建项目→保存项目。

（6）已经使用了模板的文档可以从模板中分离出来，分离了模板的文档不会再受模板的任何影响；文档中的库项目内容也可以与库项目分开，与库项目分开后的内容不会再受库项目的任何影响。

（7）Dreamweaver 中管理和使用模板及库项目的常用工具是资源面板，使用资源面板能够方便地实现模板及库项目的创建、编辑、管理及应用。

习　题　六

1．简述模板和库项目在网页设计和管理中的作用。

2．模仿"五岳览胜"的一组网页，设计一组以"青春风采"为主题的网页，要求使用模板和库技术。

第 7 章　表　单

本章概要

　　表单是动态网页必不可少的页面元素，要使网页具有与用户的交互功能，就应在网页中设置表单，动态网页通过表单接受用户的输入信息，并将这些信息提交到 Web 服务器进行处理。

　　Dreamweaver 的表单包括若干个表单对象，如文本域、单选按钮、复选框、图像域、按钮等，不同的表单对象具有不同的功能和属性。本章对表单及表单对象的功能、属性设置、使用方法等进行详细介绍，本章最后是一个注册表单示例，该示例详细介绍了网页中表单的设计过程。

教学目标

- 掌握创建表单和设置表单属性的方法。
- 熟悉文本域、单选按钮、复选框、图像域、列表/菜单、跳转菜单、按钮、文件域、隐藏域等常用表单对象的功能及主要属性，掌握这些表单对象的使用方法。
- 能够对文本域表单对象进行数据检查。
- 能够设计具有表单的网页。

7.1　表　单　概　述

　　表单是用于实现浏览者与网页之间信息交互的一种网页元素，在 Internet 中表单被广泛应用于信息的搜集与反馈，是网站与浏览者之间进行信息交流沟通的桥梁。有了表单，网站不仅是信息提供者，同时也是信息收集者。

　　能够提供信息调查、订单管理、数据检索等功能的网站，其相关网页中就要设置和使用表单。图 7-1 所示"百度"主页中的"百度一下"按钮及其左侧的文本框、图 7-2 所示"网易通行证"页面中的文本框、列表、单选按钮等都使用了表单技术。

图 7-1　"百度"主页

图 7-2　"网易通行证"注册页面

上面所述的文本框、列表、按钮等统称为"表单对象"，而"表单"则是这些表单对象所依附的载体。要在页面中放置表单对象，必须首先创建表单，然后在表单这个容器中插入各个表单对象。

表单支持客户端–服务器关系中的客户端，客户端访问者通过表单对象实现与网站的交流互动。当访问者在浏览网页的表单中输入信息并提交后，这些信息将被发送到服务器，服务器端脚本或应用程序即对这些信息进行处理。服务器通过将请求信息发送回客户端或基于该表单执行一些操作来进行响应。

Dreamweaver 提供了丰富的表单管理功能，可以创建表单、在表单中添加表单对象以及实现表单数据处理等。Dreamweaver 也提供了丰富的表单对象，能够方便地实现各种功能的表单设计。

7.2　表单的创建与管理

表单是动态网页的重要组成部分，要实现浏览者与网站的"交互"就须在网页中设置表单。表单和表单对象是密不可分的，任何表单对象都置于表单中，没有表单对象的表单是没有作用的。本节对表单及表单对象的有关知识作详细介绍。

7.2.1　创建表单

创建表单是使用表单的第一个步骤，包括插入表单和设置表单属性两项内容。

1．插入表单

插入表单的操作过程如下：

① 打开一个页面文档，在文档窗口中定位表单的插入点。

② 使用以下任意方式插入表单。

● 选择"插入/表单"命令。

● 选择"插入"栏的"表单"类别，然后单击"表单"图标▢。

表单在网页中插入后，将显示一个红色的虚线框。但需注意，该虚线框的作用仅仅是方便编辑，它不会出现在浏览器中。

2．设置表单属性

表单的主要属性有表单名称、动作、目标、方法等，通过表单的属性面板设置这些属性的值。通常情况下，在插入表单后，表单属性面板会自动出现，如图 7-3 所示。

图 7-3　表单属性面板

任何时候选择表单都会激活表单的属性面板。以下是常用的选择表单的方法：

① 在"文档"窗口中，单击表单虚线框。

② 在"文档"窗口的状态栏中，单击<form>标签。

关于表单属性的详细说明如表 7-1 所示。

表 7-1　表单属性说明

属　性　名　称	属　性　说　明
表单名称	表单的标识。默认情况下，Dreamweaver 将自动以 formn 命名，如 form1、form2 等。命名表单后，就可以使用脚本语言引用或控制该表单
动作	指定用于处理表单数据的页面或脚本。例如：若在"动作"文本框中输入 http://www.163.com 时，则表单提交后执行的动作是打开"网易"主页；若在"动作"文本框中输入 mailto:fada678@hotmail.com，则表单提交后将把表单数据发送到 fada678@hotmail.com 邮箱
方法	指定将表单数据传输到服务器的方法，有 POST 和 GET 两个取值，通常，默认值为 GET 方法。POST 方法允许传输大量数据，一般情况，应该选用该方法；GET 方法将所要传输的数据附在网址后面，然后一起送达服务器，因此传送的数据量就会受到限制，但是执行效率却比 POST 方法好
MIME 类型	选择发送数据的 MIME 编码类型。有两个选项：application/x-www-form-urlencode 和 multipart/form-data。前者是默认选项，通常与 POST 方法协同使用。当发送电子邮件时，应使用 application/x-www-form-urlencode 类型和 POST 方法；如果表单中包含文件上传域，所使用的编码类型应当是 multipart/form-data，它既可以发送文本数据，也支持二进制数据上传
目标	设置网页的打开方式，该网页是服务器返回的表单数据处理结果，有_blank、_parent、_self 和_top 4 个选项

说明：表单的"动作"由表单中的"提交"按钮触发。当浏览用户完成表单信息输入，单击表单中具有"提交"功能的按钮后，表单即执行"动作"属性中指定的操作。

7.2.2　表单对象的插入和管理

插入表单后，即可在表单中插入表单对象，并进行属性设置。

1．表单对象及其作用

Dreamweaver CS3 具有丰富的表单对象，常用的有文本域（文本字段、文本区域）、复选框、单选按钮、列表/菜单、跳转菜单、文件域、按钮、图像域等。下面分别介绍各个表单对象的作用。

（1）文本域

Dreamweaver 的"文本域"有"文本字段"和"文本区域"两种类型，用来接受字母、数字、文本等输入信息。输入的信息可以单行或多行显示，也可以以密码形式显示。当以密码形式显示时，输入的信息将被替换为星号或项目符号，以免旁观者看到这些文本。图 7-4 所示是网页中文本域的示例。

图 7-4　网页中的文本域

（2）复选框

"复选框"允许在一组选项中选择多个选项。用户可以选择任意多个适用的选项。图 7-5 所示是网页中复选框的示例。

图 7-5　网页中的复选框

（3）单选按钮

"单选按钮"用于"多选一"的选择，在一组单选按钮中，一次只能有一个按钮被选择。图 7-6 所示是网页中单选按钮的示例，该网页分别设置了"性别"、"最高学历"、"最高学位" 3 组单选按钮。

图 7-6　网页中的单选按钮

（4）列表/菜单

"列表/菜单"包括"列表"和"菜单"两项，均用于以选择方式输入数据。使用"菜单"时，只能在打开的菜单项中选择其中的一项；使用"列表"时，允许在多个选项中选择其中的多项。图 7-7 所示是网页中"列表/菜单"的示例，"期望的月薪"右侧是一个菜单表单对象，它共有 6 个选项，每次只能选择其中的一个选项；"曾经从事过的岗位"右侧是一个列表表单对象，它罗列了 6 个选项，每次可以从中选择多个选项。

图 7-7　网页中的"列表/菜单"

（5）跳转菜单

"跳转菜单"与列表/菜单有很多相似之处，但其功能与列表/菜单不同。跳转菜单的每一个选项都是一个超链接，可以链接到网站的页面文档或其他网站，单击一个选项后，就会跳转到该选项链接的 URL。如图 7-8 所示的网页中，"友情链接"下方的表单对象就是一个跳转菜单，当打开菜单，单击"中国教育和科研计算机网"选项后，就会打开中国教育和科研计算机网的主页。

图 7-8　网页中的跳转菜单

（6）文件域

"文件域"提供通过网页上传任意文件的功能，用户通过文件域的"浏览"按钮，可以浏览选择客户端计算机上的文件，并将选择文件的 URL 添加到文件域的文本框中，以备上传。图 7-9 所示是网页中文件域的示例。

图 7-9　网页中的文件域

（7）按钮

"按钮"用于提交表单数据或者重置表单数据，一个表单至少要有一个"按钮"。图 7-10 所示是网页中"按钮"的示例，该网页设置了"提交"和"重置"两个按钮。

图 7-10　网页中的按钮

　　在浏览网页时，经常看到的"发送"按钮、"搜索"按钮以及图 7-1 中的"百度一下"按钮等都是表单的提交按钮。

（8）图像域

　　"图像域"用于容纳表单中的图像，在表单中插入的图像只能出现在图像域中。在表单中确定插入点之后，单击图像域图标，即可打开"选择图像源文件"对话框，浏览者可在计算机中浏览选择要插入到表单中的图像，并可使用默认的图像编辑软件对图像进行编辑。图 7-11 所示的 4 张图片都是在表单中插入的。

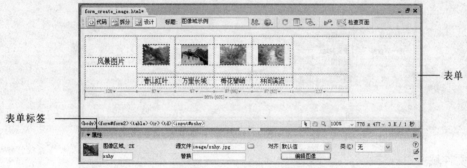

图 7-11　表单中的图像域

　　与普通的 HTML 图像不同，表单的图像域图像具有按钮功能，浏览页面时，鼠标经过图像域图像时呈现超链接形状，如图 7-12 所示。

图 7-12　表单中的图像浏览页面

　　表单中图像域的作用，主要是用于触发表单的相关操作，与按钮的功能是类似的，只是以图片的方式显示。

　　在实际应用中，通常使用表单图像域生成图形化按钮，例如"提交"或"重置"按钮等。我们在浏览网站时，经常看到一些漂亮的水晶提交按钮，它们就是通过图像域的方式建立的。

　　选择图像域图像后，使用"行为"面板，可将 JavaScript 行为附加到该图像域。

2．表单对象的插入和属性设置

　　创建表单后，就可以插入各种表单对象了。以下是在表单中插入表单对象的两种常用方法。

　　方法一：在表单中确定插入点，然后在插入栏的"表单"类别中单击表单对象的图标。插入栏的"表单"类别如图 7-13 所示。

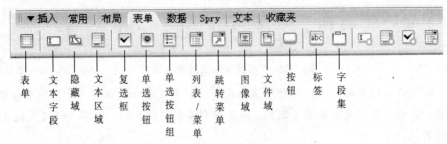

图 7-13 插入栏的"表单"类别

方法二：在表单中确定插入点，然后选择"插入/表单"命令，在弹出的命令菜单中单击表单对象。

为了在表单中准确地定位表单对象，一般在插入表单对象之前，首先在表单中插入用于定位的表格，然后在表格的单元格中插入表单对象。细心的读者可能已经注意到，在上面的图 7-4~图 7-11 中，所有的表单对象都是用表格定位的。

【例 7.1】设计制作如图 7-10 所示的表单页面。

设计制作过程如下：

① 新建一个 HTML 文档，或打开已有的页面文件，在文档窗口中定位表单插入点，然后插入一个表单。

② 在表单中插入一个两行两列的表格，并设置表格属性。图 7-14 所示是文档窗口中的表单和表格情况，其中外围的虚线框是表单的轮廓。

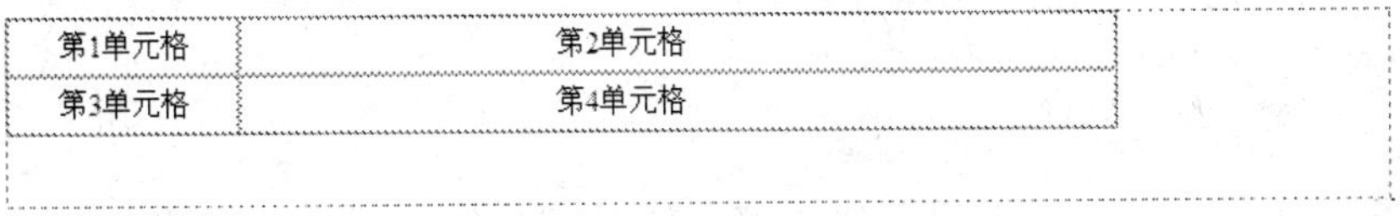

第1单元格	第2单元格
第3单元格	第4单元格

图 7-14 文档窗口中的表单和表格

③ 在第 1 单元格中插入文本"兴趣爱好"。

④ 在第 2 单元格中依次插入各个复选框表单对象。下面是"游泳"复选框的插入过程。

a. 定位插入点，单击复选框图标，打开图 7-15 所示的"输入标签辅助功能属性"对话框。

b. 在"ID"文本框中输入复选框的标识名"xingqu"；在"标签文字"文本框中输入"游泳"；"样式"采用默认值；"位置"选择"在表单项后"，使复选框显示在标签文字"游泳"的前面。

其他复选框的插入过程与此相同。

⑤ 插入"提交"、"重置"按钮。

a. 合并第 3、第 4 单元格。

b. 确定插入点，分别插入两个按钮。

c. 选中第 2 个按钮，在其属性面板中设置"动作"属性为"重置表单"，如图 7-16 所示。

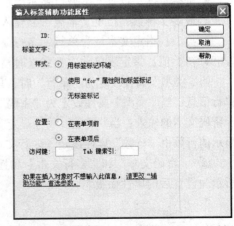

图 7-15 "输入标签辅助功能属性"对话框

图 7-16 "重置"按钮的属性设置

说明：按钮默认设置时，其"动作"属性即为"提交表单"。因此，对第 1 个按钮没有进行特别设置。当然，若需更改属性（例如，需要特别设定按钮名称，而不是使用默认名称）时，则须设置相关属性。

⑥ 设置字体格式及各个项目的对齐方式，完成表单设计。图 7-17 所示是表单在文档窗口中的显示结果。

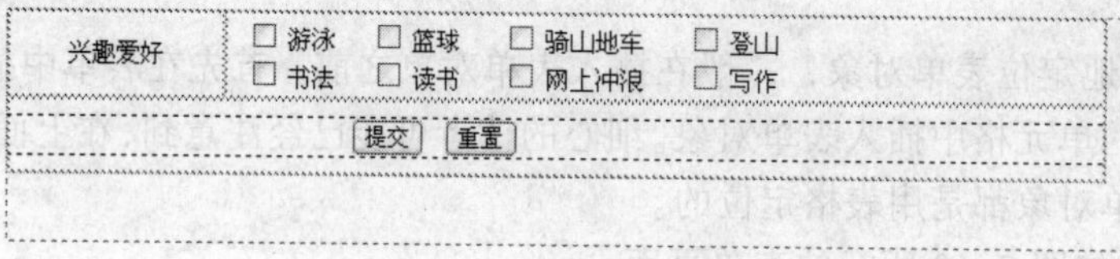

图 7-17 表单在文档窗口的显示结果

【例 7.2】设置图 7-4~图 7-7 所示的表单中各个表单对象的属性。

设置过程如下：

（1）设置图 7-4 所示"文本域"表单对象的属性

① 设置"单行文本"的属性。打开文档，单击"单行文本"的文本域（表单对象），在其属性面板中进行属性设置，如图 7-18 所示。

图 7-18 "文本域"属性面板

各属性说明如下：

- 文本域：设置文本域的名称。
- 字符宽度：设置文本域可显示的最大字符数。
- 最多字符数：指定文本域可以输入的最大字符数。
- 类型：指定文本域为单行、多行或密码。本例选定"单行"。
- 初始值：指定表单首次被载入时显示在文本域中的信息。

当"类型"属性设定为"单行"时，只能输入单行文本，一般用于输入用户名、电子邮件等单行信息；当"类型"属性设定为"密码"时，在文本域中输入的信息以保密方式显示，通常用于密码文本的输入；当"类型"属性设定为"多行"时，允许在文本域中输入多行文本，具体可显示的行数由"行数"属性设定。多行文本域主要用于输入留言、意见等内容较多的信息。

② "密码文本"和"多行文本"属性设置的方式与"单行文本"相同，图 7-19 和图 7-20 所示为设置后的属性面板。

图 7-19 "密码文本"设置后的属性面板

图 7-20　"多行文本"设置后的属性面板

（2）设置图 7-5 所示"复选框"表单对象的属性

"复选框"表单对象往往会成组使用，每个分组中的每一个"复选框"都要进行属性设置。

① 打开文档，单击"游泳"复选框，设置属性，如图 7-21 所示。

图 7-21　"复选框"属性面板

各属性说明如下：

- 复选框名称：设置复选框的名称。凡是属于同一个分组的复选框，"复选框名称"必须相同。

- 选定值：设置复选框被选择时的取值。当用户提交表单时，该值被传送给服务器端应用程序。

- 初始状态：设置首次载入表单时复选框的选择状态，当设置"已选中"时，载入表单时该复选框自动选中。

② 设置其他复选框的属性时，各复选框的"复选框名称"要与"游泳"的"复选框名称"设置相同。

（3）设置图 7-6 所示"单选按钮"表单对象的属性

"单选按钮"一般也是成组使用，每一个"单选按钮"都要进行属性设置。

① 打开文档，设置"性别"分组"单选按钮"的属性，如图 7-22 所示是设置"男"单选按钮的属性面板。

图 7-22　"单选按钮"属性面板

各属性说明如下：

- 单选按钮：设置单选按钮的名称。凡是属于同一个分组单选钮，其"单选按钮"名称必须相同。在"性别"分组中，两个单选按钮的名称必须相同，本例设置为"radio"。

- 选定值：设置单选钮被选时的取值。当用户提交表单时，该值被传送给处理程序。同一个分组的单选钮，应具有不同的值。如，"男"单选按钮的"选定值"设置为"男"，"女"单选按钮的"选定值"设置为"女"。

- 初始状态：设置首次载入表单时单选按钮的选择状态，当设置"已选中"时，载入表单时该单选按钮自动选中。同一组单选按钮中，最多只能有一个按钮的初始状态设为"已选中"。

② 设置其他单选按钮的属性时，须注意"最高学历"分组中 4 个单选按钮的名称要相同，"最高学位"分组中 4 个单选按钮的名称也要相同，而每一分组都不能与其他分组使用相同的按钮名称。

（4）设置图 7-7 所示"列表/菜单"表单对象的属性

本例表单中"期望的月薪"右侧是一个菜单表单对象，"曾经从事过的岗位"右侧是一个列表表单对象，二者的属性设置稍有不同。

① 打开文档，单击"期望的月薪"菜单对象，显示如图 7-23 所示"列表/菜单"属性面板。

图 7-23 "列表/菜单"属性面板

② 单击"列表值"按钮，打开"列表值"对话框，利用该对话框，添加菜单对象的各个选项，图 7-24 所示为添加选项后的"列表值"对话框，单击"确定"按钮后，即完成列表添加操作。

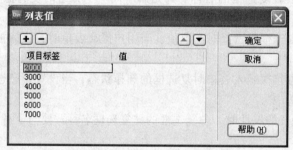

图 7-24 "列表值"对话框

说明：使用 ➕ ➖ 按钮来添加和删除列表中的选项；使用 🔼 🔽 按钮，可重新排列列表中的选项。列表中的每个选项都有一个项目标签和一个值，"项目标签"即是出现在列表中的文本，"值"则是该项被选择时传送给处理程序的信息。

③ 单击"曾经从事过的岗位"表单对象，打开"列表/菜单"属性面板，按图 7-25 所示设置属性，并输入列表的各个选项。

图 7-25 "曾经从事过的岗位"列表的属性面板

【例 7.3】设计如图 7-26 所示的"春雨秋枫"留言簿表单，当浏览者输入表单信息，并单击信封图标后，表单的信息将发送到指定的邮箱 fada678@hotmail.com 中。要求页面打开时"活动评价"自动选中"高水平"按钮，并且在提交表单时，各单选按钮按以下要求设定数值：

选择"高水平"时提交值为 1；选择"一般般"时提交值为 2；选择"唉，怎么说呢"时提交值为 3。

设计过程如下：

① 新建一个 HTML 文档，并保存（本例文件名为 form_create_email.html）。

② 在文档窗口定位鼠标，然后插入一个表单。在表单中插入一个 5 行 2 列的表格，用于布局表单对象。

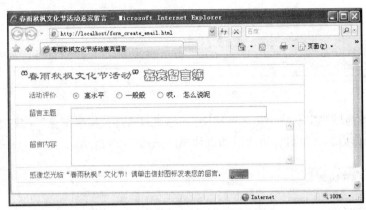

图 7-26 "春雨秋枫"留言簿页面

③ 分别合并表格第 1 行、第 5 行的单元格，然后输入各行的文本信息，并设置文本的格式。

④ 在表格的第 2 行插入 3 个单选按钮，并作如下设置：单选按钮名称相同，均为"pingjia"；"高水平"单选按钮的"初始状态"为"已选中"；设定"高水平"按钮的"选定值"属性为 1，设定"一般般"按钮的"选定值"属性为 2，设定"唉，怎么说呢"按钮的"选定值"属性为 3。

⑤ 在表格的第 3 行插入一个单行文本域，文本域的"字符宽度"和"最多字符数"视需要设定。

⑥ 在表格的第 4 行插入一个多行文本域，文本域的"行数"设为 5，"字符宽度"视需要设定。

⑦ 在表格的第 5 行插入"信封图标"提交按钮。

a. 将光标定位在该行文本之后，单击图像域图标，打开"选择图像源文件"对话框，浏览选择信封图标的图像文件（本例为 xiaoxf.jpg），如图 7-27 所示。

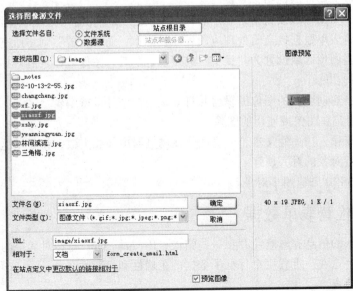

图 7-27 "选择图像源文件"对话框

　　b. 选择图像，单击"确定"按钮，打开"输入标签辅助功能属性"对话框，本例使用各项的默认值，继续单击"确定"按钮。此时的属性面板显示为当前图像域的属性面板，如图 7-28 所示。

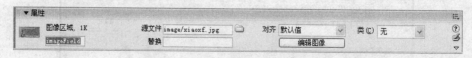

图 7-28　信封图标的图像域属性面板

　　c. 在"图像区域"文本框中输入"提交"，必要时通过"编辑图像"按钮编辑信封图标。完成上述操作后，文档窗口中表单的设计视图如图 7-29 所示。

图 7-29　文档窗口中的表单视图

　　⑧ 单击表单的红色虚线框选中表单，在表单属性面板的"动作"文本框中输入文本"mailto:fada678@hotmail.com"。

　　⑨ 保存文档，完成表单设计。

　　完成设计后浏览文件，将显示图 7-26 所示的页面。在表单中输入相关信息，然后单击信封图标，将打开客户端默认的邮件处理程序，向指定邮箱发送表单信息，邮件附件的文件名是POSTDATT.ATT，可以使用写字板程序打开该文件。

　　关于"图像域"属性的说明：

- 图像区域：为图像域按钮指定一个名称。"提交"和"重置"是两个保留名称，"提交"通知表单将表单数据提交给处理应用程序或脚本，而"重置"则将所有表单域重置为其原始值。当图像区域设置为"提交"或"重置"时，图像域即具有"提交"按钮或"重置"按钮的功能。

- 编辑图像：启动默认的图像编辑器并打开该图像文件以待编辑。

- 源文件：指定在图像域使用的图像。

- 替换：用于输入描述性文本，一旦图像在浏览器中加载失败，将显示这些文本。

- 对齐：设置对象的对齐属性。

- 类：将 CSS 规则应用于对象。

7.2.3　自动检查表单数据

　　向表单中输入的信息有时难免存在一些错误，Dreamweaver 能够对其中的某些错误进行检查，并予以提示，这在一定程度上保证了数据的正确性和有效性。Dreamweaver 能够对以下 4 种错误进行自动检查：

　　① 有的文本框规定不能为空，输入表单时必须填写相应信息，而在实际使用表单时并未

填写任何内容。

② 有的文本框规定输入 E-mail 地址,但是输入的信息不符合 E-mail 地址的格式。例如,输入的信息中缺少 "@" 符号。

③ 有的文本框规定输入数值,而在实际应用中输入了非数值信息。

④ 有的文本框规定输入数值,并且指定了数值范围,但实际输入的数据不符合要求。例如,输入百分制成绩时出现了负数或超过 100 的数值。

如图 7-30 所示的示例表单中有三个文本框,按照设计要求,提交信息时将进行表单数据检查,如图 7-31 所示是当前输入时的表单检查结果,其中,xingming、youxiang、chengji 分别是姓名文本域、邮箱文本域、成绩文本域的名称。

图 7-30　表单数据自动检查示例

图 7-31　表单数据检查结果

Dreamweaver 提供了 "检查表单" 行为,在设计表单时,只要使用 "检查表单" 行为进行必要的设置,Dreamweaver 就能够将上述错误检查出来,并给出相应的提示信息。"检查表单" 行为可检查指定文本域的内容以确保用户输入的数据类型正确,将此行为附加到表单可以防止在提交表单时出现无效数据。

【例 7.4】设计如图 7-32 所示的注册表单,表单中带有 "*" 的项目是必填项。要求提交表单时对必填项进行检查,当必填项无填写内容或所填内容与要求不符时,给出提示信息并重新填写。

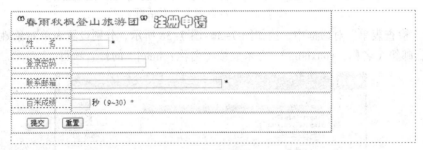

图 7-32　注册表单

设计过程如下:

① 新建 HTML 文档,并保存 (本例文件名为 form_r.html)。

② 在文档窗口中插入一个表单,然后插入一个布局用的表格,并在表格中插入各行文本和各个表单对象。

③ 利用 "检查表单" 行为进行表单数据检查的相关设置。

a. 选择"窗口/行为"命令打开如图 7-33 所示行为面板。

b. 选择表单，然后在行为面板中单击  按钮，打开如图 7-34 所示的快捷菜单。

图 7-33　行为面板　　　　　　　　　　　　　　图 7-34　"行为"快捷菜单

c. 在快捷菜单中选择"检查表单"命令，打开如图 7-35 所示的"检查表单"对话框。

图 7-35　"检查表单"对话框

d. 在"检查表单"对话框中，按如图 7-36～图 7-38 所示，分别设置表单对象姓名（名称：xingming）、邮箱（名称：youxiang）、百米成绩（名称：bmcj）的检查项目。

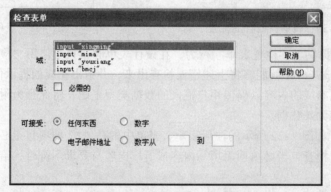

图 7-36　设置"姓名"文本域

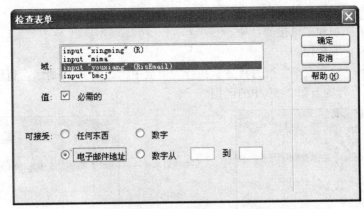

图 7-37　设置"邮箱"文本域

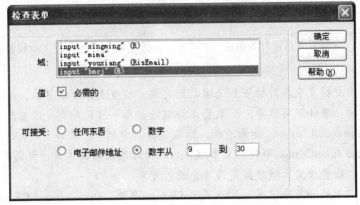

图 7-38　设置"百米成绩"文本域

　　e. 设置完毕后，单击"确定"按钮，显示如图 7-39 所示的行为面板。其中，"onSubmit"是表单提交事件，其后的"检查表单"是该事件所附加的动作，即：触发 onSubmit 事件时要进行的动作。

　　f. 保存文档，完成设计。

　　关于"检查表单"对话框中各项目的说明：

- 域：文档中的文本域列表。在该列表中选定文本域后，再进行以下的设置，设置后的情况会立即反应在该列表中。
- 值：指定的文本域必须包含某种数据时，则选择"必需的"选项。
- 任何东西：文本域中可以包含任何类型的数据。
- 电子邮件地址：检查文本域中的数据是否符合电子邮件的地址格式。
- 数字：检查文本域中的数据是否只能包含数字信息。
- 数字从…到…：检查文本域中的数据是否包含指定范围的数值。

　　在以上举例中，表单数据的检查是在提交表单时进行的，可同时检查多个文本域的数据合法性。Dreamweaver 也能够在输入表单数据的过程中，即时检查单个文本域数据的合法性。一般操作过程如下：

　　① 在表单中选择一个文本域。

　　② 通过行为面板打开"检查表单"对话框。

③ 在"域"列表中选择已在"文档"窗口中选择的相同域。

④ 设置"值"项和"可接受"项。

⑤ 单击"确定"按钮。

设置完成后，"检查表单"行为将显示在行为面板中，如图 7-40 所示。请读者注意该图示中的"检查表单"行为与图 7-39 中的区别。

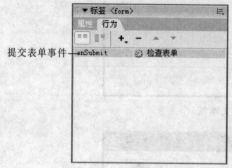

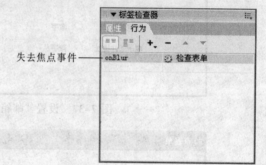

图 7-39　完成设置后的行为面板　　　　图 7-40　即时检查文本域数据的行为面板

说明：

如果要求在用户提交表单时检查多个域，则完成"检查表单"设置后，onSubmit 事件自动出现在行为面板的"事件"菜单中；如果要求分别验证各个域，则完成设置后要注意检查默认事件是否是 onBlur 或 onChange。如果不是，则须选择其中的一个事件。

设置了 onBlur 或 onChange 事件的文本域，为其输入数据时，焦点一旦离开该文本域，则立即触发相应事件，检查该文本域数据是否符合设置要求。

检查表单时，如果一定要使用 onBlur 或 onChange 事件，Dreamweaver CS3 推荐使用 onBlur 事件。

【例 7.5】对图 7-32 所示的注册表单，撤销在例 7.4 中设置的提交表单时的"检查表单"行为，改为对所有的必填项进行即时检查。

操作过程如下：

① 打开文档 form_r.html，选择表单，在"行为面板"中单击"检查表单"行为，然后单击删除按钮 － ，删除已有的检查表单行为。

② 在文档窗口中选择"姓名"表单对象，通过行为面板打开如图 7-35 所示的"检查表单"对话框。

③ 在"域"列表中选择 input "xingming"列表项，并设置检查项目。

④ 重复②、③步骤，分别设置其他必填项目的检查参数。

⑤ 单击"确定"按钮，完成设置。

如图 7-41 所示是 form_r.html 表单的数据输入情况及其警告消息框，警告消息框是在输入数据过程中，当鼠标离开"联系邮箱"文本框时弹出来的，原因是在"联系邮箱"文本框中输入的数据不符合电子邮箱地址的形式。

"检查表单"行为是 Dreamweaver 最常用的行为之一，在表单中使用该行为，可以防止表单向服务器提交无效数据。

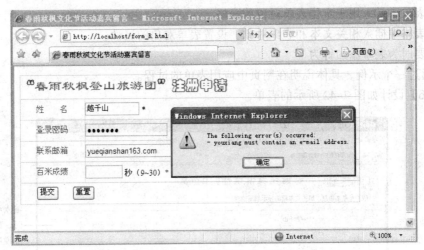

图 7-41　表单数据的即时检查

7.2.4　关于行为面板的说明

本节使用的行为面板在以后的学习中会经常使用，为便于后续教学内容的学习，下面对行为面板作进一步说明。

（1）行为面板中的按钮

显示设置事件按钮 ▦ ：单击该按钮将显示附加到当前文档的事件。事件被分别划归到客户端或服务器端类别中。每个类别的事件都包含在可折叠的列表中。"显示设置事件"是行为面板的默认视图。

显示所有事件按钮 ▦ ：单击该按钮将按字母顺序显示属于特定类别的所有事件。

添加行为按钮 ＋.：单击该按钮将弹出如图 7-34 所示的快捷菜单，其中包含可以附加到当前所选元素的行为。当从该列表中选择一个行为时，将出现一个对话框，可以在该对话框中指定该行为的参数。

删除按钮 － ：单击该按钮将从行为列表中删除所选的事件。

箭头按钮 ▲ 和 ▼ ：箭头按钮将特定事件的所选动作在行为列表中向上或向下移动。给定事件的动作以特定的顺序执行，选中一个事件或动作可以更改执行的顺序。

（2）为对象添加行为

Dreamweaver 的行为是附加给对象的，以下是为对象添加行为的基本步骤。

① 在文档中选定一个对象。

② 单击行为面板上的添加行为按钮 ＋.，从弹出的行为列表选项中选择所要附加的行为，并在参数对话框中设置该行为的参数及指令。

③ 设置行为参数后，单击"确定"按钮。

7.3　表单应用示例

在网页中应用表单一般要经过以下步骤：

① 插入表单、设置表单属性。

② 在表单中插入用于定位表单对象的表格。

③ 在表格中插入相关文本和表单对象、设置表单对象的属性。

④ 必要时为表单添加行为

下面通过一个示例，具体说明在网页中应用表单的过程。

【例 7.6】设计如图 7-42 所示的表单。

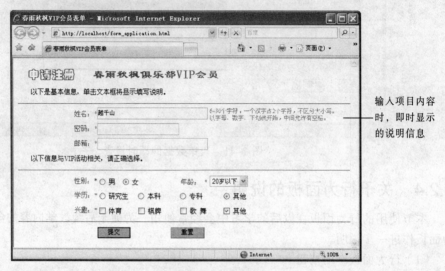

输入项目内容时，即时显示的说明信息

图 7-42　表单综合应用示例

附加要求如下：

① 表单中所有项目均为必填项，不允许将带有空项目的表单向网站提交。

② "姓名"、"密码"及"邮箱"3 个项目要在填写表单时进行即时检查。

③ "姓名"、"密码"及"邮箱"3 个项目均有填写说明，在填写项目时即时显示，当光标从项目的文本框移出后，相应的说明信息即消失。

④ 对文本框及提交按钮的格式重新设置，不使用 Dreamweaver CS3 的默认格式。

⑤ 正常提交表单时，显示如图 7-43 所示的消息框。

⑥ 表单数据提交后发送到邮箱 fada678@hotmail.com。

图 7-43　提交表单时的消息框

这是表单应用的一个综合示例，同时还涉及表单之外的其他重要知识。主要内容如下：

① HTML 表单及表单对象的插入和属性设置。

② CSS 样式的设计及应用。

③ AP 元素的应用。

④ Dreamweaver CS3 的内置行为的应用。

设计与操作过程：

（1）新建文档，并插入表单

① 新建 HTML 文档，并将文档标题设置为"春雨秋枫 VIP 会员表单"。

② 使用插入表单按钮□在文档窗口中插入一个表单。

③ 保存文档，将文件命名为 form_application.html。

（2）在表单中插入表格以定位表单对象

① 在表单中插入一个 13 行 2 列的表格，设置表格宽度为 700 像素，对齐方式为"居中对齐"，调整单元格为合适宽度，并分别合并第 1、2、3、7、8、12 行的单元格。

② 选择第 1 行，设置高度为 40 像素；选择第 3、8、12 行，设置高度为 5 像素，其余各行高度为 30 像素。

③ 切换到代码视图，将第 3、8、12 行对应代码中的空格符" "删除。

④ 切换到设计视图，显示用于布局表单的表格如图 7-44 所示。

图 7-44 用于布局表单的表格

（3）在表格中插入表单的说明性文本信息，并设置格式

① 在第 1 行插入文本"申请注册"及"春雨秋枫俱乐部 VIP 会员"，然后分别设置"申请注册"和"春雨秋枫俱乐部 VIP 会员"的格式。

② 在第 2 行输入文本"以下是基本信息，单击文本框将显示填写说明。"，在第 7 行输入文本"以下信息与 VIP 活动相关，请正确选择。"，并设置字的大小为 14 像素。

③ 分别在第 4、5、6、9、10、11 行的第 1 个单元格输入相应文本，设置字的大小为 14 像素、*设置为红色、其他文本设置为绿色，并将单元格对齐方式设置为"右对齐"。

输入文本后表单的设计视图如图 7-45 所示。

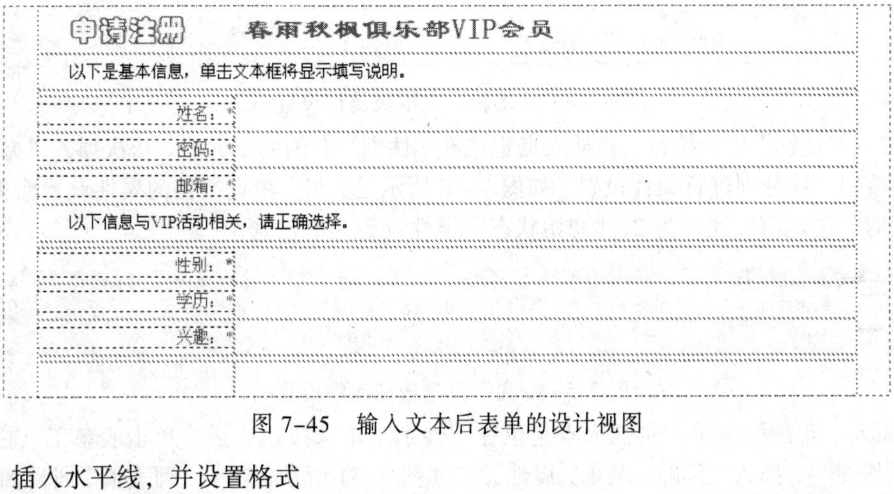

图 7-45 输入文本后表单的设计视图

（4）插入水平线，并设置格式

① 将插入点定位在表格的第 3 行，选择"插入/HTML/水平线"命令，在第 3 行插入一条水平线。

② 使用水平线的属性面板设置水平线的属性，如图 7-46 所示。

图 7-46　水平线属性面板的设置

③ 使用水平线标签设置水平线颜色。单击属性面板的快速标签编辑器按钮，显示当前的水平线标签：<hr align="center" width="700" noshade="noshade" />，将颜色属性代码color="#1A50B8"插入到标签中，如下所示。

<hr color="#1A50B8" align="center" width="700" noshade="noshade" />

重复步骤①、②、③，分别在第 8 行、第 12 行插入水平线，并设置格式。

（5）插入表单对象，并设置格式

① 插入"姓名"文本域。将插入点定位在"姓名"右侧的单元格，单击表单工具栏的文本字段按钮，插入一个文本字段，并设置属性，如图 7-47 所示。

图 7-47　"姓名"文本域属性设置

② 插入"密码"文本域。将插入点定位在"密码"右侧的单元格，插入一个文本字段，并设置属性，如图 7-48 所示。

图 7-48　"密码"文本域属性设置

③ 插入"邮箱"文本域。将插入点定位在"邮箱"右侧的单元格，插入一个文本字段，并设置属性，如图 7-49 所示。

图 7-49　"邮箱"文本域属性设置

④ 插入"性别"单选按钮。将插入点定位在"性别"右侧的单元格，依次插入"男"、"女"两个单选按钮，并分别进行属性设置。如图 7-50 所示是"男"单选按钮的属性设置面板。"女"单选按钮的"选定值"属性为 2，"初始状态"属性设置为"已选中"。

图 7-50　"男"单选按钮属性设置

⑤ 插入"年龄"菜单。将插入点定位在"性别"单选按钮之后，单击表单工具栏的"列表/菜单"按钮，插入"年龄"菜单，属性设置如图 7-51 所示，其中"列表值"属性如图 7-52所示。"列表值"属性设置完成后，在属性面板中，设置"初始化时选定"属性为"20 岁以下"。

图 7-51 "年龄"菜单属性设置

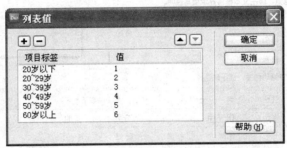

图 7-52 "年龄"菜单的"列表值"属性

⑥ 插入"学历"单选按钮。将插入点定位在"学历"右侧单元格,依次插入"研究生"、"本科"、"专科"、"其他"4 个单选按钮,并分别进行属性设置。如图 7-53 所示是"研究生"单选按钮的属性设置面板。"其他"单选按钮的"初始状态"属性设置为"已选中"。

图 7-53 "研究生"单选按钮属性设置

⑦ 插入"兴趣"复选框。将插入点定位在"兴趣"右侧单元格,依次插入"体育"、"棋牌"、"歌舞"、"其他"4 个单选按钮,并分别进行属性设置。如图 7-54 所示是"体育"复选框的属性设置面板。"其他"复选框的"初始状态"属性设置为"已选中"。

图 7-54 "体育"复选框属性设置

⑧ 设置在步骤④、⑤、⑥、⑦中所插入文本的字体格式,并调整表单元素的位置。

(6)设置"检查表单"行为

① 在文档窗口中选择"姓名"文本域,通过行为面板打开如图 7-35 所示的"检查表单"对话框。

② 在"域"列表中选择 input "xingming"列表项,并设置检查项目。

重复①、②步骤,分别对"密码"及"邮箱"文本域进行检查表单的设置。

(7)对文本域设置关于填写内容的说明性信息

① 将插入点定位在"姓名"文本域右侧,选择"插入/布局对象/AP Div"命令,插入一个AP 元素,并在 AP 元素中输入以下两行文本。

第 1 行:6~30 个字符,一个汉字占 2 个字符,不区分大小写。

第 2 行:以字母、数字、下画线开始,中间允许有空格。

② 选定文本，设定颜色为灰色、大小为 12 像素。此时，文档窗口中表单的设计视图如图 7-55 所示。

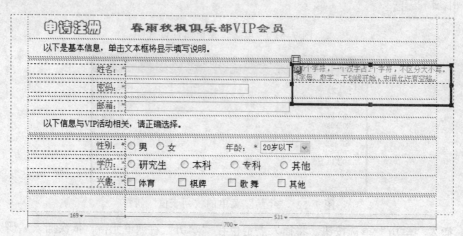

图 7-55　插入 AP 元素后的表单视图

③ 在 AP 元素属性面板中，设置 AP 元素名称为 xingming_ap，设置"可见性"属性为 hidden。

④ 设置 AP 元素 xingming_ap 的显示行为，使得插入点在"姓名"文本框内时显示说明性信息。

a. 选择"姓名"文本域，单击行为面板的添加行为按钮，在弹出的快捷菜单中选择"显示-隐藏元素"命令，打开如图 7-56 所示的"显示-隐藏元素"对话框。

b. 在元素列表中选择 div "xingming_ap"然后单击"显示"按钮。

c. 单击"确定"按钮。

d. 在行为面板中打开事件列表，选择 onFocus 事件（获得焦点事件），如图 7-57 所示。

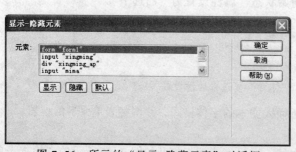

图 7-56　所示的"显示-隐藏元素"对话框

图 7-57　设置显示元素的事件

⑤ 设置 AP 元素 xingming_ap 的隐藏行为，使得插入点离开"姓名"文本框时隐藏说明性信息。

a. 选择"姓名"文本域，并打开"显示-隐藏元素"对话框。

b. 在元素列表中选择 div "xingming_ap"，然后单击"隐藏"按钮。

c. 单击"确定"按钮。

d. 在行为面板中打开事件列表，选择 onBlur 事件（失去焦点事件）。

完成设置后"姓名"表单对象的行为面板如图 7-58 所示。

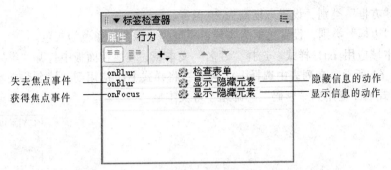

失去焦点事件

获得焦点事件

隐藏信息的动作

显示信息的动作

图 7-58　"姓名"表单对象的行为面板

⑥ 重复①、②、③步骤，分别在"密码"文本域和"邮箱"文本域右侧插入 AP 元素 mima_ap 和 youxiang_ap，在 mima_ap 元素中插入文本"以字母、数字组成，区分大小写。"，在 youxiang_ap 元素中插入文本"很重要，使用邮箱可以找回密码。"，这两个 AP 元素的"可见性"属性均设置为 hidden。如图 7-59 所示是 AP 元素完成设置后文档窗口中表单的设计视图，文本域右侧的 图标是设置为隐藏状态（hidden）的 AP 元素。AP 元素存储的是关于填写文本框的说明性信息，当插入点处于一个文本框内时，该文本框即触发 onFocus 事件（获得焦点事件），由此引发的动作是将其右侧的 AP 元素变为显示状态，填写文本框的说明性信息即显示出来。当插入点从文本框中离开时，该文本框即触发 onBlur 事件（失去焦点事件），由此引发的动作是将其右侧的 AP 元素变为隐藏状态，关于填写文本框的说明性信息随即消失。

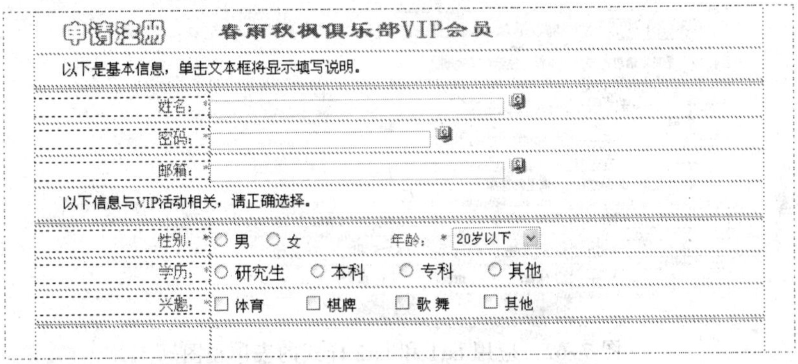

图 7-59　AP 元素完成设置后的表单视图

说明：在表单中插入 AP 元素时，不能使用绘制 AP 元素的方式，否则插入的 AP 元素将不能在表单中定位。

⑦ 重复④、⑤步骤，分别设置 AP 元素 mima_ap 和 youxiang_ap 的显示–隐藏行为。

（8）使用 CSS 样式设置文本域及"提交"、"重置"按钮的样式

该步骤创建两个样式，txt1 样式用于文本域格式设置，txt2 样式用于"提交"、"重置"按钮的格式设置。

① 使用 CSS 样式面板，打开"新建 CSS 规则"对话框，创建"仅对该文档"的类样式.txt1，如图 7-60 所示。

② 单击"确定"按钮，打开".txt1 的 CSS 规则定义"对话框，进行样式设置。

a. 选择"类型"类别，设置字的大小为 12 像素，行高为 20 像素。

b. 选择"方框"类别，设置方框高为 20 像素。

c. 选择"边框"类别，设置边框为实线，宽度为 1 像素，颜色为灰色。

③ 对文本域应用 txt1 样式。选择"姓名"文本域，在属性面板中打开"类"属性的样式列表，如图 7-61 所示。在列表中选择 txt1 样式，将样式 txt1 应用到"姓名"文本域。按如上操作，将类样式 txt1 应用到"密码"、"邮箱"等文本域。

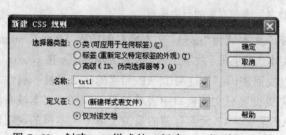

图 7-60　创建.txt1 样式的"新建 CSS 规则"对话框　　　　图 7-61　"类"属性样式列表

④ 在表格第 13 行插入"提交"和"重置"按钮，然后创建.txt2 类样式，使用按钮属性面板的"类"属性，将类样式 txt2 应用于"提交"和"重置"按钮。完成设置后，表单在文档窗口中的设计视图如图 7-62 所示，请读者注意应用样式 txt1 后文本域的变化情况。

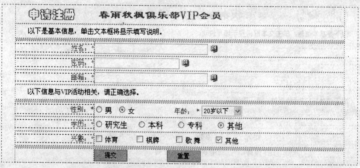

图 7-62　应用 txt1 和 txt2 样式的表单视图

（9）设置提交表单消息框

① 选择"提交"按钮，通过行为面板打开如图 7-34 所示的行为快捷菜单，选择"弹出信息"命令，打开"弹出信息"对话框，如图 7-63 所示。

② 在消息框内输入消息文本，单击"确定"按钮后完成设置，此时"提交"按钮的行为面板如图 7-64 所示。

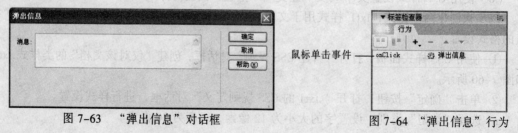

图 7-63　"弹出信息"对话框　　　　　　　　图 7-64　"弹出信息"行为

说明：在表单的"提交"按钮上单击时，将触发行为面板中的 onClick 事件，由此引发"弹出信息"动作，显示如图 7-43 所示的消息框。

（10）设置表单属性

① 单击文档窗口状态栏的<form#form1>标签选择表单。

② 按如图 7-65 所示设置表单属性。

图 7-65　表单属性面板

至此，表单设计的主要操作就完成了。保存文档后，浏览页面，再进行一些细微调整，即完成表单设计。

小　结

（1）表单是用于实现浏览者与网页之间信息交互的一种网页元素，动态网页使用表单采集信息。

（2）创建表单是使用表单的第一个步骤，包括插入表单和设置表单属性两项内容。创建表单之后，才能使用表单对象，网页中的任何一个表单对象都是插入在表单中的。

（3）常用的表单对象有文本域、单选按钮、复选框、图像域、列表/菜单、跳转菜单、按钮、文件域、隐藏域，不同的表单对象具有不同的作用和属性。

（4）文本域表单对象的数据，在提交时可以通过"检查表单数据"行为进行检查，通过数据检查，防止将一些显然不合法的数据提交到服务器。

（5）"行为"面板与表单有密切的关系，本章结合表单知识对"行为"面板的功能及用法进行了介绍。

（6）本章最后是一个表单应用示例，示例中既系统应用了表单知识，也对 AP 元素及 CSS 样式进行了应用。

习　题　七

1. 网页中表单的作用是什么？怎样创建表单？

2. 主要的表单对象有哪些？想一想你使用过的网页表单中都使用了哪一些表单对象，它们的特点是什么？

3. 修改例 7.6 中的表单，将"学历"中的项目改由"列表/菜单"实现。

4. 自己设计一个用于采集个人信息的表单，并在提交表单后，将表单数据发送到你自己的邮箱中。

第 **8** 章 　动态网页设计技术

本章概要

　　动态网页的工作过程较之静态网页要复杂一些，因此它需要更多的技术支持，包括数据库技术、服务器技术、网络编程技术等。本章介绍动态网页设计技术，包括动态网页工作流程、ASP简介、Access 数据库、动态网页开发环境的建立、网页与数据库的连接、在网页中使用数据库的方法等内容。本章将大量应用在第 7 章中介绍的表单知识。

　　本章以 Dreamweaver CS3 为平台，介绍可视化的动态网页设计技术，重操作、轻编程。在动态功能的实现中，通过"服务器行为"面板，大量应用了"插入记录"、"删除记录"、"重复区域"、"用户身份验证"等若干个服务器行为。正是由于 Dreamweaver CS3 提供了丰富的服务器行为，所以，在 Dreamweaver CS3 平台上无须编写代码，也能够开发设计功能较为完善的动态网页。

　　本章的技术路线：

　　建立动态网页环境→建立 Access 数据库→建立动态网页与数据库的连接→使用网页操作数据库。

教学目标

- 了解动态网页的工作过程。
- 了解 Access 数据库表的结构，能够创建 Access 数据库。
- 能够建立基于 Windows 和 Dreamweaver 的动态网页开发环境。
- 熟悉"数据库"面板、"绑定"面板、"服务器行为"面板。
- 掌握记录集的概念，能够在网页中定义和使用记录集。
- 熟悉常用的服务器行为。
- 掌握通过网页实现的数据库表的操作方法，包括记录的浏览、搜索、插入、删除、编辑等。
- 能够在网页中使用记录导航和记录计数功能。
- 熟悉登录页、注册页的功能特点，能够设计登录页和注册页。

8.1　动态网页概述

　　本节就动态网页的一般性问题进行简要介绍，包括动态网页的特点、动态网页的处理过程、动态网页技术中的重要概念以及设计动态网页的一般过程等。

8.1.1　动态网页的特点

　　动态网页是采用动态网站技术生成的网页。动态网页与网页上的各种动画、滚动字幕等视觉上的动态效果没有直接关系，动态网页可以是纯文本内容，也可以包含各种动画。

动态网页最突出的特征是具有"交互性",为浏览用户和网站建立了沟通的渠道,使网站由最初始的单向发布信息,发展成为能使用户和网站双向交流。

动态网页使用脚本语言编程,以接收信息、存储信息、加工处理信息为主,一些动态网页甚至没有显示界面。动态网页主要提供的是综合信息处理功能。

动态网页需要比较复杂的开发运行环境,只能在专用服务器上运行。用户看不到动态网页的源代码。

动态网页与数据库技术紧密相关,依靠数据库中的数据生成完整的网页。

动态网页实际上并不是独立存在于服务器上的网页文件,只有当用户请求时服务器才返回一个完整的网页。

动态网页利用 CGI、ISAPI、ASP、PHP、JSP 等技术来实现,主要提供综合信息处理功能,以接收信息、存储信息、加工处理信息为主。用户在动态网页发出的 HTTP 请求,不是调用静态的 HTML 页面,而是调用含有程序代码的动态过程,这个过程将用户输入的信息进行处理,如数据计算、逻辑判断等,然后将处理结果以页面的形式返回请求访问的 Web 浏览器,或者将相关的数据信息处理之后保存到网络数据库。动态网页运行的方式和编程语言处理程序的过程一样,因此动态网页的实质是程序,而不是界面。

8.1.2 动态网页的处理过程

为了便于理解,先介绍静态网页的处理过程。当 Web 服务器接收到对静态 Web 页的请求时,Web 服务器立即查找所请求的网页,然后直接将页面发送到请求浏览器,Web 服务器对页面内容不作任何改动。静态网页的处理过程如图 8-1 所示。

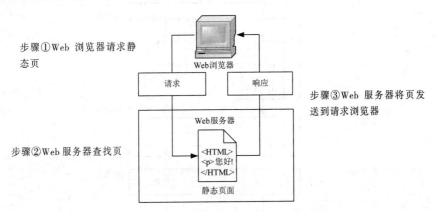

图 8-1 静态网页的处理过程

与静态网页的处理不同,当 Web 服务器接收到对动态页的请求时,Web 服务器是将含有动态编码的请求页面传递给应用程序服务器,应用程序服务器读取页面上的代码,根据代码中的命令完成页面设置,并将该页面传递回 Web 服务器,由 Web 服务器将该页面发送到请求浏览器。浏览器得到的返回页面,完全是 HTML 页面。动态网页的处理过程如图 8-2 所示。

数据库是动态网页的重要数据源,使用数据库的动态网页,不但要有应用程序服务器的支持,还须有数据库驱动程序的支持。应用程序服务器需要通过数据库驱动程序作为媒介才能与数据库进行通信,数据库驱动程序是在应用程序服务器和数据库之间充当解释器的软件。通过动态网页可以对数据库实行任何操作，如查询数据库、编辑数据库记录、向数据库插入记录、删除数据库记录等，不同的操作请求，处理过程有所不同。图 8-3 所示是查询数据库的动态网页的处理过程。

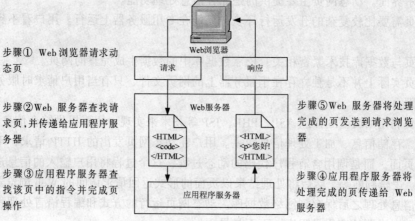

步骤① Web 浏览器请求动态页

步骤②Web 服务器查找请求页，并传递给应用程序服务器

步骤③应用程序服务器查找该页中的指令并完成页操作

步骤⑤Web 服务器将处理完成的页发送到请求浏览器

步骤④应用程序服务器将处理完成的页传递给 Web 服务器

图 8-2　动态网页的处理过程

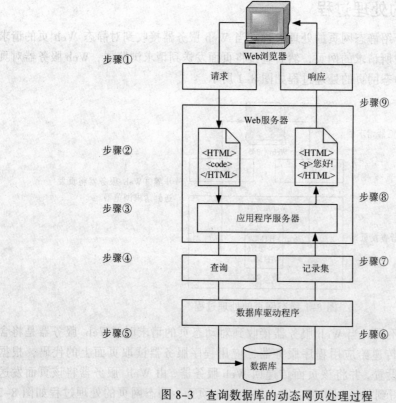

图 8-3　查询数据库的动态网页处理过程

具体的操作过程可以分为以下 9 个步骤：

① Web 浏览器请求动态页。

② Web 服务器查找该页并将其传递给应用程序服务器。

③ 应用程序服务器查找页中的命令代码。

④ 应用程序服务器将查询发送到数据库的驱动程序。

⑤ 数据库驱动程序对数据库执行查询操作。

⑥ 记录集被返回给驱动程序。

⑦ 驱动程序将记录集传递给应用程序服务器。

⑧ 应用程序服务器将数据插入页面中，然后将该页传递给 Web 服务器。

⑨ Web 服务器将完成的页面发送到发出请求的浏览器。

8.1.3 动态网页技术中的重要概念

下面是在本节内容中出现过的一些术语，这些术语在动态网页设计中十分重要，请读者重视这些术语的解释信息。

1．应用程序服务器

应用程序服务器是一种软件，可帮助 Web 服务器处理包含服务器端脚本或标签的网页。当从服务器请求一个动态页时，Web 服务器先将该页传递给应用程序服务器进行处理，然后再将该页发送到浏览器。

2．数据库

数据库是存储在表中的数据的集合，表的每一行称为一个记录，记录的每一列称为一个字段。图 8-4 所示是 Access 数据库中的一个表。

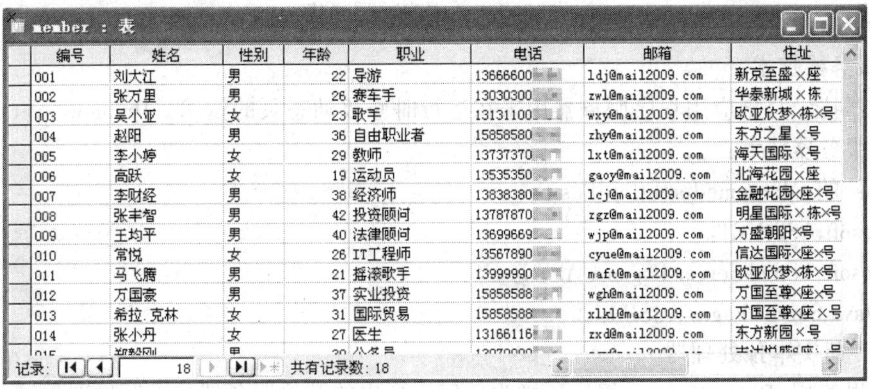
member : 表

编号	姓名	性别	年龄	职业	电话	邮箱	住址
001	刘大江	男	22	导游	13666600	ldj@mail2009.com	新京至盛×座
002	张万里	男	26	赛车手	13030300	zwl@mail2009.com	华泰新城×栋
003	吴小亚	女	23	歌手	13131100	wxy@mail2009.com	欧亚欣梦×栋×号
004	赵阳	男	36	自由职业者	15858580	zhy@mail2009.com	东方之星×号
005	李小婷	女	29	教师	13737370	lxt@mail2009.com	海天国际×号
006	高跃	女	19	运动员	13535350	gaoy@mail2009.com	北海花园×座
007	李财经	男	38	经济师	13838380	lcj@mail2009.com	金融花园×座×号
008	张丰智	男	42	投资顾问	13787870	zgz@mail2009.com	明星国际×栋×号
009	王均平	男	40	法律顾问	13699669	wjp@mail2009.com	万盛朝阳×号
010	常悦	女	26	IT工程师	13567890	cyue@mail2009.com	信达国际×座×号
011	马飞腾	男	21	摇滚歌手	13999990	maft@mail2009.com	欧亚欣梦×栋×号
012	万国豪	男	37	实业投资	15858588	wgh@mail2009.com	万国至尊×座×号
013	希拉.克林	女	31	国际贸易	15858588	xlkl@mail2009.com	万国至尊×座×号
014	张小丹	女	27	医生	13166116	zxd@mail2009.com	东方新园×号

记录：18　共有记录数：18

图 8-4　数据库表

3．数据库驱动程序

数据库驱动程序是在动态页和数据库之间充当解释器的软件。数据库中的数据是以专用格式存储的，数据库驱动程序使 Web 应用程序可以读取和操作数据库。

4．数据库查询

数据库查询是从数据库中提取记录集的操作。查询是由名为 SQL 的数据库语言所表示的搜索条件组成的。例如，查询可以指定在记录集中只包含某些列或某些记录。

5．记录集

记录集是从数据库中一个或多个表中提取的一组数据，如图 8-5 所示。动态网页通过应用程序服务器使用记录集，而不直接与数据库通信。了解这种通信机制特别重要，在后续教学内容中将会反复应用数据库的记录集，每个数据库动态网页，既要绑定与其关联的数据库，又要定义网页直接使用的记录集。

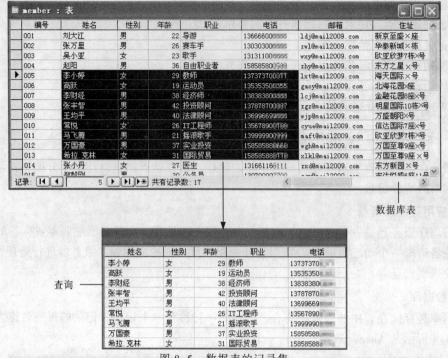

图 8-5 数据表的记录集

6. 服务器技术

服务器技术是指应用程序服务器用来在运行时修改动态页的技术。Dreamweaver 开发环境支持以下服务器技术：

Adobe 的 Macromedia® ColdFusion®。

Microsoft ASP.NET。

Microsoft Active Server Pages（ASP）。

Sun Java Server Pages（JSP）。

PHP（超文本预处理器）。

也可以使用 Dreamweaver 编码环境为任何未列出的其他服务器技术开发网页。

7. Web 应用程序

Web 应用程序是一个包含多个页的 Web 站点，这些页的部分内容或全部内容是未确定的。只有当访问者请求 Web 服务器中的某页时，才确定该页的最终内容。页的最终内容根据访问者操作请求的不同而变化，因此这种页称为动态页。

8. Web 服务器

Web 服务器是指响应来自 Web 浏览器的请求而发送出网页的软件。当访问者单击浏览器中的 Web 页上的某个链接、在浏览器中选择一个书签，或在浏览器的地址文本框中输入一个 URL 时，便会生成一个页请求。以下是常用的 Web 服务器：

① Microsoft Internet Information Server。

② Microsoft Personal Web Server。

③ Apache HTTP Server。

④ Netscape Enterprise Server。

⑤ Sun ONE Web Server。

8.1.4 Dreamweaver 动态网页设计的基本步骤

Dreamweaver 动态网页设计一般包括以下 5 个步骤：

1．设计页面

在设计任何 Web 站点时的一个关键步骤是页面视觉效果的设计。当向网页中添加动态元素时，页面的设计对于其可用性至关重要。

将动态内容合并到 Web 页的常用方法是创建一个显示内容的表格，然后将动态内容导入该表格中。

2．创建动态内容源

动态 Web 站点需要一个内容源，在将数据显示在网页上之前，动态 Web 站点需要从该内容源提取这些数据。在 Web 页中使用内容源之前，必须执行以下操作：

① 创建动态内容源（如数据库）与处理该页面的应用程序服务器之间的连接；使用"绑定"面板创建数据源；选择数据源并将其插入到页面中。

② 通过创建记录集指定要显示数据库中的哪些信息，或指定希望在该页面中包括哪些变量。还可以在"记录集"对话框内测试查询，并可以进行任何必要的调整，然后再将其添加到"绑定"面板。

③ 选择动态内容元素并将其插入到选定页面。

3．向 Web 页添加动态内容

定义记录集或其他数据源并将其添加到"绑定"面板后，可以将该记录集所代表的动态内容插入到页面中。Dreamweaver 的菜单驱动型界面使得添加动态内容元素非常简单，只需从"绑定"面板中选择动态内容源，然后将其插入到当前页面内的相应文本、图像或表单对象中即可。

将动态内容元素或其他服务器行为插入到页面中时，Dreamweaver 会将一段服务器端脚本插入到该页面的源代码中。该脚本指示服务器从定义的数据源中检索数据，然后将数据呈现在当前网页中。

4．向页面添加服务器行为

除了添加动态内容外，还可以通过使用服务器行为将复杂的应用程序逻辑结合到 Web 页中。服务器行为是预定义的服务器端代码片段，这些代码向网页添加应用程序逻辑，从而提供更强的交互性能和功能。

以下是 Dreamweaver 的服务器行为：

① 定义来自现有数据库的记录集。所定义的记录集随后存储在"绑定"面板中。

② 在一个页面上显示多条记录。可以选择整个表、包含动态内容的各个单元格或各行，并指定要在每个页面视图中显示的记录数。

③ 创建动态表并将其插入到页面中，然后将该表与记录集相关联。以后可以分别使用属性面板和重复区域服务器行为来修改表的外观和重复区域。

④ 在页面中插入动态文本对象。插入的文本对象是来自预定义记录集的项，可以对其应用任何数据格式。

⑤ 创建记录导航和状态控件、主/详细页面以及用于更新数据库中信息的表单。

⑥ 显示来自数据库记录的多条记录。

⑦ 创建记录集导航链接，这种链接允许用户以翻页的方式查看来自数据库的记录。

⑧ 添加记录计数器，以帮助用户跟踪返回了多少条记录以及它们在返回结果中所处的位置。

5．测试和调试页面

页面测试是网页设计的最后一个环节，主要包括以下测试内容：页面的显示效果、各种超链接、网页提供的交互功能、浏览器的兼容性等。通过页面测试，还能进一步检查整个网站信息结构设计和文件组织结构设计的正确性。

请读者注意，本小节内容十分重要，在熟悉动态网页设计过程之前，务必经常查阅这部分内容。

8.2 ASP 简 介

ASP（Active Server Pages）是一套 Microsoft 开发的服务器端脚本环境，ASP 内含于 IIS 中。通过 ASP，可以结合 HTML 网页、ASP 指令和 ActiveX 控件来建立动态、交互且高效的 Web 服务器应用程序。有了 ASP 就不必担心客户的浏览器不能运行所编写的代码，因为所有的程序都将在服务器端执行，包括所有嵌在普通 HTML 中的脚本程序。当程序执行完毕后，服务器仅将执行的结果返回给客户浏览器，这样也就减轻了客户端浏览器的负担，大大提高了交互的速度。

ASP 程序主要由 3 部分组成：HTML、脚本语言（主要是 VBScript 和 JavaScript 语言）和 ASP 的内置对象。

8.2.1 ASP 的工作流程

ASP 程序是以 .asp 为扩展名的文本文件，利用文本编辑器编辑完成后，保存到 Web 服务器的指定目录下。

首先，用户通过客户机上的浏览器向 Web 服务器请求执行 .asp 文件，服务器收到请求后调用 ASP 处理程序，该程序读取请求的 .asp 文件，执行其中的服务器端脚本，并生成静态的 HTML 页面回送给客户机的浏览器。因此，当用户浏览 ASP 页面时，浏览器解释执行的是服务器端的执行结果——HTML 文档。

完成用户与服务器间的数据交换须有以下设计环节：

① 设计制作浏览器端的交互表单，为用户提供数据交互窗口。

② 设计编写 ASP 脚本应用程序，在服务器端处理用户请求的数据。

③ 设计用户数据库并完成数据库和 ASP 应用程序间的数据连接。

④ 设计 ASP 程序的运行环境，即在服务器上安装 ASP 程序的脚本引擎（解释程序）。而脚本引擎包含在 Web 服务器管理程序（IIS 或 PWS）中，所以这一步也就是安装服务器管理程序，建立模拟服务器的过程。

8.2.2 ASP 应用程序

与一般的程序不同，.asp 程序无须编译。ASP 程序的控制部分，是使用 VBScript、JavaScript 等脚本语言来设计的，当执行 ASP 程序时，脚本程序将一整套命令发送给脚本解释器（即脚本引擎），由脚本解释器进行翻译并将其转换成服务器所能执行的命令。当然，同其他编程语言一样，ASP 程序的编写也要遵循一定的规则，如果想使用脚本语言编写 ASP 程序，那么服务器上必须要有能解释这种脚本语言的脚本解释器。在安装 ASP 时，系统提供了两种脚本语言：VBSrcipt 和 JavaScript，而 VBScript 则被作为系统默认的脚本语言。

（1）ASP 程序的语法结构

ASP 程序是由文本、HTML 标记、脚本语言代码和 ASP 脚本命令组合而成的。ASP 程序的扩展名必须为.asp，否则程序不能被执行。在 ASP 程序中，脚本通过分隔符与文本和 HTML 标记区分开来。文本和 HTML 标记像在 html 文档中一样直接发送到浏览器，脚本代码由脚本引擎解释执行后将结果以 html 的形式发给浏览器。

使用 VBScript 和 JavaScript，既可编写服务器端脚本，也可编写客户端脚本。服务器端脚本在 Web 服务器上执行，生成发送到浏览器的 HTML 页面。在 ASP 程序中，服务器端脚本要用分隔符<%和%>括起来，或者在<SCRIPT></SCRIPT>标记中使用 RUNAT=Server 命令说明脚本在服务器端执行。

客户端脚本由<SCRIPT></SCRIPT>嵌入到 HTML 页面中，由浏览器执行。

例如，下面是一个简单的 ASP 程序：

```
<html>
<title>简单的 ASP 程序</title>
<body>
 当前时间是<%=Time()%>
</body>
</html>
```

用"记事本"或 Dreamweaver 等编辑工具编写以上代码后，将其保存到 Web 站点的主目录中，这样就可以在浏览器的地址栏通过输入文件的 URL 地址来进行访问。在 ASP 分隔符<%和%>内，可以包括脚本语言允许的任何语句、函数、表达式和操作符等。例如，下面给出的条件语句 If…Then…Else 便是常用的 VBScript 语句：

```
<html>
<title>简单的 ASP 程序</title>
<body>
<FONT COLOR="Green">
<% If Time < #12:00:00# And Time >= #00:00:00# Then %>
早上好！
<% Else If Time < #19:00:00# And Time >= #12:00:00# Then %>
下午好！
<% Else %>
晚上好！
<% End If %>
<% End If %>
</body>
</html>
```

此例中的"Time"实际上是一个 VBScript 内置的显示系统当前时间的函数，由于系统默认的脚本语言是 VBScript，因此当在 ASP 命令中调用该函数时，脚本引擎会自动将其转换成当前的系统时间。上面的代码根据时间段在浏览器上显示不同的问候语。这样，在正午 12 点（Web 服务器所在的时区）前浏览该程序时，将看到"早上好！"，下午 7 点前浏览时，将看到"下午好！"，而晚上 7 点到 12 点浏览时，将看到"晚上好！"。

在语句的不同部分之间也可直接加入 HTML 文本，如上面的脚本在 If…Then…Else…语句中加入了 HTML 文本。

ASP 中也有循环控制命令，下面的程序由 for 命令实现循环控制，在浏览器上显示"1 2 3 4 5 6 7 8 9 10"，可编程如下：

```
<html>
<title>简单的 ASP 程序</title>
```

```
<body>
<FONT COLOR="Green">
<% for i=1 to 10 %>
<%=i%> 
<% next %>
</body>
</html>
```

（2）ASP 命令

在 ASP 程序中除了使用脚本语言外，还可以使用 ASP 本身的两个重要的命令：输出命令和处理命令。

① 输出命令：形如<%= expression %>，显示表达式值。例如，前面的<%=i%>就是用于将 i 的值传送到浏览器的输出命令。

② 处理命令：形如<% kerword %>，提供处理.asp 文件所需要的信息。例如，以下命令将 JavaScript 设为主脚本语言：<% LANGUAGE=JavaScript %>

处理命令必须出现在.asp 文件的第一行，而且和关键字之间必须加入一个空格。

（3）ASP 的内置对象

在面向对象编程中，对象就是指具有完整功能的操作和数据组成的变量。对象是基于特定模型的，在对象中客户使用对象的服务通过由一组方法或相关函数的接口访问对象的数据，然后客户端可以调用这些方法执行某种操作。ASP 提供了可在脚本中使用的内置对象。这些对象使得收集通过浏览器请求发送的信息、响应浏览器以及存储用户信息更容易，从而使对象开发者摆脱了很多烦琐的工作。目前的 ASP 版本总共提供了 Response、Request、Application、ObjectContext、Server、Session 等 6 个内置对象。下面简单介绍几个最常用的 ASP 内置对象及 Cookie 技术，要全面掌握内置对象的应用，请参考专门资料。

① Response 对象。ASP 的 Response 对象用于将服务器端的数据以 HTML 格式发送到客户端浏览器。Response 常用的方法有 Write 方法和 Redirect 方法。

Write 方法。Write 方法可以动态地向浏览器输出内容。在 Write 方法中可以嵌入任何的 HTML 合法标记。下面是用法示例：

```
<FONT SIZE='10'> <% Response.write '你好' %></FONT>
```

或者：

```
<% Response.write "<FONT SIZE=10>你好</FONT>"%>
```

以下是一段 HTML 编码，其功能与上面的 ASP 代码相同。

```
<FONT SIZE='10'>你好! </FONT>
```

Redirect 方法。Redirect 方法使浏览器重定向到指定的 URL。这也是一个常用方法，它可以根据客户的不同响应，使浏览器打开不同的页面。例如，下面的 ASP 程序能够根据用户的选择信息打开百度主页或谷歌主页：

```
<html>
<body>
<form name="exam_form" method="post">
<select name="hpage">
<option value="百度">百度</option>
<option value="谷歌">谷歌</option>
</select>
<input type="submit" value="提交">
</form>
```

```
<%
if request.form("hpage")="百度" then
response.redirect("http://www.baidu.com")
elseif request.form("hpage")="谷歌" then
response.redirect("http://www.google.com")
end if
%>
</body>
</html>
```

② Request 对象。可以使用 Request 对象访问任何基于 HTTP 请求传递的信息，包括 HTML 表单用 POST 方法或 GET 方法传递的参数、Cookie 和用户认证。Request 对象能够访问客户端发送给服务器的二进制数据。

如果 Web 页的表单使用"GET"方式提供参数，则获取数据的命令格式如下：

```
strname=REQUEST.QueryString("parameter ")
```

如果 Web 页的表单使用"POST"方式提供参数，则获取数据的命令格式如下：

```
strname=REQUEST.form("parameter")
```

③ Cookie 技术。Cookie 是一个标记，由 Web 服务器嵌入到用户的浏览器中用以标识用户。Cookie 信息保存在客户端的磁盘上，当用户再次访问 Web 服务器的网页时，站点的页面会查找这个标记，并将其传送到 Web 服务器。每个 Web 站点都有 Cookie 标记，标记的内容可以随时读取，但只能由该站点的页面完成。每个站点的 Cookie 与其他所有站点的 Cookie 存储在同一文件夹中的不同文件内（可以在 Windows 的 Cookie 文件夹中找到这些信息）。Cookie 是 Web 服务器标识客户的唯一标记，使用 Cookie 还可以在页面之间交换信息。Request 提供的 Cookies 集合允许用户检索在 HTTP 请求中发送的 Cookie 的值。这项功能经常被使用在要求认证客户密码的电子公告板、Web 聊天室等 ASP 程序中。以下是 Cookies 的用法示例：

示例一：设置变量 loginid 的值为登录时间。

```
<% Response.Cookies("loginid") = now() %>
```

该命令被执行后，变量 loginid 就会被创建或被重新赋值。

示例二：读取上例中 loginid 的值。

```
<% =Request.Cookies("loginid") %>
```

说明：使用 Cookie 时，必须将设置 Cookie 的代码放在 HTML 之前。

8.3 建立 Dreamweaver 的 ASP 动态网页环境

要设计开发动态网页，就要建立动态网页的运行环境。使用 Dreamweaver 设计开发 ASP 动态网页，须建立以下运行环境：

① 在本地机安装 Web 服务器。在 Windows 环境中，常用的 Web 服务器是 Microsoft Internet Information Server，即 IIS。

② 定义 Dreamweaver 的动态站点。

③ 建立 Web 应用程序与数据库的连接。

8.3.1 安装、配置 IIS

网页在发布之前，通常是在本地 Web 服务器进行开发测试的，开发完成之后，再上传到

Internet 远程服务器。作为本地 Web 服务器的 IIS 有多个版本，本节介绍在 Windows XP 系统上安装配置 IIS 5.1 的方法。

（1）安装 IIS

① 在控制面板中启动"添加/删除程序"，然后选择"添加/删除 Windows 组件"，打开如图 8-6 所示的"Windows 组件向导"对话框。

② 选择"Internet 信息服务（IIS）"选项，单击"下一步"按钮，然后按提示操作即可安装 IIS。

（2）配置 IIS

① IIS 安装成功之后，单击任务栏的"开始"按钮，选择"控制面板/管理工具/Internet 信息服务"命令，打开如图 8-7 所示"Internet 信息服务"窗口，对 IIS 进行配置。

图 8-6　Windows 组件向导

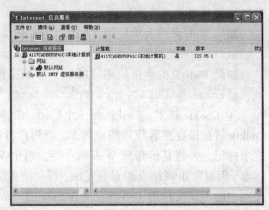

图 8-7　"Internet 信息服务"窗口

② 右击"默认网站"，在弹出的快捷菜单中选择"属性"命令，打开如图 8-8 所示的"默认网站属性"对话框。

③ 选择"主目录"选项卡，显示如图 8-9 所示的"默认网站属性"设置界面，设置本地路径。本地路径是 IIS Web 服务器的根目录，默认设置时，该目录为 C:\Inetpub\wwwroot。需要更改时，在"本地路径"文本框中输入新的路径。例如，可将 D:\Webroot 设为 IIS Web 服务器的本地路径。

图 8-8　"默认网站属性"对话框

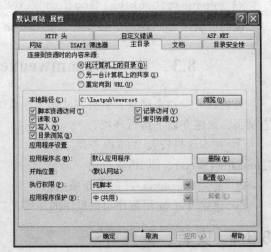

图 8-9　"默认网站属性"设置主目录界面

④ 选择"文档"选项卡，显示如图 8-10 所示的"默认网站属性"文档设置界面，设置默认文档。默认文档就是当打开本地路径时所要显示的第一个页面。默认文档允许有多个，在文档列表中选择文档名称后，使用上、下箭头按钮，可以改变默认文档的查找顺序。

图 8-10 "默认 Web 站点属性"设置文档界面

⑤ 单击"确定"按钮，完成 IIS 的配置。

8.3.2 定义 Dreamweaver 的动态站点

安装 IIS 之后，使用 Dreamweaver 的"站点管理"命令即可定义动态站点。为 Web 应用程序定义 Dreamweaver 站点需进行以下操作：

（1）定义本地文件夹

本地文件夹是在本地计算机上用来存储站点文件工作副本的文件夹。Dreamweaver 允许为创建的每个新 Web 应用程序定义一个本地文件夹。定义本地文件夹便于站点文件的管理。

（2）定义远程文件夹

将运行 Web 服务器的计算机上的文件夹定义为 Dreamweaver 远程文件夹。远程文件夹是为 Web 应用程序在 Web 服务器上创建的文件夹。

（3）定义测试文件夹

Dreamweaver 使用测试文件夹生成和显示动态内容并连接到数据库。

【例 8.1】按如下要求定义 Dreamweaver 的动态站点。

① 站点名称：动态站点。

② 站点本地根文件夹：D:\Website，默认的图像文件夹：D:\Website\images\。

③ 远端文件夹使用本地 Web 服务器设置的默认根文件夹：C:\Inetpub\wwwroot\。

④ 测试文件夹与远程文件夹相同。

设置过程如下：

① 启动 Dreamweaver CS3，选择"站点/新建站点"命令，打开如图 3-9 所示的站点定义窗

口，按如图 8-11 所示定义本地信息。

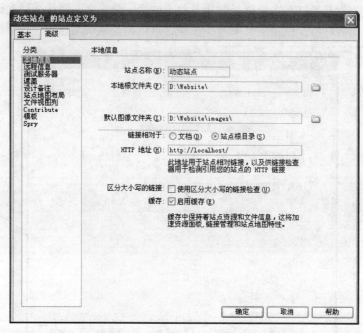

图 8-11 "动态站点"的本地信息

② 选择"远程信息"类别，按如图 8-12 所示定义远程信息。需要注意的是，"保存时自动将文件上传到服务器"复选框务必选中，以便自动将本地站点的文件上传至服务器。

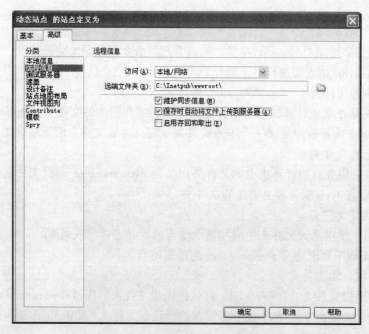

图 8-12 "动态站点"的远程信息

③ 选择"测试服务器"类别，按如图 8-13 所示定义测试服务器信息。

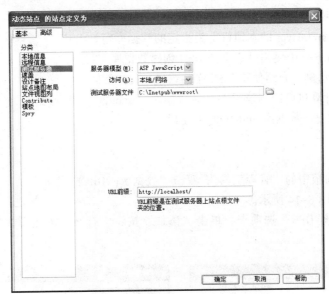

图 8-13　"动态站点"的测试服务器信息

④ 单击"确定"按钮，Dreamweaver 即完成"动态站点"的定义。

说明：

定义完成的 Web 站点，可通过以下方法进行测试。

① 新建一个 HTML 文档，输入文档内容后保存，本例命名为 test.html。

② 打开 Web 浏览器，在地址栏输入 http://localhost/test.html，按【Enter】键后，若能正确显示页面，则说明 Web 站点运行正常。

8.3.3　建立 Web 应用程序与数据库的连接

只有建立了 Web 应用程序与数据库的连接之后，Web 页才能够使用数据库，实现 Web 页与数据库的通信。Microsoft 公司开发的 ODBC（开放式数据库连接）驱动程序和 OLE DB（嵌入式数据库）提供程序都能用来建立数据库连接。表 8-1 列出了可以与 Microsoft Access、Microsoft SQL Server 以及 Oracle 数据库一起使用的驱动程序。

表 8-1　数据库及其驱动程序

数　据　库	数据库驱动程序
Microsoft　Access	Microsoft Access 驱动程序（ODBC） 用于 Access 的 Microsoft Jet 提供程序（OLE DB）
Microsoft SQL Server	Microsoft SQL Server 驱动程序（ODBC） Microsoft SQL Server 提供程序（OLE DB）
Oracle	Microsoft Oracle 驱动程序（ODBC） Oracle Provider for OLE DB

建立 Web 应用程序与数据库连接的方法有多种，如可以使用数据源名称（DSN）连接到数据库，也可以使用连接字符串连接到数据库。无论使用哪一种连接方法，在连接之前必须首先创建数据库。

使用 DSN 连接数据库包括以下两个步骤：

① 在运行 Dreamweaver 的本地机上为指定的数据库定义 DSN。

② 在 Dreamweaver 中使用已定义的 DSN 创建数据库连接。

本节通过一个示例，介绍使用 DSN 连接数据库的方法。

【例 8.2】本地计算机已经创建了 Access 数据库 club.mdb，要求创建一个文件名为 example.asp 的 ASP 页面，并建立与数据库 club.mdb 的连接。

操作过程如下：

（1）定义 DSN

① 启动控制面板中的"管理工具"，双击"数据源(ODBC)"图标，打开"ODBC 数据源管理器"对话框，如图 8-14 所示。

② 选择"系统 DSN"选项卡，单击"添加"按钮，打开"创建新数据源"对话框，如图 8-15 所示。

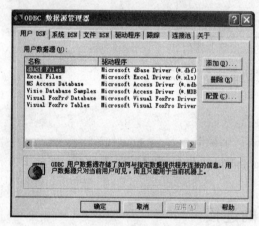

图 8-14 "ODBC 数据源管理器"对话框

图 8-15 "创建新数据源"对话框

③ 在名称列表中选择"Microsoft Access Driver(*.mdb)"，然后，单击"完成"按钮，打开"ODBC Microsoft Access 安装"对话框，如图 8-16 所示。

④ 在"数据源名"文本框中输入 clubDSN，必要时在"说明"文本框中输入备注信息，然后单击"选择"按钮，打开"选择数据库"对话框，在计算机中浏览选择 club.mdb 数据库，如图 8-17 所示。

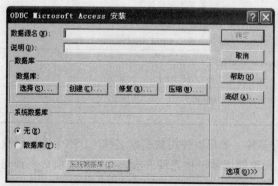

图 8-16 "ODBC Microsoft Access 安装"对话框

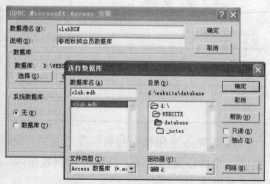

图 8-17 定义数据源信息

⑤ 单击"确定"按钮，完成数据源 clubDSN 的定义，图 8-18 所示是创建新数据源 clubDSN 之后的"ODBC 数据源管理器"窗口。

说明：若要删除已经建立的 DSN，只需在"ODBC 数据源管理器"对话框中选定数据源名称，然后，单击"删除"按钮即可。

（2）创建 ASP 页面，并建立与数据库 club.mdb 的连接

① 启动 Dreamweaver，使用"新建"命令，打开"新建文档"对话框，选择"ASP JavaScript"，然后单击"创建"按钮，打开文档窗口，并将文档保存为 example.asp。

② 选择"窗口/数据库"命令，打开 "数据库"面板，如图 8-19 所示。

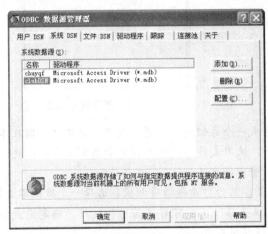

图 8-18　"选择数据库"对话框

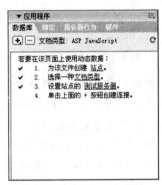

图 8-19　"数据库"面板

③ 单击该面板上的添加按钮 ，然后从菜单中选择"数据源名称（DSN）"，打开"数据源名称（DSN）"对话框，输入连接名称 exam_clubDSN，选择"使用本地 DSN"单选按钮，并从"数据源名称（DSN）"对话框中选择要使用的 DSN，如图 8-20 所示。

说明：

① 输入的"连接名称"中不能使用空格或特殊字符，连接名称应便于记忆。

② 必要时，可输入"用户名"和"密码"，以限定数据库访问用户。

④ 单击"测试"按钮，对当前设置的数据库连接进行测试，正常连接时显示图 8-21 所示的信息框。

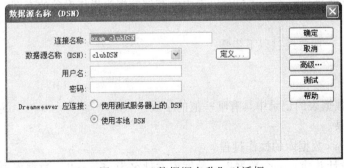

图 8-20　"数据源名称"对话框

图 8-21　测试结果信息框

⑤ 单击"确定"按钮，完成数据库连接的设置。此时，数据库面板情况如图 8-22 所示，单击连接名称前面的（+）连接符，即显示该连接的数据库信息，如图 8-23 所示。

图 8-22　建立连接的数据库面板

图 8-23　显示连接的数据库信息

说明：当创建数据库连接后，将会自动生成一个存储连接信息的文件，该文件存储在本地站点根文件夹下的"Connections"子文件夹中，使用文件面板或数据库面板都能管理所建立的连接。以下是通过数据库面板对连接信息进行管理的方法：

① 在 Dreamweaver 中打开任何一个 ASP 页，然后打开数据库面板，选择一个数据库连接。

② 右击该连接，然后从菜单中选择"编辑连接"，即可对连接进行编辑。确定完成编辑之后，Dreamweaver 将更新该站点中使用此连接的所有页。

③ 右击该连接，然后从菜单中选择"删除连接"，即可将该连接删除。

数据库连接建立之后，即可在 ASP 文档中使用相应的数据库。具体使用方法，将在后续内容中陆续介绍，这是本教材动态网页设计部分的主要内容。

8.4　Access 数据库的基本操作

Access 是 Microsoft 开发的一种关系型数据库系统，它定位于中小规模的数据管理，能够简便快捷地设计开发中小规模数据库系统，在中小型网站中获得了广泛应用，是中小型网站的主要数据库系统。

Access 数据库不仅包含用于存储数据的表，还包含以表中的存储数据为操作对象的查询、报表等数据库对象。

使用 Access 设计建立数据库，一般要经过以下步骤：

① 创建数据库。

② 在数据库中创建数据表。

③ 确定数据表的主键，即在数据表的记录中具有唯一值的字段。

④ 在数据表中添加、编辑记录。

下面通过一个实例，介绍 Access 数据库的操作过程。

【例 8.3】为春雨秋枫俱乐部设计并建立一个数据库，数据库文件名为 club.mdb，数据库中有 member 和 password 两个数据表，数据表的结构及当前数据如图 8-24 和图 8-25 所示。

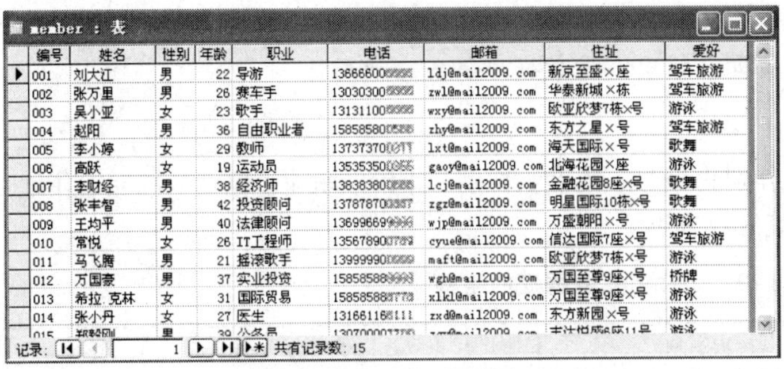

图 8-24 member 数据表

图 8-25 password 数据表

操作过程如下：

1. 创建 club.mdb 数据库

① 启动 Access 2003，选择"新建/空数据库"命令，打开"文件新建数据库"对话框，在"文件名"文本框中输入数据库文件名 club.mdb，选择文件存储位置，如图 8-26 所示。

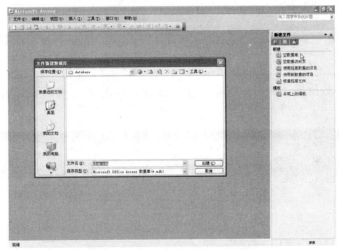

图 8-26 创建 club.mdb 数据库的窗口

② 单击"创建"按钮，打开图 8-27 所示"club：数据库"窗口，表明 club.mdb 数据库创建成功。

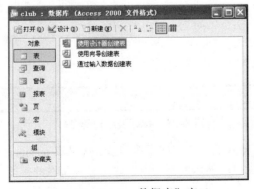

图 8-27 "club：数据库"窗口

说明： 本例选择的数据库文件 club.mdb 的存储位置，是"动态站点"的本地文件夹 D:\Website\database，在后续的动态网页设计中，该数据库将多次使用。

2．创建 member 数据表

member 数据表共有 9 个字段，分别为编号、姓名、性别、年龄、职业、电话、邮箱、住址、爱好，字段的数据类型及其大小如表 8-2 所示。

表 8-2　member 数据表的结构

字 段 名 称	字段数据类型	字 段 大 小
编号	文本	6
姓名	文本	50
性别	文本	2
年龄	数字	整型
职业	文本	50
电话	文本	15
邮箱	文本	50
住址	文本	50
爱好	文本	50

① 在"club：数据库"窗口中双击"使用设计器创建表"，打开设计表结构的窗口，如图 8-28 所示。

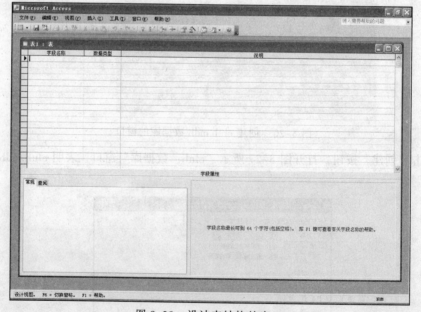

图 8-28　设计表结构的窗口

② 在表设计窗口中，输入表 8-2 中的字段信息，定义表 member 的结构，如图 8-29 所示。其中，左下角的"常规"窗口中显示的是当前字段（光标所在的字段，有黑三角指示符）的相关信息。

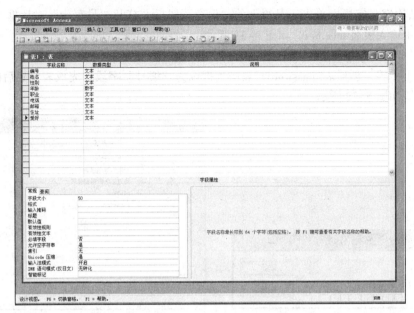

图 8-29　表 member 的结构

说明：在"常规"窗口中，字段"允许空字符串"项的默认值为"是"，即输入记录时，允许该字段为空。若修改为"否"，则该字段为空时，数据表将不接受该记录。

③ 定义主键。在数据表中，主键具有特别的作用，使用主键能够唯一地确定一个记录。若指定某个字段为主键时，所有的记录中该字段的值必须互不相同，即具有唯一性。表 member 中的"编号"字段可以设置为主键。

在表 member 的设计窗口中，单击"编号"字段的行选择器（字段名左侧的方框），选定"编号"行。单击工具栏上的钥匙图标 ，将钥匙加在"编号"字段上，编号字段即设置为主键，如图 8-30 所示。

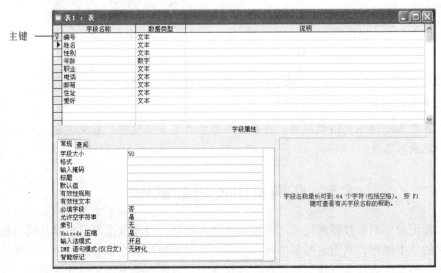

图 8-30　设置了主键的 member 表

④ 表结构定义完毕，单击工具栏上的"保存"图标，打开"另存为"对话框，在"表名称"文本框中输入表名 member，如图 8-31 所示。

⑤ 单击"确定"按钮，完成表 member 的创建操作。

按照以上步骤，创建表 password，表的主键设为"编号"字段。完成表创建后的"club：数据库"窗口如图 8-32 所示。

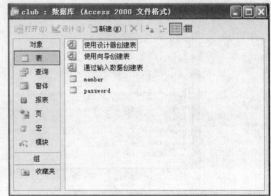

| 图 8-31 "另存为"对话框 | 图 8-32 创建了数据表的"club：数据库"窗口 |

3．在数据表中添加、编辑记录

① 在"club：数据库"窗口中双击表名 member，打开如图 8-33 所示的"member ：表"输入窗口，在表中逐行输入各个记录的数据。

编号	姓名	性别	年龄	职业	电话	邮箱	住址	爱好
001	刘大江	男	22	导游	13666600■■	1dj@mail2009.com	新京至盛×座	驾车旅游
002	张万里	男	26	赛车手	13030300■■	zw1@mail2009.com	华泰新城×栋	驾车旅游
003	吴小亚	女	23	歌平	13131100■■	wxy@mail2009.com	欧亚欣罗7栋×号	游泳
004	赵阳	男	36	自由职业者	15858580■■	zhy@mail2009.com	东方之星×号	驾车旅游
005	李小婷	女	29	教师	13737370■■	1xt@mail2009.com	海天国际×号	歌舞
006			0					

图 8-33 "member ：表"输入窗口

② 数据输入完毕后关闭窗口，完成 member 表的数据输入操作。

表 password 的数据输入操作与此相同。

提示：本节建立的 club.mdb 数据库，将在后续教学内容多次使用，希望读者注意熟悉其数据表的结构和记录内容。

8.5　在网页中使用数据库

浏览数据库记录、搜索数据库记录、向数据库插入记录、删除数据库记录以及编辑数据库记录是数据库的基本操作，熟悉这些基本操作是使用数据库的基础。本节通过具体示例，介绍在网页中完成这些操作的基本方法，掌握这些操作方法，是进行动态网页设计的基础。

说明：本节所有的示例页面都在 8.3 节建立的"动态站点"中设计，在 8.3 节中建立的数据库连接 exam_clubDSN，对本节所有的 ASP 文档有效。

8.5.1 浏览数据库记录

浏览数据库记录，是指通过网页显示指定数据库表中的记录，在显示结果中，可以显示记录的完整信息，也可以只显示部分字段的信息。以下是在网页中浏览数据库所必需的环节：

① 建立数据库连接。

② 创建记录集。动态网页通过应用程序服务器使用记录集，而不直接与数据库通信，在页面显示的记录的直接来源是记录集。

③ 将记录集中的动态字段添加到页面中。一般会先设置一个表格，然后将动态内容源添加到表格中。

④ 在页面的动态源区域添加"重复区域"服务器行为，以显示多个记录。

下面通过一个实例说明浏览数据库记录的实现过程。

【例 8.4】在"动态站点"网站中设计如图 8-34 所示的动态页面，以便在 Web 浏览器上对春雨秋枫俱乐部 club.mdb 数据库的 member 表进行记录浏览。

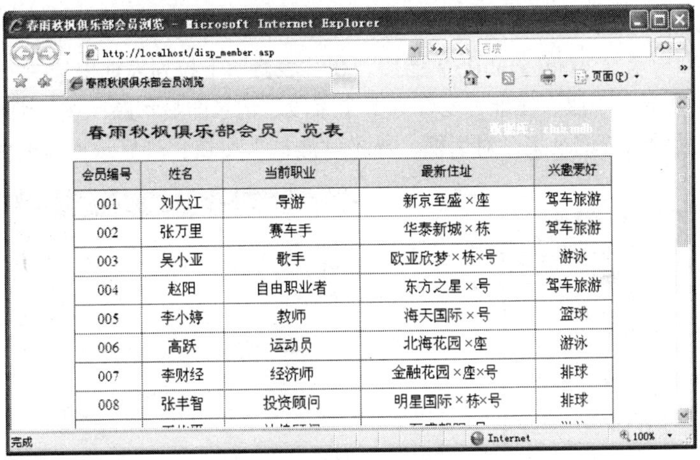

图 8-34 数据库浏览页面

实现本例的设计要求须考虑以下几个方面：

① 本例使用"动态站点"，在 8.3 节中建立的数据库连接对该站点的所有动态页面有效，新建 ASP 文档后在"数据库"面板中即显示数据库连接 exam_clubDSN。

② 由于显示结果只有记录的部分字段，所以创建记录集时应对字段进行选择，只选用 member 表中的编号、姓名、职业、住址、爱好这 5 个字段。

③ 记录集中的记录按照编号字段升序排列。

④ 本例用表格形式显示记录，因此需在页面文档中创建相应的表格，然后在表格中添加动态数据。

⑤ 要在页面中添加"重复区域"服务器行为，以显示多条记录。

设计与操作过程：

（1）新建一个 ASP 文档

新建一个 ASP 文档，保存为 disp_member.asp（请读者注意观察，打开该文档窗口时，数据库连接 exam_clubDSN 即已出现在数据库面板中）。

（2）设计用于布局显示结果的表格

① 在文档窗口中插入一个宽度为 600 像素的表格，用于设置浏览页面的表格标题，并设置表格居中显示。

② 在标题表格下方插入一个 2 行 5 列的表格，表格宽度设置为 600 像素，行高设置为 30 像素，在表格第一行输入各栏目标题，单元格居中对齐，文字大小为 14 像素，设置好表格边框和表格标题格式，并设置表格在窗口中居中显示。此时文档窗口的设计视图如图 8-35 所示。

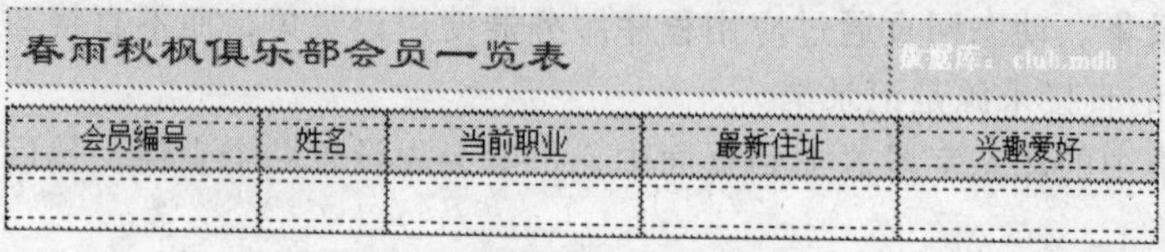

春雨秋枫俱乐部会员一览表				俱乐库：club.mdb
会员编号	姓名	当前职业	最新住址	兴趣爱好

图 8-35　文档窗口的设计视图

（3）在"绑定"面板中建立当前页面的记录集

① 打开"绑定"面板，单击面板上的添加按钮⊞，在显示的绑定菜单中选择"记录集（查询）"命令，如图 8-36 所示。

② 单击"记录集（查询）"命令之后，打开"记录集"对话框，命名记录集为 RS_liulan，在"连接"下拉列表框中选择 exam_clubDSN 连接，在"表格"下拉列表框中选择 member，在"列"项目中选定编号、姓名、职业、住址、爱好等 5 个字段，记录的显示顺序按"编号"升序排序。如图 8-37 所示为设置后的"记录集"对话框，单击"测试"按钮，将显示当前设置的记录集结果。

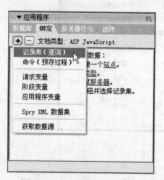

图 8-36　"绑定"面板

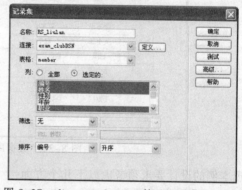

图 8-37　disp_member.asp 的"记录集"对话框

说明：记录集中的字段，即是在"列"项目中选定的字段。只有隶属于记录集的字段，才能在页面文档中使用。

③ 单击"确定"按钮后，定义的记录集将显示在"绑定"面板中，图 8-38 所示是展开记录集 RS_liulan 时的"绑定"面板。由图示可见，在记录集 RS_liulan 中出现的字段仅是在"记录集"对话框中选定的字段，member 数据表中的其他字段，并未出现在"绑定"面板的记录集中。未在记录集中的字段，不能用作当前页面的动态数据。

（4）在表格中添加动态数据

将"绑定"面板中的记录集字段分别拖动到表格的对应单元格中，以实现记录集字段和页面的绑定。添加动态数据后文档窗口的设计视图如图 8-39 所示。此时，"服务器行为"面板如图 8-40 所示。

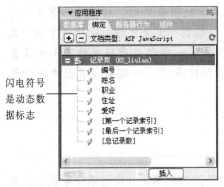

闪电符号是动态数据标志

图 8-38　定义了记录集的"绑定"面板

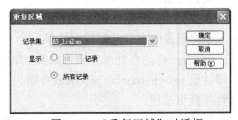

图 8-39　添加动态数据后文档
窗口的设计视图

（5）在表格中设置重复区域

① 选定插入动态数据的表格行。

② 打开"服务器行为"面板，单击添加按钮 ⊞，在显示的服务器行为中选择"重复区域"行为，打开"重复区域"对话框，选择记录集名称，并设定在重复区域显示所有记录，如图 8-41 所示。

添加到文档中的记录集字段

记录集名称

图 8-40　表格中添加动态数据后的
"服务器行为"面板

图 8-41　"重复区域"对话框

设定"重复区域"后文档窗口的设计视图如图 8-42 所示，"服务器行为"面板如图 8-43 所示。

添加在当前文档上的所有服务器行为，都会显示在该面板中

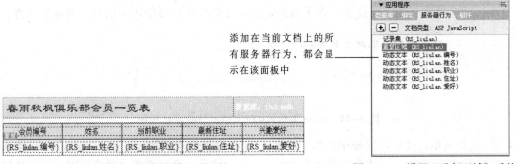

图 8-42　设定"重复区域"后文档
窗口的设计视图

图 8-43　设置"重复区域"后的
"服务器行为"面板

说明："重复区域"是最常用的服务器行为之一。显示数据表格时，标记为"重复"的表格行将连续地显示记录集中的记录，能够显示的记录个数由"重复区域"对话框中的"显示"参数确定。当选择"所有记录"时，将从记录集中的第一个记录开始连续显示记录集的全部记录；否则，按指定的记录数显示记录。当记录数较多时，一般要在页面中添加记录导航条。

③ 保存文件，预览页面，结果如图 8-34 所示。

8.5.2 搜索数据库记录

搜索数据库记录，是指通过网页在数据库中搜索符合条件的记录，并将搜索结果显示在网页中。搜索记录一般需要两个页面，一个页面用于输入搜索条件，另一个页面根据搜索条件搜索记录并显示结果。

【例 8.5】在"动态站点"网站中，设计一组能够按照"爱好"信息在 club.mdb 数据库中搜索记录的页面。例如，在浏览器端提交"爱好"为"游泳"的搜索信息时，数据库中所有有"游泳"爱好的会员记录都将显示在浏览器页面中。

设计规划：

① 设计 input_info.asp 页面，供用户输入搜索信息。Dreamweaver 称此类页面为搜索页面（提供搜索信息的页面）。

② 设计 search_member.asp 页面，用于启动搜索任务，并显示结果。该页面具体功能如下：

- 读取搜索页提交的搜索参数。
- 连接到数据库并查找记录。
- 使用找到的记录建立记录集。
- 显示记录集的内容，即搜索结果。

Dreamweaver 称此类页面为结果页面（即搜索结果页面）。搜索页面 input_info.asp 的数据提交后，即转至 search_member.asp 结果页面。

设计与操作过程：

（1）设计提供搜索信息的 input_info.asp 页面

① 新建一个 ASP 文档，保存为 input_info.asp。

② 设计 input_info.asp 的页面格式，如图 8-44 所示。其中，外围的虚线框是一个表单，页面的所有元素都放在了表单中。页面中的文本域用于输入要搜索的信息，该文本域的名称设置为"xingqu"，这是一项重要设置，在下面的定义记录集操作中要使用该信息，请务必注意。

图 8-44 input_info.asp 在文档窗口的设计视图

③ 选择表单，在属性面板中作如下设置："动作"属性设置为 search_member.asp，使表单提交后转至结果页面；"方法"属性选择 POST 方法。然后，保存文件，浏览页面，显示结果如图 8-45 所示。

图 8-45　input_info.asp 浏览页面

说明：本步骤设置的"方法"属性，与下面要设置的记录集参数有关，请读者在后续步骤中注意该属性的应用情况。

④ 进行页面测试。

a. 新建空的 search_member.asp 文档。

b. 在 input_info.asp 浏览页面中输入信息，然后单击"搜索"按钮提交表单。若能正常打开 search_member.asp 文档，则表明测试正常。

（2）设计显示搜索结果的页面 search_member.asp

① 打开 search_member.asp 文档，在文档窗口中插入一个表单，在表单中插入用于布局数据库搜索结果的表格，然后插入文本信息，并设置格式。如图 8-46 所示是完成表格的设置后文档窗口的设计视图。

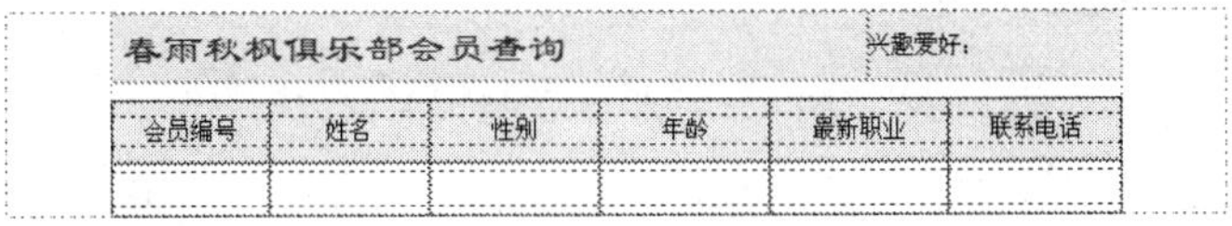

春雨秋枫俱乐部会员查询				兴趣爱好：	
会员编号	姓名	性别	年龄	最新职业	联系电话

图 8-46　页面元素布局设计

② 在"绑定"面板中打开"记录集"对话框，定义记录集，参数设置如图 8-47 所示。其中记录集中选定的字段有：编号、姓名、性别、年龄、电话、职业、爱好。

图 8-47　search_member.asp 文档的记录集

说明：

① "筛选"区域的参数定义了记录集收集记录的条件，即只有符合"筛选"条件的记录才能进入记录集。

② 本例中，用于搜索的输入信息来自 input_info.asp 页面的表单对象 xingqu（在前面的设置中，曾对该对象进行过特别强调。在这里将 xingqu 统称为表单变量），浏览 input_info.asp 页面时，在文本框中输入的信息即是该表单变量的值。一条数据库记录，若"爱好"字段的值与表单中输入的信息相同，则该记录符合要求。"筛选"区域的参数即是按照该条件设置的。

③ 若 input_info.asp 页面中，表单的"方法"属性设置为"GET"方法，则"筛选"区域中应选择"URL 参数"，而不能选择"表单变量"。

④ 表单对象名称也兼作表单变量名称或 URL 参数。

⑤ 在表格中添加动态数据并设置重复区域。

a. 在"绑定"面板中展开记录集，将记录集中的编号、姓名、性别、年龄、电话、职业等字段拖放到表格栏目标题下的对应相应单元格中，将"爱好"字段拖放到文本"兴趣爱好："之后。

b. 选择表格栏目标题下方的动态文本行，打开服务器行为面板，添加"重复区域"服务器行为。

c. 完成设置后，保存文档。此时，search_member.asp 文档的设计视图如图 8-48 所示。

图 8-48 search_member.asp 文档的设计视图

（3）浏览页面，查看结果

① 启动 Web 浏览器，在地址栏中输入 http://localhost/input_info.asp，打开如图 8-45 所示的会员查询页面。

② 在文本框中输入"游泳"，然后单击"搜索"按钮，显示页面如图 8-49 所示。

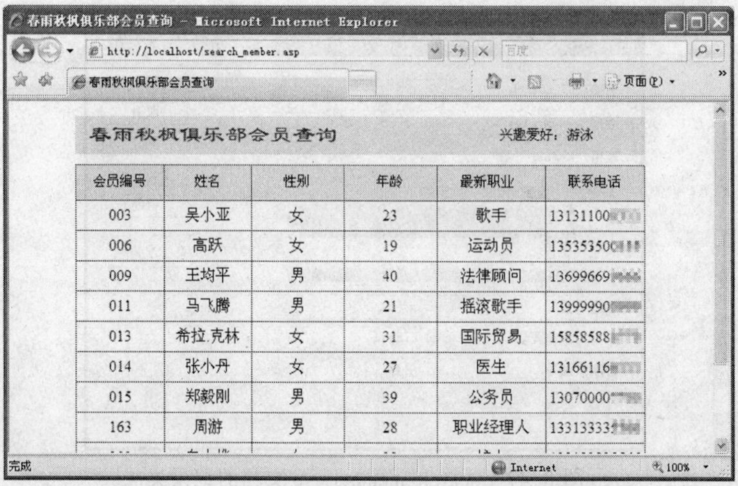

图 8-49 search_member.asp 的浏览页面（游泳）

③ 继续浏览 input_info.asp 页面，输入"驾车旅游"，然后单击"搜索"按钮，显示页面如图 8-50 所示。

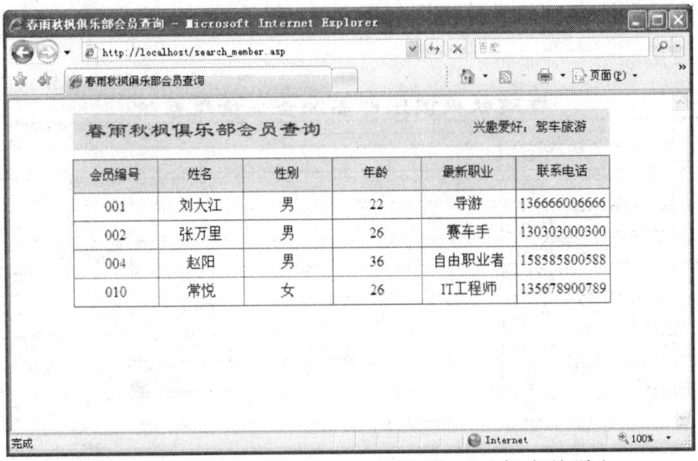

图 8-50 search_member.asp 的浏览页（驾车旅游）

8.5.3 向数据库插入记录

向数据库插入记录，是指在网页中输入记录数据，然后插入到指定的数据库表中。向数据库插入记录只需一个插入页面即可完成，该页面须包含用户输入数据的 HTML 表单，以及实现向数据库插入记录操作的"插入记录"服务器行为。

【例 8.6】设计一个动态网页，以便在 Web 浏览器中通过该网页向 club.mdb 数据库的 member 表中添加记录。

设计规划：

① 使用一个插入页 insert_member.asp 实现向数据库插入记录的操作。

② 插入页 insert_member.asp 由以下两个构造块组成。

● 一个允许用户输入数据的 HTML 表单。

● 一个更新数据库的"插入记录"服务器行为。"插入记录"服务器行为的作用是将页面表单中的数据插入到数据库中。

当用户在表单上单击具有"提交"功能的按钮时，服务器行为即在数据库表中插入记录。

设计与操作过程：

（1）新建一个 ASP 文档

新建一个 ASP 文档，保存为 insert_member.asp。

（2）在 insert_member.asp 文档窗口中设计页面

① 添加一个 HTML 表单，并将表单命名为 form_insert（在表单属性面板的"表单名称"框中输入 form_insert）。

② 在表单中插入一个用于布局页面的表格。

③ 在表格单元格中添加输入数据的表单对象，表单对象要与数据表 member 的字段对应一致，即表 member 中的每一个字段都要有一个表单对象与之对应。

说明：表单对象用于数据输入。为了实现该目的，经常会使用文本字段，但是也可以使用菜单、复选框和单选按钮等。本例中"性别"即使用了单选按钮的输入方式。

④ 在表单中添加一个"提交"按钮和"重置"按钮，使用属性面板，分别将其标签文字更改为"插入记录"和"重新输入"。

完成页面设计后文档窗口的设计视图如图 8-51 所示。

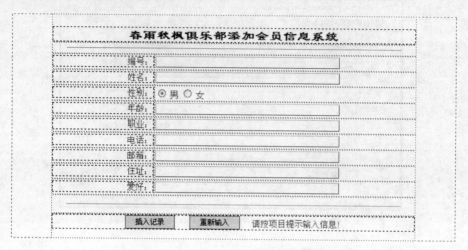

图 8-51　insert_member.asp 文档的设计视图

说明：

① 不要指定本窗口中表单的"动作"和"方法"属性，这些属性将由服务器行为"插入记录"自动设置。

② 用于输入数据的表单对象，其名称要在后续"插入记录"服务器行为中使用，命名时应易于理解和记忆，以便于参数设置。表 8-3 所示是各表单对象的名称及作用。

表 8-3　表单对象的名称及作用

表单对象的性质	表单对象名称	表单对象对应的作用
"编号"文本域	bianhao	为"编号"字段提供数据
"姓名"文本域	xingming	为"姓名"字段提供数据
"性别"单选按钮	xingbie	为"性别"字段提供数据
"年龄"文本域	nianling	为"年龄"字段提供数据
"职业"文本域	zhiye	为"职业"字段提供数据
"电话"文本域	dianhua	为"电话"字段提供数据
"邮箱"文本域	youxiang	为"邮箱"字段提供数据
"住址"文本域	zhuzhi	为"住址"字段提供数据
"爱好"文本域	aihao	为"爱好"字段提供数据

③ "性别"数据通过单选按钮选择输入。两个"性别"单选按钮的名称均为 xingbie，男按钮的"提交值"设置为"男"，女按钮的"提交值"设置为"女"，与数据库中"性别"字段的取值相同。

（3）建立 insert_member.asp 文档的记录集

打开"绑定"面板，按如图 8-52 所示的设置建立 insert_member.asp 文档的记录集 RS_insert，该记录集必须选用数据库表 member 的全部字段。

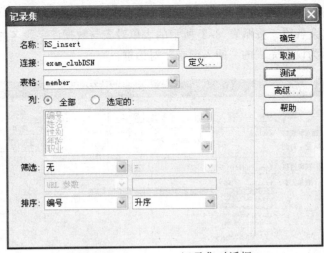

图 8-52　RS_insert 记录集对话框

（4）设置"插入记录"服务器行为。

① 打开"服务器行为"面板，单击添加按钮，在弹出的服务器行为菜单中选择"插入记录"行为，打开"插入记录"行为对话框，如图 8-53 所示。

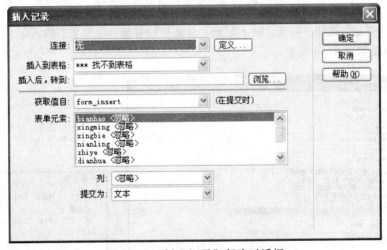

图 8-53　"插入记录"行为对话框

② 在"插入记录"行为对话框中进行以下设置：

- 在"连接"下拉列表中，选择数据库连接 exam_clubDSN。
- 在"插入到表格"下拉列表中，选择向其插入记录的数据库表 member。
- 在"插入后，转到"框中，浏览输入文件名 disp_member.asp（这是例 8.4 建立的浏览数据库表 member 的动态网页），以便立即查看记录插入结果。
- "获取值自"项指定用于输入数据的 HTML 表单，只有在这里指定的表单，其输入数据才会由"插入记录"行为插入到数据库中。Dreamweaver 自动选择页面上的第一个表单，本例自动设置为表单名 form_insert。
- 在"表单元素"列表中，定义表单对象与数据库记录字段的对应关系，以便向数据库传送数据。设置表单元素"xingming"行的操作过程为：在"表单元素"列表中选择"xingming"

行，然后打开"列"下拉列表，选择"姓名"，如图 8-54 所示；在"提交为"项中选择
"文本"。其余各项，按照表 8-3 所示的表单对象与数据库字段名的对应关系设置，如
图 8-55 所示为设置完成的"插入记录"对话框。

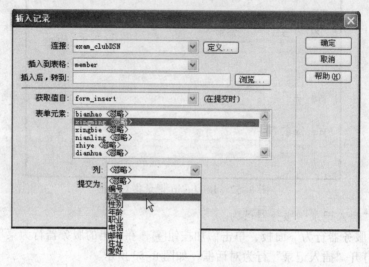

图 8-54　"表单元素"列表设置示例

③ 单击"确定"按钮，完成"插入记录"对话框设置操作。设置"插入记录"行为后，"服
务器行为"面板如图 8-56 所示。

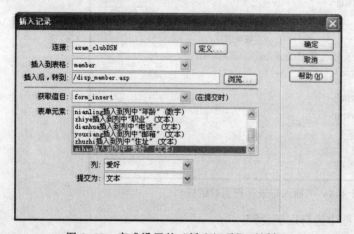

图 8-55　完成设置的"插入记录"对话框

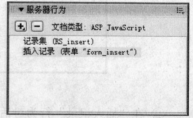

图 8-56　设置"插入记录"的
"服务器行为"面板

（5）页面测试

① 完成上述设置后保存文件，按【F12】键打开 inset_member.asp 页面并输入数据，如
图 8-57 所示。

② 单击"插入记录"按钮，在页面中输入的信息即插入到 club.mdb 数据库的 member 表中，
然后自动打开 member 表的记录浏览页面 disp_member.asp，在页面中即可浏览到新插入的记录，
如图 8-58 所示。

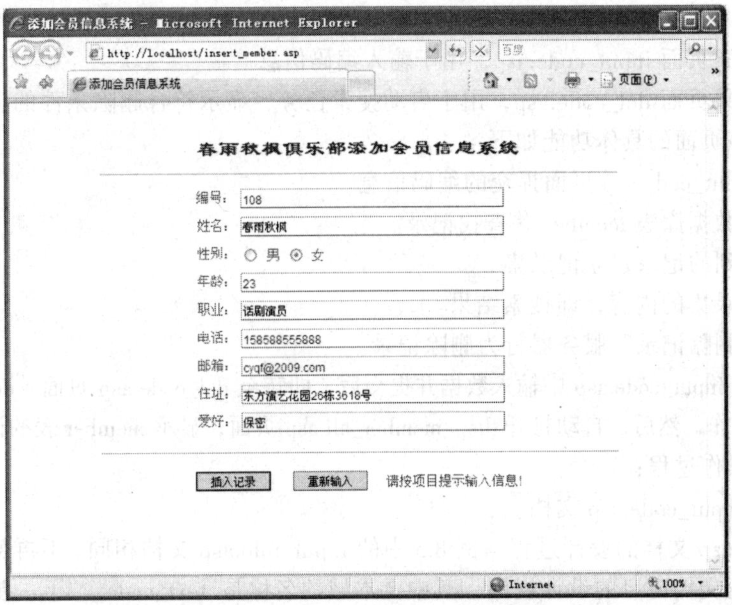

图 8-57　inset_member.asp 页面测试

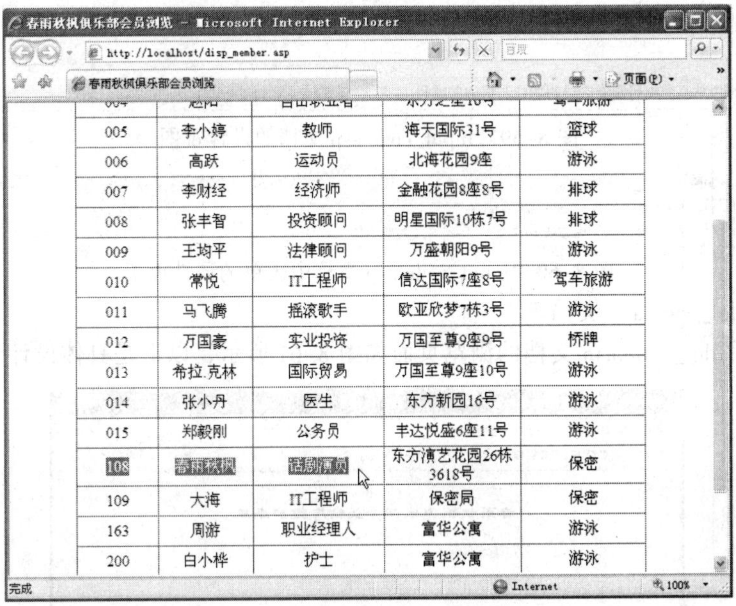

图 8-58　浏览新插入的记录

8.5.4　删除数据库记录

删除数据库记录，是指通过网页把符合一定条件的记录从数据库中找出来，经浏览确认后，从数据库中将记录删除，删除记录所需要的条件也通过网页提供。完成删除操作需要使用"删除记录"服务器行为。

【例 8.7】在数据库 club.mdb 的 member 表中，删除指定编号的记录。删除记录之后，自动打开浏览数据库的页面。

设计规划：

① 设计搜索页面 input_code.asp，用于输入编码信息。

② 设计结果页面 del_code.asp，用于启动搜索任务，显示符合删除条件的记录，并完成记录删除操作。该页面的具体功能如下：

a. 读取 input_code.asp 页面提交的编码信息。

b. 连接到数据库表 member 并查找记录。

c. 使用找到的记录建立记录集。

d. 显示记录集的内容，即搜索结果。

e. 使用"删除记录"服务器行为删除记录。

在搜索页面 input_code.asp 中输入数据并提交后，即转至 del_code.asp 页面。del_code.asp 页面完成记录删除操作，然后，自动打开 disp_member_all.asp 页面，显示 member 表的记录信息。

设计与及操作过程：

（1）设计 input_code.asp 文档

input_code.asp 文档的设计过程与例 8.5 中的 input_info.asp 文档相同，不再赘述。如图 8-59 所示是完成后的文档窗口的设计视图，其中文本域的名称是 text_code，"下一步"按钮是表单提交按钮。表单提交后转至 del_code.asp 页面，表单的属性面板设置情况如图 8-60 所示。

图 8-59 input_code.asp 文档的设计视图

图 8-60 input_code.asp 文档中表单的属性面板

（2）设计 del_code.asp 文档

设计完成后 del_code.asp 文档的浏览页面如图 8-61 所示，以下是具体设计步骤。

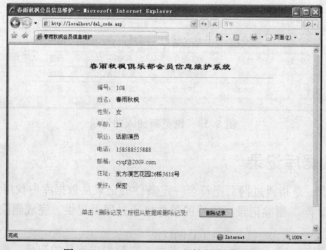

图 8-61 del_code.asp 文档的浏览页面

① 新建 del_code.asp 文档，参照例 8.6 中 insert_member.asp 文档的设计过程，设计

del_code.asp 文档的页面布局，如图 8-62 所示，其中表单名称为 form_del。

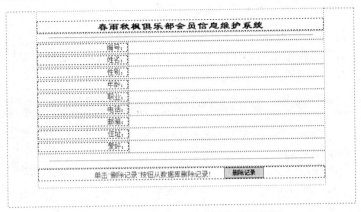

图 8-62 del_code.asp 文档的设计视图

② 打开"绑定"面板，定义 del_code.asp 文档的记录集，如图 8-63 所示。其中，"筛选"区域中的 text_code 是 input_code.asp 文档的文本域名称。

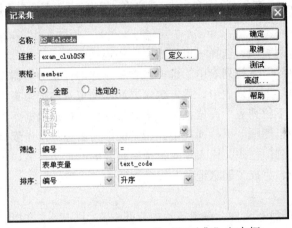

图 8-63 del_code.asp 的"记录集"文本框

③ 在表格单元格中添加动态文本。展开"绑定"面板中的记录集 RS_delcode，将其各个字段对应拖放到文档窗口的表格单元格中，如图 8-64 所示。

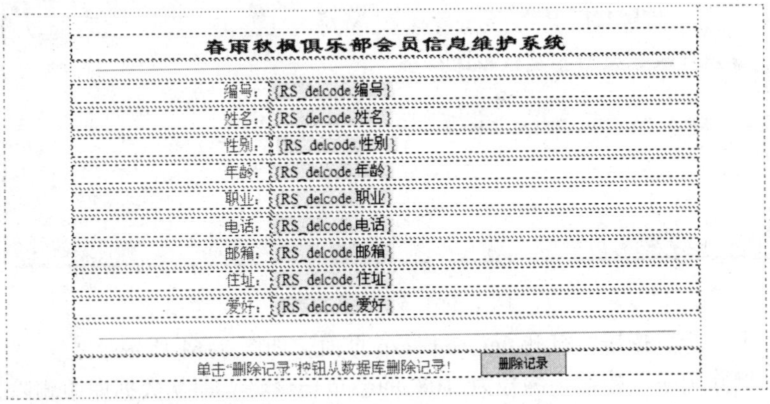

图 8-64 在表格单元格中添加动态文本

说明：在删除页面中设置的动态内容应为只读内容，因此，记录集的各字段要直接拖放到表格单元格中，而不需事先插入文本域等表单对象。

④ 添加"删除记录"服务器行为，以便在提交表单后更新数据库表。

在"服务器行为"面板单击添加按钮，从下拉列表中选择"删除记录"行为，打开"删除记录"对话框，各项参数设置情况如图 8-65 所示 。

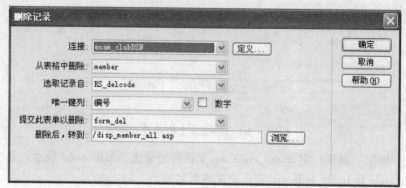

图 8-65　添加在 del_code.asp 文档的"删除记录"行为参数设置

参数说明：

- 在"连接"下拉列表中，选择一个到数据库的连接。
- 在"从表格中删除"下拉列表中，选择包含要删除的记录的数据库表。
- 在"选取记录自"下拉列表中，指定包含要删除的记录的记录集。
- 在"唯一键列"下拉列表中，选择一个记录集字段来标识数据库表中的记录。
- 在"提交此表单以删除"下拉列表中，指定能够向服务器发送删除命令的 HTML 表单。
- 在"删除后，转到"框中，输入删除记录后打开的网页文件名。

单击"确定"按钮，完成"删除记录"服务器行为的设置。

（3）页面测试

① 保存以上设计的所有文件，在浏览器中打开 input_code.asp 文档，输入 108，如图 8-66 所示。

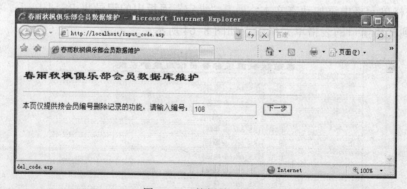

图 8-66　数据输入窗口

② 单击"下一步"按钮，打开 del_code.asp 页面，如图 8-61 所示。

③ 单击"删除记录"按钮，编号为 108 的会员记录将立即从数据库中删除，在随后打开的如图 8-67 所示会员信息浏览页面中，将找不到该记录。

图 8-67　会员信息浏览窗口

有的读者可能已经注意到，在上面删除数据库记录的举例中，存在两个比较突出的问题：

① 用来搜索记录时输入的是会员的编号信息，而在 member 表中，"编号"字段是主键，因此，结果页面最多只有一个记录需要显示。然而，更为普遍的情况是符合删除条件的记录不止一个。例如，当以"爱好"作为搜索条件时，要显示并将被删除的记录就有多个。

② 删除记录时，仅在结果页面提供了一次单击删除按钮的机会，没有再次确认的过程，加大了数据库操作的危险性。

下面是一个较为完善的删除记录的举例，步骤要复杂一些，希望读者学习时注意与上例的比较。

【例 8.8】在数据库 club.mdb 的 member 表中，按会员的兴趣爱好搜索记录，并对记录进行删除操作。

设计规划：

① 实现本例要求的数据库记录删除操作，需要设计 3 个页面，分别为搜索信息的输入页面、搜索结果的显示页面、记录删除页面，如图 8-68～图 8-70 所示为设计完成后的页面浏览窗口。

图 8-68　搜索信息输入页面

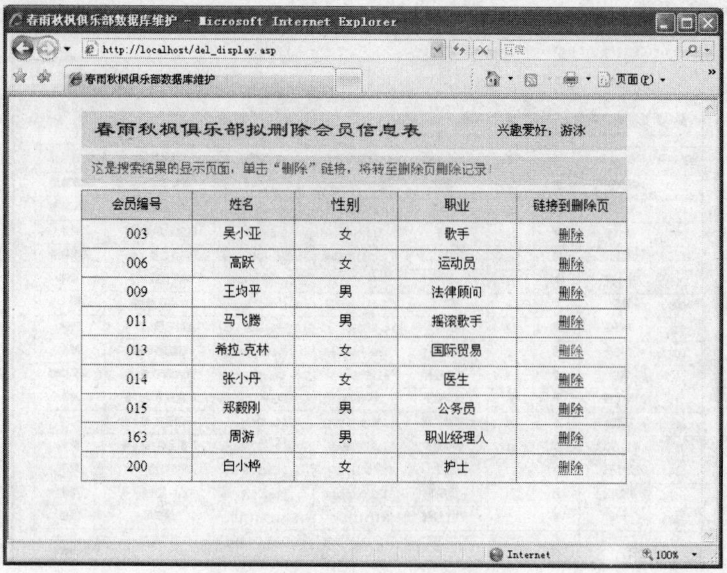

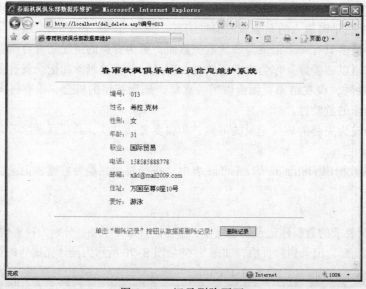

图 8-69 搜索结果显示页面

图 8-70 记录删除页面

② 页面功能及执行情况。

a. 在搜索页中输入搜索信息，然后单击"搜索"按钮，打开搜索结果显示页面。

b. 在结果页中选择记录，单击该记录行上的"删除"链接，打开该记录的删除页面。

c. 在删除页中单击"删除记录"按钮将记录删除，删除记录的具体操作由"删除记录"服务器行为完成。

设计与操作过程：

（1）设计搜索页 del_info.asp

搜索页十分简单，设计过程不赘述。页面文档中的文本域名称设置为 text_info，表单提交后转至 del_display.asp 页面，"方法"属性设置为"POST"。

（2）设计结果页 del_display.asp

① 新建 del_display.asp 文档，在文档窗口中插入一个表单，并设计如图 8-71 所示的布局用表格。

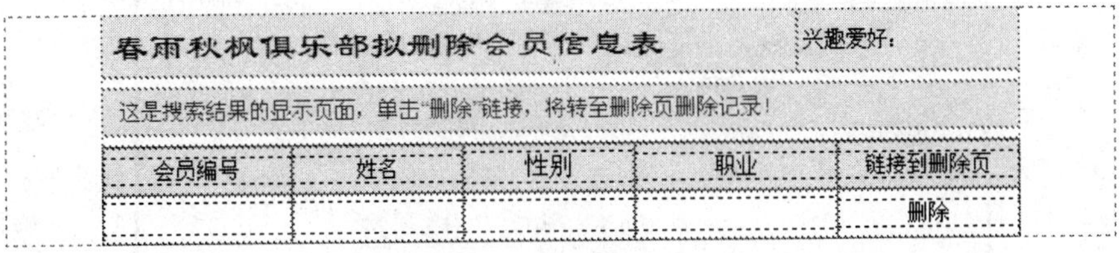

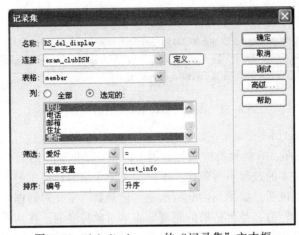

图 8-71 布局用表格

② 打开"绑定"面板，定义 del_display.asp 文档的记录集，如图 8-72 所示。其中，记录集中选定的字段有编号、姓名、性别、职业、爱好，"筛选"区域中的 text_info 是 del_info.asp 文档的文本域名称。

图 8-72 del_display.asp 的"记录集"文本框

③ 展开"绑定"面板中的记录集 RS_del_display，将其各个字段对应拖放到文档窗口中，如图 8-73 所示。

图 8-73 del_display.asp 的"记录集"文本框

④ 在"删除"文本之后插入一个隐藏域，并将记录集中的"编号"字段拖放到隐藏域中。

说明：使用该隐藏域将选定记录的编号字段的值传至下一个页面。

⑤ 选择"删除"文本，在服务器行为面板中单击 ⊞ 按钮，从弹出菜单中选择"转到详细页面"行为，打开"转到详细页面"对话框，设置参数后，单击"确定"按钮。各项参数设置情况如图 8-74 所示。其中，"详细信息页"中的 del_delete.asp 即是删除页文档的文件名。

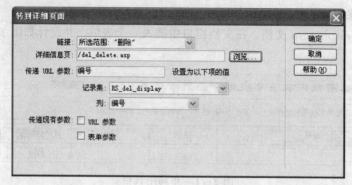

图 8-74 "删除"链接"转到详细页面"对话框

⑥ 设置"重复区域"服务器行为。此时，文档窗口中 del_display.asp 文档的设计视图如图 8-75 所示。

图 8-75 del_display.asp 文档的设计视图

（3）设计删除页 del_delete.asp

① 删除页 del_delete.asp 的页面构成与上例中的 del_code.asp 相同，页面格式设计、定义页面记录集、添加动态文本的过程不再赘述。本例定义记录集时，使用的参数与以往有所不同，对记录集的定义作特别说明。如图 8-76 所示是"记录集"定义对话框，其中"筛选"区域中第 4 个文本框的"编号"值，是由结果的隐藏域表单对象传递的。在结果页中单击"删除"链接后，自动打开所定义的详细页，即删除记录页，同时将隐藏域保存的记录的编号值传至当前页面。

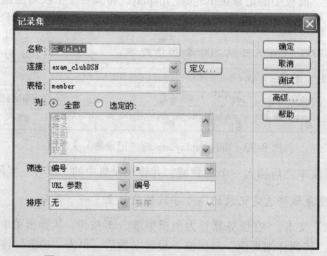

图 8-76 del_delete.asp 文档"记录集"对话框

② 添加"删除记录"服务器行为。通过"服务器行为"面板打开"删除记录"服务器行为对话框，并进行参数设置，如图 8-77 所示。

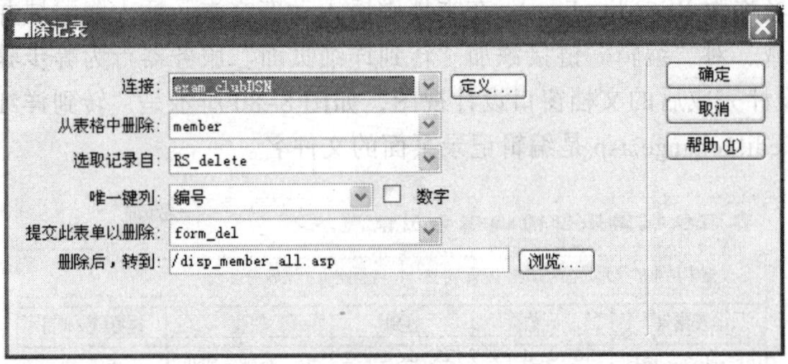

图 8-77　在 del_delete.asp 文档中添加的"删除记录"行为对话框

保存以上所有文档，测试页面。

8.5.5　编辑数据库记录

编辑数据库记录，是指通过网页有条件地选择数据库记录进行编辑修改，并用编辑结果更新数据库。编辑数据库记录须由一组网页完成，这组网页通常由一个搜索页、一个结果页和一个更新页组成，用户可以使用搜索页和结果页检索记录，使用更新页修改记录。更新页要具有允许用户修改记录数据的 HTML 表单和用于更新数据库表的"更新记录"服务器行为。

【例 8.9】在数据库 club.mdb 的 member 表中，按会员的兴趣爱好搜索记录，并对记录进行编辑操作。

设计规划：

① 实现本例要求的数据库记录编辑操作，需要设计 3 个页面，分别为搜索页面、结果页面和记录编辑页面。

② 页面功能及执行情况。

a. 在搜索页中输入搜索信息，提交表单后，打开结果页面。

b. 在结果页面中显示搜索到的记录，并设置"编辑"链接，单击该记录后的"编辑"链接，打开该记录的编辑页面。

c. 编辑页面显示选定记录的完整信息，在当前页面可以编辑修改这些信息，提交表单后，将用当前数据更新数据库。

设计与操作过程：

（1）设计搜索页 edit_info.asp

图 8-78 所示是 edit_info.asp 文档窗口的设计视图，表单提交后转到页面 edit_display.asp，表单中文本域的名称为 text_edit，"方法"属性设置为 POST。

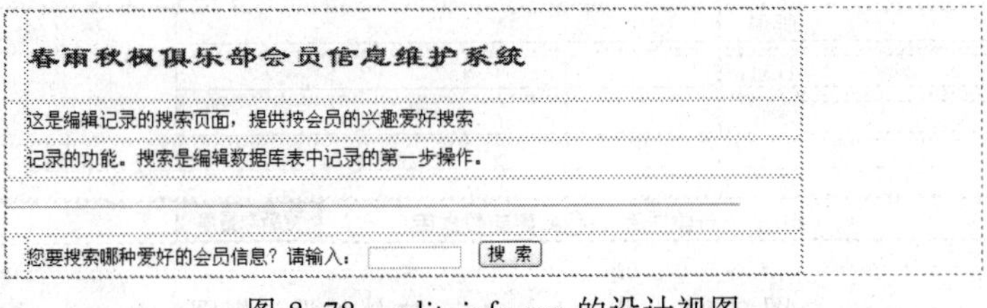

图 8-78　edit_info.asp 的设计视图

（2）设计结果页 edit_display.asp

本页面的结构及设计过程与例 8.8 的 del_display.asp 文档相同，包括：页面格式设计、定义记录集（记录集名称为 RS_edit_disp）、在文档中插入动态文本、插入隐藏域并添加动态编号字段、设置重复区域、对"编辑"链接添加"转到详细页面"服务器行为等步骤，不再赘述。如图 8-79 所示是设计完成后的文档窗口设计视图，如图 8-80 所示是"转到详细页面"的对话框设置窗口，其中 edit_change.asp 是编辑记录页面的文件名。

图 8-79　edit_display.asp 文档窗口设计视图

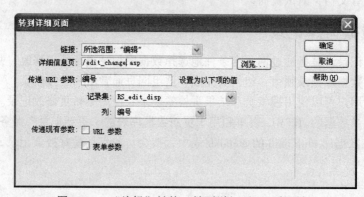

图 8-80　"编辑"链接"转到详细页面"对话框

（3）设计记录编辑页面 edit_change.asp

① 新建 edit_change.asp 文档，参照例 8.6 中的插入记录页面 insert_member.asp 的格式设计页面，并添加表单对象，各表单对象的名称与表 8-3 的说明一致。文档的设计视图如图 8-81 所示，其中表单名称为 form_edit。

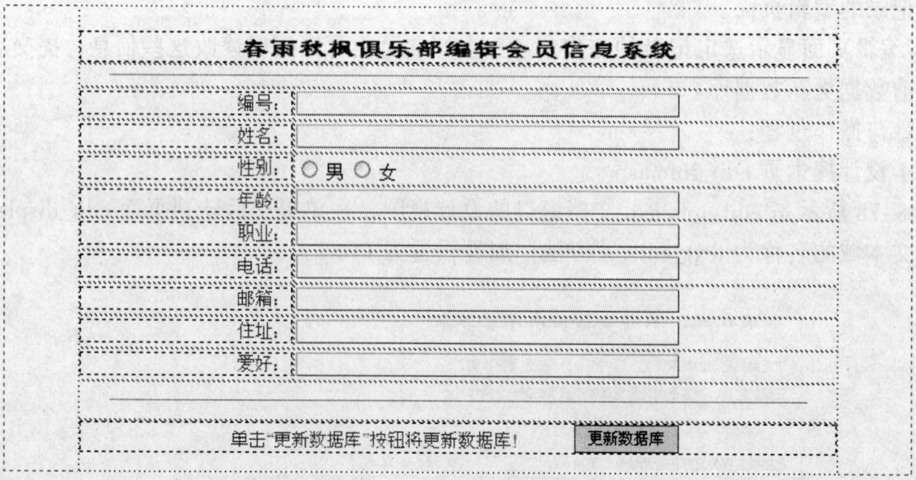

图 8-81　edit_change.asp 文档的设计视图

② 建立 edit_change.asp 文档的记录集 RS_edit_change。该记录集的建立方法与上例中 RS_delete 记录集的建立方法相同，都使用了来自结果页的隐藏域所传递的编号信息。

③ 展开记录集 RS_edit_change，用拖动记录集字段的方法为各个文本域添加动态文本。"性别"单选按钮的动态内容，使用属性面板上的闪电按钮 添加。

④ 添加"更新记录"服务器行为。

a. 打开"服务器行为"面板，单击添加按钮，在弹出的服务器行为菜单中选择"更新记录"行为，打开"更新记录"对话框，在"连接"下拉列表中选择连接名称后，"更新记录"对话框如图 8-82 所示。

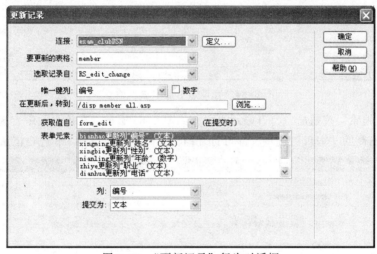

图 8-82　"更新记录"行为对话框

b. 单击"确定"按钮，完成"更新记录"服务器行为的设置。此时，文档 edit_change.asp 的设计视图如图 8-83 所示。

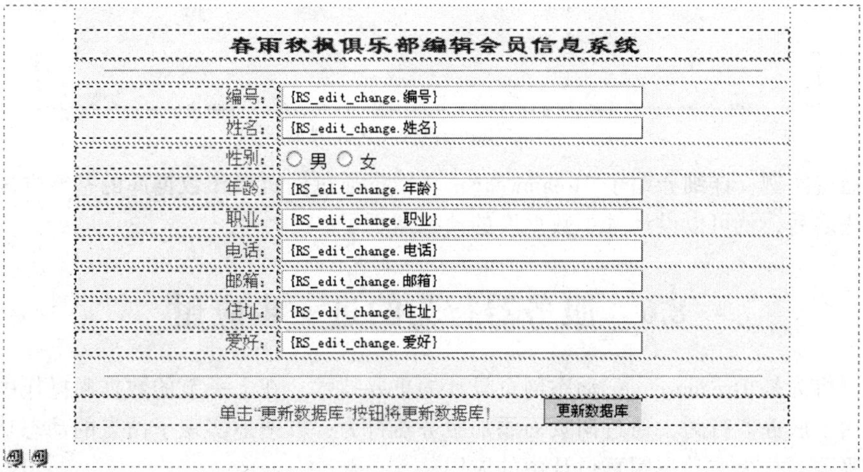

春雨秋枫俱乐部编辑会员信息系统

编号：[RS_edit_change.编号]
姓名：[RS_edit_change.姓名]
性别：○男 ○女
年龄：[RS_edit_change.年龄]
职业：[RS_edit_change.职业]
电话：[RS_edit_change.电话]
邮箱：[RS_edit_change.邮箱]
住址：[RS_edit_change.住址]
爱好：[RS_edit_change.爱好]

单击"更新数据库"按钮将更新数据库！　更新数据库

图 8-83　edit_change.asp 文档的设计视图

（4）页面测试

① 完成上述设置后保存文件，按【F12】键打开 edit_info.asp 页面，如图 8-84 所示，输入数据。

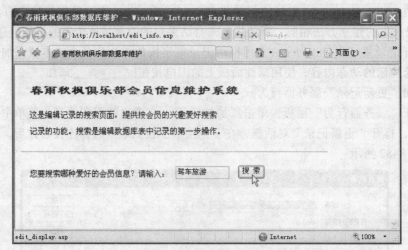

图 8-84 在搜索页面中输入信息

② 单击"搜索"按钮后，打开显示页面，如图 8-85 所示。在该页面中，选择要编辑的记录，然后单击右侧的"编辑"链接，即可打开编辑页面 edit_change.asp 进行记录编辑。

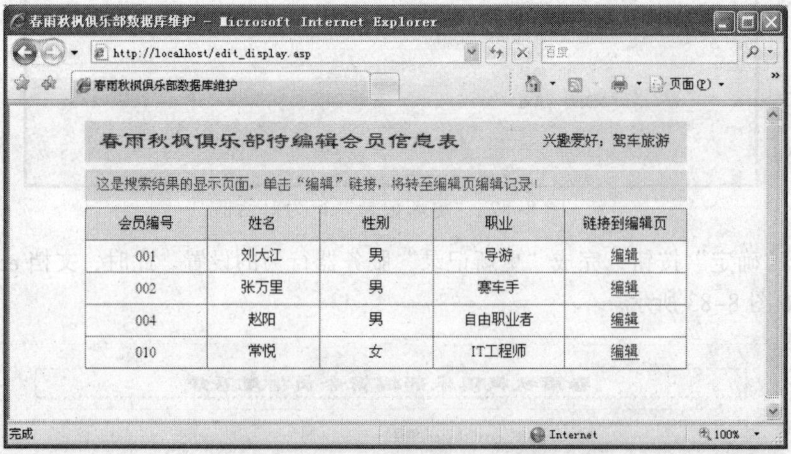

图 8-85 edit_display.asp 的浏览页面

本节通过实例，详细介绍了 Dreamweaver 环境下通过网页操作数据库的基本方法，掌握这些基本方法之后，就可以设计基于数据库的动态网页了。

8.6 服务器行为的进一步应用

服务器行为是 Dreamweaver 动态网页设计的重要技术，在上一节的数据库操作中，每一个实例都应用了服务器行为，通过向页面添加服务器行为，方便地实现了站点的动态功能。本节继续介绍服务器行为在动态网页设计中的应用。

8.6.1 在页面中添加记录集导航条

如图 8-86 所示是带有记录集导航条的数据库浏览页面，位于表格左下方的一组链接是记录集导航条，使用记录集导航条能够方便地分组浏览数据。

Dreamweaver CS3 提供了"记录集导航条"服务器行为，在动态页面中，应用该服务器行为能够方便地创建记录集导航条。为便于定位，记录集导航条通常插入在表格中。下面通过一个实例，介绍在动态页面中创建记录集导航条的基本方法。

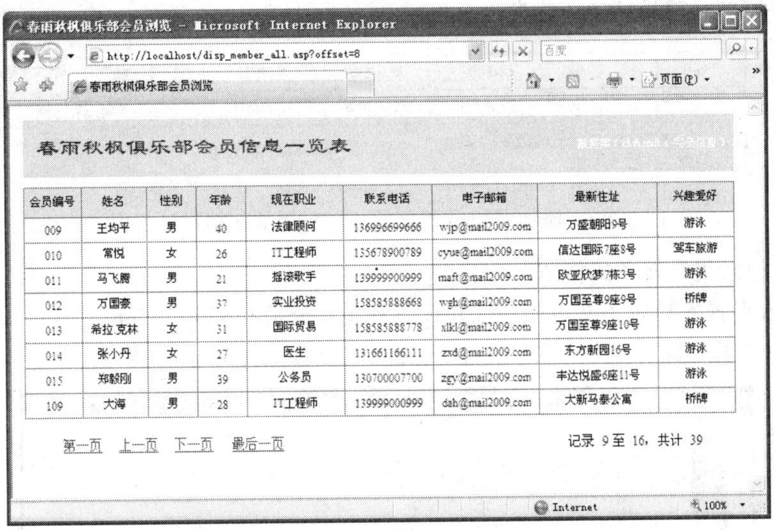

图 8-86　带有记录集导航条和记录计数器的页面

【例 8.10】创建图 8-86 所示页面中的记录集导航条。该页面未创建记录集导航条和记录计数器时的文档视图如图 8-87 所示。

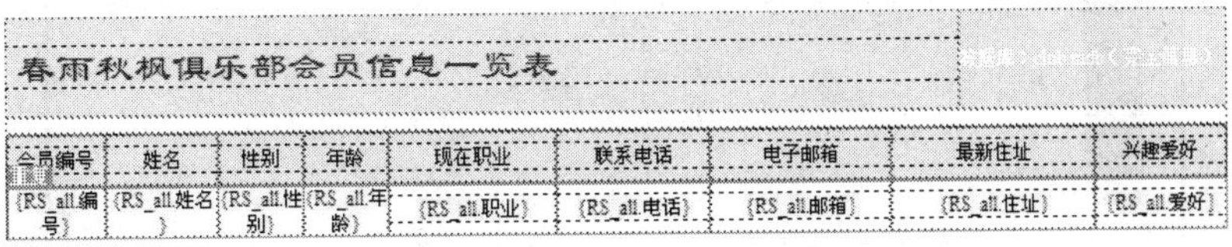

图 8-87　尚未创建记录导航信息和计数器的文档视图

设计规划：

实现设计要求有以下 3 个基本要素：

① 在页面中定位记录导航条，可以用表格定位技术。

② 添加"记录集导航条"服务器行为。

③ 调整设置记录集导航条的格式。

设计与操作过程：

（1）添加用于定位记录集导航条的表格

将插入点定位在图 8-87 所示表格的下方，插入一个 1 行 3 列的表格，表格的宽度、对齐方式的属性值按照其上的表格属性设置。

（2）添加"记录集导航条"行为

① 将插入点置于第 2 个单元格中，选择"插入/数据对象/记录集分页/记录集导航条"命令，打开"记录集导航条"对话框，如图 8-88 所示。

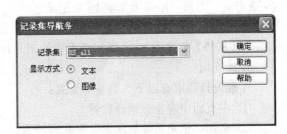

图 8-88　"记录集导航条"对话框

② 从"记录集"下拉列表中选择要导航的记录集，单击"确定"按钮后，一个嵌入记录集导航条的表格即插入在文档窗口中，如图 8-89 所示。

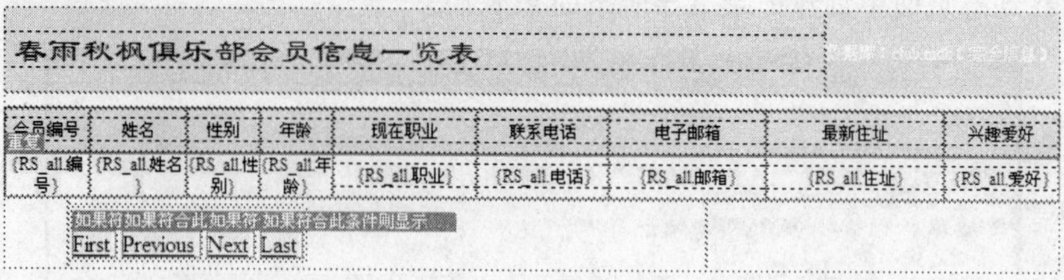

图 8-89　添加"记录集导航条"行为的文档设计视图

（3）设置记录集导航条的格式

① 将插入点置入导航条文本中，打开代码视图，分别将文本"First"、"Previous"、"Next"、"Last"修改为"第一页"、"上一页"、"下一页"、"最后一页"，如图 8-90 所示。

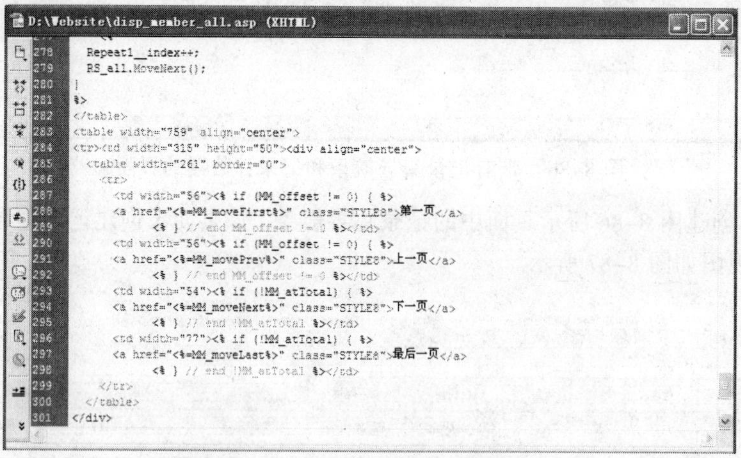

图 8-90　"记录集导航条"的代码段

② 打开设计视图，调整记录集导航条表格至适当大小，设置链接文本的格式，然后保存文档，完成插入记录集导航条的操作。

8.6.2　在页面中添加记录计数器

记录计数器为用户提供了遍历一组记录时的参考信息。通常情况下，记录计数器显示记录集的记录总数以及当前一组记录的序号信息。在如图 8-86 所示的页面中，位于表格右下方的文本"记录 9 至 16，共计 39"即是页面记录集的记录计数器，它指示了以下信息：记录集共有 39 条记录，当前一组是第 9 至 16 条记录。

Dreamweaver CS3 使用"记录集导航状态"服务器行为在动态页面中创建记录计数器。

【例 8.11】创建图 8-86 所示页面中的记录计数器。

设计规划：

实现设计要求有以下 3 个基本要素：

① 在页面中定位记录计数器。

② 添加"记录集导航状态"服务器行为。

③ 设置记录集导航状态的格式。

设计与操作过程：

（1）添加"记录集导航状态"服务器行为

① 在如图 8-89 所示的窗口中，将插入点定位在记录集导航条右侧的单元格中。

② 选择"插入/数据对象/显示记录计数/记录集导航状态"命令，打开记录集导航状态对话框，如图 8-91 所示。

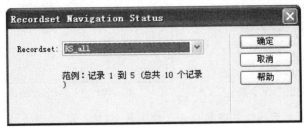

图 8-91 "记录集导航状态"对话框

③ 从"记录集"下拉列表中选择记录集，然后单击"确定"按钮，"记录集导航状态"服务器对象即插入到文档窗口中，如图 8-92 所示。

图 8-92 添加"记录集导航状态"行为的文档窗口

（2）设置记录计数器的文本格式

① 将"Records"、"，"to"、"，"of"分别替换为"记录"、"至"、"，共计"。当然，也可以切换到代码视图进行修改。

② 调整位置，设置格式，然后保存文件，完成记录计数器的插入操作。

完成上述操作后保存文件并浏览页面，将显示如图 8-86 所示的页面浏览结果。

8.6.3 页面的访问限制

Dreamweaver CS3 提供了"限制对页的访问"服务器行为，通过在页面添加该行为，将限制未授权的用户访问网页。当用户未经过登录页确认而试图浏览受保护的网页时，该服务器行为就会将用户的访问重定向到一个提示页。

【例 8.12】对春雨秋枫的会员浏览页面 disp_member_all.asp 进行访问限制设置，当不明身份的用户访问该页时，将自动打开页面 sorry.html。

设计与操作过程：

（1）打开页面文档

打开页面文档 disp_member_all.asp。

（2）添加"限制对页的访问"服务器行为

① 在服务器行为面板中单击添加按钮，在弹出菜单中选择"用户身份验证/限制对页的访问"命令，如图 8-93 所示。

② 打开"限制对页的访问"对话框，并设置参数，如图 8-94 所示。

③ 单击"确定"按钮，完成设置。

在图 8-94 中设置的 sorry.html 页面就是所谓的重定向页面。重定向页面一般是一些警示性信息，如"对不起，您无权访问该页面！"等。

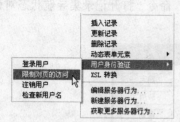

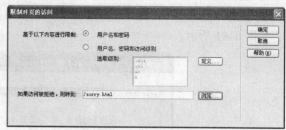

图 8-93 "用户身份验证"命令菜单   图 8-94 "限制对页的访问"对话框

说明："限制对页的访问"服务器行为只能保护 HTML 页，它不保护其他站点资源，如图像文件和音频文件等。

8.6.4 登录页面的设计

"登录页面"是用户访问网站受限资源的入门页面，该页面通过验证登录用户的用户名及密码信息来确认用户身份，只有确认合法的用户，才能访问站点的受限网页。

登录页由以下构造块组成：

① 注册用户的数据库表。

② 用于输入用户名和密码的 HTML 表单。

③ 验证用户身份的"登录用户"服务器行为。当用户在登录页提交表单时，"登录用户"服务器行为将对用户输入的信息和注册用户的信息进行比较。如果这些信息匹配，该服务器行为会打开一个指定的网页；否则，将重定向到另外的页面。

【例 8.13】设计一个登录页面 login_disp.asp，经过该登录页面确认的用户，将打开 disp_member_all.asp 页面，以浏览春雨秋枫的会员信息；否则，打开 sorry.html 页面，提示用户不具备浏览春雨秋枫会员信息的权限。

本例合法用户的身份信息存储在 club.mdb 数据库的 password 表中，该表包括编号和登录密码两个字段，本例将"编号"用作"用户名"。

设计与操作过程：

（1）新建登录页面 login_disp.asp

如图 8-95 所示是文档窗口中 login_disp.asp 的设计视图。其中，用户名和密码文本域的名称分别为 text_name 和 text_pass，表单名称为 form_login。表单的动作和方法属性，在提交表单时由"登录用户"服务器行为自动设置。

图 8-95 login_disp.asp 文档设计视图

（2）添加"登录用户"服务器行为。

① 通过"服务器行为"面板打开"登录用户"对话框，并进行设置，如图 8-96 所示。

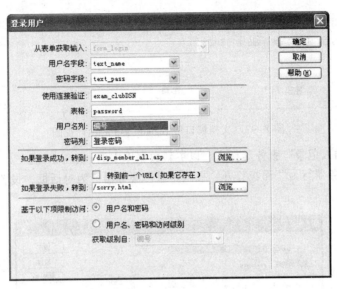

图 8-96 "登录用户"对话框

② 单击"确定"按钮，完成"登录用户"的设置，此时文档设计视图的背景显示为淡蓝色。

8.6.5 用户注册页面的设计

"注册页面"是网站普遍使用的一个动态页面，用户通过注册页面注册为会员，以便共享更多的网站资源。

注册页由以下构造块组成：

① 存储有关用户登录信息的数据库表。

② 用于输入用户名和密码等信息的 HTML 表单。

③ "插入记录"服务器行为，该行为用于更新站点用户数据库表。

④ "检查新用户名"服务器行为，该行为确保用户输入的用户名没有被其他用户使用。当用户提交表单时，该服务器行为将对用户输入的用户名和存储在注册用户数据库表中的用户名进行比较。如果没有在数据库表中找到匹配的用户名，则该服务器行为通常会执行插入记录操作。如果找到匹配的用户名，该服务器行为将取消插入记录操作并打开一个提示页面，提示用户名已被使用。

【例 8.14】设计春雨秋枫俱乐部的会员注册页面 register.asp，会员注册信息存储在 club.mdb 数据库的 password 表中。注册完成后，转到 register_member.asp 页面填写更详细的信息；注册失败后，打开 again.html 页面，该页面显示有关的提示信息。

设计与操作过程：

（1）新建注册页面 register.asp

如图 8-97 所示是文档窗口中 register.asp 的设计视图。其中，用户名和密码文本域的名称分别为 text_name 和 text_pass，表单名称为 form_reg。

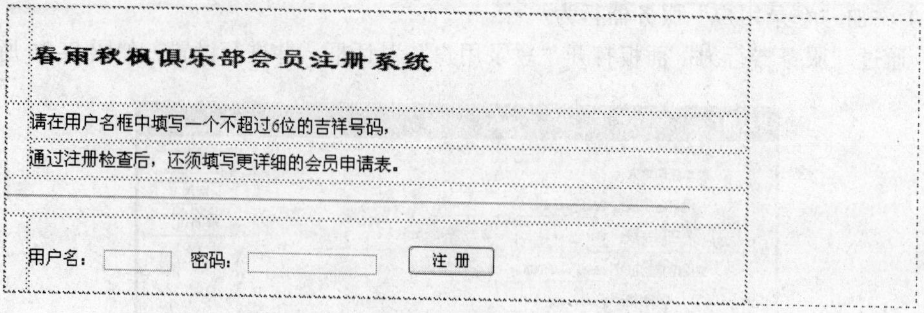

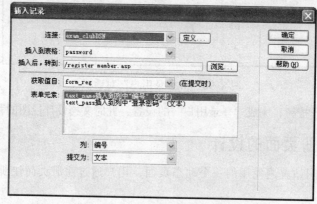

图 8-97　文档窗口中 register.asp 的设计视图

（2）添加"插入记录"服务器行为，以更新数据库中的 password 表

① 通过"服务器行为"面板打开"插入记录"服务器行为对话框，设置参数，如图 8-98 所示。

图 8-98　register.asp 文档的"插入记录"对话框

② 单击"确定"按钮，完成"插入记录"的设置，此时文档设计视图的背景显示为淡蓝色。

（3）添加"检查新用户名"服务器行为，以确保用户名在注册库中的唯一性。

① 通过"服务器行为"面板打开"检查新用户名"对话框，并设置参数，如图 8-99 所示。

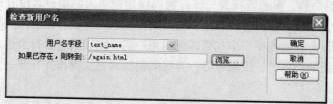

图 8-99　"检查新用户名"对话框

② 单击"确定"按钮，完成"检查新用户名"服务器行为的设置。

小　　结

（1）动态网页需要数据库技术、服务器技术的支持。要设计开发动态网页，就要建立动态网页的运行环境。使用 Dreamweaver 设计开发 ASP 动态网页，须建立以下运行环境：

① 在本地机安装 Web 服务器，通常为 IIS。

② 定义 Dreamweaver 的动态站点。

③ 建立 Web 应用程序与数据库的连接。

（2）Access 数据库是中小型网站中的主要数据库系统。使用 Access 设计建立数据库一般要经过以下步骤：

① 创建数据库。

② 在数据库中创建数据表。

③ 确定数据表的主键，即在数据表的记录中具有唯一值的字段。

④ 在数据表中添加、编辑记录。

（3）在网页中对数据库表的操作主要有：浏览数据库记录、搜索数据库记录、向数据库插入记录、删除数据库记录以及编辑数据库记录，本章通过具体示例，详细介绍了在网页中完成这些操作的基本方法，掌握这些操作方法，是进行动态网页设计的基础。

（4）在数据库操作中，应用了大量的服务器行为，主要有插入记录、删除记录、更新记录、重复区域、用户身份验证、记录集分页、转到详细页面等。

（5）记录集是动态网页设计的一个重要概念，在网页中实现数据库操作必须首先定义记录集，记录集定义之后就捆绑在网页上。

（6）动态网页设计中有 3 个重要的面板，即"数据库"面板、"绑定"面板和"服务器行为"面板，要在 Dreamweaver 中开发动态网页，就应熟练掌握这 3 个面板的结构、作用及使用方法。

（7）"登录"网页和"注册"网页是数据库动态网页中的特殊网页，这两个网页的构成块中都使用了"用户身份验证"服务器行为。

（8）动态网页的设计可归纳为 5 个主要步骤：

① 设计页面。

② 创建动态内容源。

③ 向 Web 页添加动态内容。

④ 向页面添加服务器行为。

⑤ 测试和调试页面。

习　题　八

1. 什么是动态内容源？叙述定义 DSN 的一般步骤。

2. 什么是记录集？叙述定义记录集的一般步骤。

3. 定义 Access 数据表的一般步骤是什么？使用 Access 数据库系统创建一个数据库 mybase.mdb，并在其中创建数据表，表的数量、名称、结构自行定义。

4. 在网页中对数据库进行的基本操作有哪些？叙述各种数据库操作的主要过程。

5. "登录"页和"注册"页的作用是什么？叙述设计这两种网页的一般过程。

6. 使用 Dreamweaver CS3 设计一个动态网页，用于显示 club.mdb 数据库表 password 中的记录。要求如下：

① 显示全部字段。

② 每页最多显示 6 条记录。

③ 进行登录限制，只有在 password 表中的成员才能成为浏览用户。

第9章 信息发布与浏览系统设计

本章概要

本章以"信息发布与浏览系统设计"为实例,详细介绍动态网站中一组网页的规划设计过程。"信息发布与浏览系统"是春雨秋枫网站信息专区的一个子系统,该系统是数据库网页设计的典型实例。"信息发布与浏览系统"的设计过程可划分为五个步骤,即网页规划设计、数据库规划设计、信息发布系统的设计、信息浏览系统的设计以及信息专区主页的设计,本章就每个设计步骤的主要内容作详细介绍。

本章内容以动态网页设计为主,同时对页面布局设计、CSS 样式等内容作了系统的应用介绍。

教学目标

- 进一步了解熟悉网站规划及网页设计的一般过程。
- 较熟练地掌握 Access 数据表的设计、建立方法。
- 学会系统设计数据库网页的一般方法。
- 进一步熟练页面布局、CSS 样式的设计应用技术。
- 学会设计小型网站的基本方法和基本技术。

9.1 网页规划设计

网页规划是网页设计的第一个步骤,作为站点的一组系列网页,规划设计的主要内容有两项,即站点的逻辑结构的规划设计和网页页面结构及功能的规划设计。

9.1.1 站点的逻辑结构

信息发布与浏览系统是由一组网页实现的一个动态站点子系统,如图 9-1 所示是站点逻辑结构图,在图示中列出了站点中的主要网页及其逻辑关系。

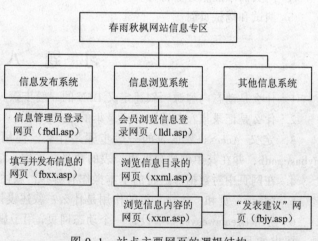

图 9-1 站点主要网页的逻辑结构

9.1.2　页面结构及功能设计

1．信息管理员登录网页 fbdl.asp

信息管理员在发布信息前首先登录该页，该网页提供登录用户身份识别功能，确认了登录用户的信息管理员身份之后，将自动转到发布信息的网页 fbxx.asp。图 9-2 所示为 fbdl.asp 网页的设计参考图。

图 9-2　fbdl.asp 网页设计参考图

2．发布信息网页 fbxx.asp

信息管理员经过登录网页进入该网页，信息管理员在该网页输入要发布的信息，并提交到网站数据库。如图 9-3 所示是 fbxx.asp 网页的设计参考图。该网页要使用数据库表，服务器将提交后的信息存储到该表中。

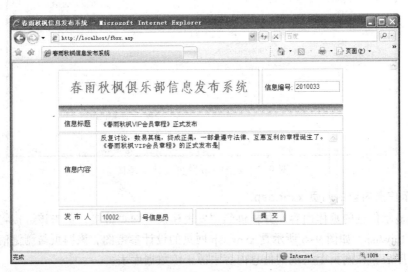

图 9-3　fbxx.asp 网页设计参考图

3．会员浏览信息登录网页 lldl.asp

会员在浏览信息前首先登录该页，成功登录之后，自动转到浏览信息目录的网页 xxml.asp。如图 9-4 所示是 lldl.asp 网页的设计参考图。

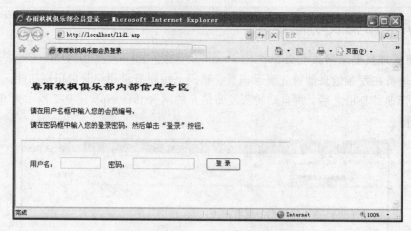

图 9-4　lldl.asp 网页设计参考图

4．浏览信息目录的网页 xxml.asp

该网页是已发布的信息的目录页，显示信息的链接目录，选择一个链接目录后将打开浏览信息内容的网页 xxnr.asp。如图 9-5 所示是 xxml.asp 网页的设计参考图。该网页要使用在 fbxx.asp 网页建立的数据库表，在网页上显示的目录内容来源于该数据库表。

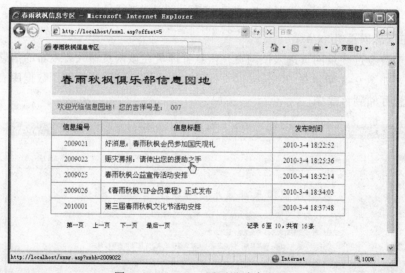

图 9-5　xxml.asp 网页设计参考图

5．显示信息内容的网页 xxnr.asp

该网页显示信息的具体内容，并提供到"发表建议"网页链接，单击该链接将打开"发表建议"网页 fbjy.asp。如图 9-6 所示是 xxnr.asp 网页的设计参考图，该网页与浏览信息目录使用同一个数据库表，在网页上呈现的信息内容来源于该数据库表。

6．"发表建议"网页 fbjy.asp

会员在 xxnr.asp 网页阅读信息时，单击"我要发表建议"链接后即打开该网页。会员在该网页发表建议，并提交到网站服务器。如图 9-7 所示是 fbjy.asp 网页的设计参考图。该网页要使用数据库表，以存储留言板的信息。

图 9-6 xxnr.asp 网页设计参考图

图 9-7 fbjy.asp 网页设计参考图

7. 信息主页 xxzy.html

该网页是"春雨秋枫网站信息专区"的主页,主要提供各信息子系统的链接。如图 9-8 所示是 xxzy.html 网页的设计参考图,页面右上角是系统的实时日期。

图 9-8 xxzy.html 网页设计参考图

说明:本章继续使用"动态站点",因此,数据库连接 exam_culb DNS 在本章有效。

9.2　数据库规划设计

本系统继续使用 culb.mdb 数据库，在数据库中新建 news、speak 和 manager 3 个数据表，其中，news 表用于存储发布的信息，speak 表用于存储会员发表的建议，manager 表用于存储信息管理员的注册数据。会员的注册信息仍然使用 password 表。新建表的数据结构如图 9-9~图 9-11 所示。

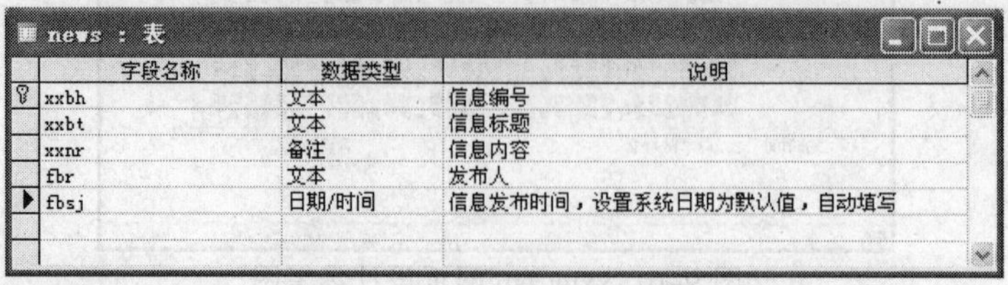

字段名称	数据类型	说明
xxbh	文本	信息编号
xxbt	文本	信息标题
xxnr	备注	信息内容
fbr	文本	发布人
fbsj	日期/时间	信息发布时间，设置系统日期为默认值，自动填写

图 9-9　news 表的数据结构

字段名称	数据类型	说明
jybh	自动编号	会员所发表的建议的编号
jybt	文本	建议标题
jynr	备注	建议内容
jysj	日期/时间	发表建议的时间，默认填写为系统时间

图 9-10　speak 表的数据结构

字段名称	数据类型	说明
glybh	文本	信息管理员编号
glyxm	文本	管理员姓名
dlmm	文本	管理员登录密码

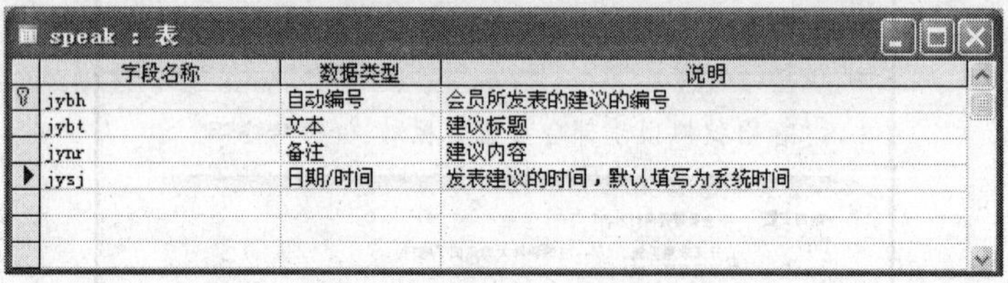

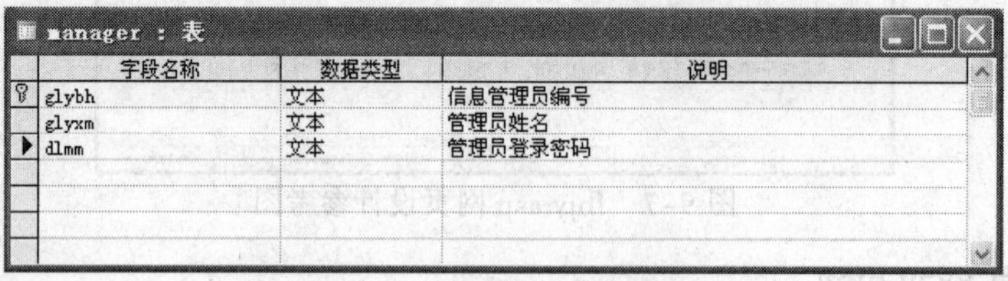

图 9-11　manager 表的数据结构

在 news 表和 speak 表中，均使用了日期/时间型的字段，在定义表结构时，该类字段均设置为使用默认的系统日期值，生成表记录时，相应字段自动设置为系统当前的日期时间值。下面是 news 表中 fbsj 字段的设置过程。

① 选中 fbsj 字段。

② 在如图 9-12 所示字段属性窗口中，单击“默认值”文本框，然后单击[...]按钮，打开表达式生成器，选用内置函数，并进行设置，如图 9-13 所示。

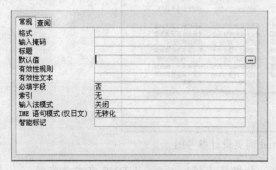

图 9-12　fbsj 字段属性窗口

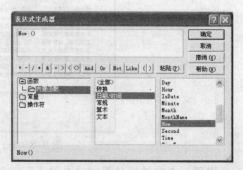

图 9-13　设置内置函数 Now()的表达式生成器

说明：新建 manager 表中的记录须在管理员注册系统中添加，本节使用该表时，所需数据已经由管理员注册系统添加完毕。

9.3　信息发布系统的设计

信息发布系统共有两个网页，即管理员登录网页和信息发布网页，下面分别介绍其设计与实现过程。

9.3.1　管理员登录网页的设计

管理员登录网页是信息发布系统的第一个网页，该网页使用 club.mdb 数据库的 manager 表进行用户身份验证。

设计规划：

① 信息管理员登录网页 fbdl.asp 的核心构造块有两个，即用于输入数据的 HTML 表单和"登录用户"服务器行为。

② manager 表共有 3 个字段，分别为 glybh（管理员编号）、glyxm（管理员姓名）、dlmm（管理员登录密码），进行身份验证时只使用 glybh 和 dlmm 两个字段。

③ 非法登录时重定向到网页 fail.html。

设计与操作过程：

① 新建 fbdl.asp 文档，按如图 9-14 所示设计页面格式。其中，编号和密码文本域的名称分别为 text_bh 和 text_mm，表单名称为 form_fbdl。

② 添加"登录用户"服务器行为。"登录用户"对话框的设置情况如图 9-15 所示。

在 fbdl.asp 文档添加"登录用户"服务器行为后，"绑定"面板中就会发现

图 9-14　fbdl.asp 的设计视图

一个 Session（会话）控件，展开之后显示 MM_Username 变量，如图 9-16 所示。

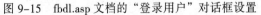

图 9-15　fbdl.asp 文档的"登录用户"对话框设置　图 9-16　"绑定"面板中的会话变量 MM_Username

说明：MM_Username 是由"登录用户"服务器行为产生的一个变量，它保存登录用户的用户名信息，其值取自"登录用户"对话框中"用户名字段"的值，本例为 text_bh 文本域的值。该变量将在发布信息网页 fbxx.asp 中使用。

9.3.2　发布信息网页的设计

信息员成功登录后即打开发布信息网页，该网页最终将输入的信息存储到 club.mdb 数据库的 news 表中。

设计规划：

① 发布信息网页 fbxx.asp 的核心构造块有 3 个，即：用于输入数据的 HTML 表单、记录集和"插入记录"服务器行为。

② news 表共有 5 个字段，分别是 xxbh（信息编号）、xxbt（信息标题）、xxnr（信息内容）、fbr（发布人）、fbsj（发布时间），记录集中只选用前 4 个字段，fbsj 字段的值在插入记录时由数据库系统自动填写。

③ 本页中的"发布人"要使用信息员登录网页时登录用户名信息。

设计与操作过程：

① 新建 fbxx.asp 文档，使用表格进行页面布局，在单元格中插入表单对象，并对页面元素进行格式设置，如图 9-17 所示。

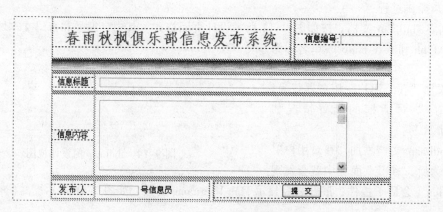

图 9-17　fbxx.asp 文档的设计视图

说明：输入信息内容的表单对象可以是一个多行的文本域，也可以是一个文本区域。所显示的文本行数通过属性设置。

② 在"发布人"文本域中添加发布人信息，并设置为"只读"格式。

a. 打开"绑定"面板，将存储了登录用户名信息的会话变量 MM_Username 拖动到"发布人"文本域中，以便发布信息时自动填写信息员的代号。

b. 用鼠标右键打开"发布人"文本域的快捷菜单，选择"编辑标签<input>"命令，如图 9-18 所示。

c. 打开"编辑标签–input"对话框，在"input-常规"属性中选中"只读"复选框，如图 9-19 所示。经过该项设置之后，信息管理员在发布信息时，自动显示在"发布人"右侧的信息员代号就不能改动了。

图 9-18　表单对象快捷菜单　　　　　　图 9-19　"编辑标签–input"对话框

说明："发布人"文本域只读属性的设置，也可以通过在代码视图中直接修改文本域的属性代码实现。下面是设置了只读属性后的代码，其中的 readonly="true"即为该属性的设置代码。

```
<input name="text_fbr" type="text" id="text_fbr" value="<%= Session ("MM_
Username") %>" size="8" readonly="true" />
```

③ 创建记录集，为"插入记录"服务器行为把表单数据插入到 news 表中做准备。如图 9-20 所示为 fbxx.asp 文档的"记录集"对话框设置情况。

说明：表 news 共有 5 个字段，RS_news 记录集只选用了 4 个字段，原因是发布时间字段 fbsj 已设置为自动填写默认值。

④ 添加"插入记录"服务器行为，使得在提交表单时 Web 服务器能够将页面信息添加到 news 表中。如图 9-21 所示是"插入记录"对话框的参数设置情况。

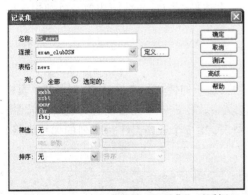

图 9-20　fbxx.asp 文档的"记录集"对话框　　　图 9-21　fbxx.asp 文档的"插入记录"服务器行为对话框

⑤ 添加"限制对页的访问"服务器行为，使得在 manager 表之外的用户不能登录信息发布网页。

⑥ 保存所有文件，进行网页测试。

由于本页设置了访问限制，页面测试的操作必须通过信息员登录页进行。当然，要测试"发布人"信息的自动显示情况，也只能从登录页开始。

9.4 信息浏览系统的设计

信息浏览系统由 4 个网页构成，即会员登录网页、信息目录浏览网页、信息内容显示网页和"发表建议"网页，下面分别介绍其设计过程。

9.4.1 会员登录网页的设计

会员登录网页是信息浏览系统的第一个网页，该网页使用 club.mdb 数据库中的 password 表验证用户登录信息。

会员登录网页 lldl.asp 的核心构造块与信息管理员登录网页的构造块相同，即：用于输入数据的 HTML 表单和"登录用户"服务器行为。

可以利用第 8 章例 8.13 的会员登录网页 login_disp.asp 设计本网页，基本过程如下。

① 打开 login_disp.asp，将其"另存为"lldl.asp。

② 打开"服务器行为"面板，双击"登录用户"，在打开的"登录用户"对话框中将"如果登录成功，转到"中的文件名修改为 llml.asp。

③ 修改版面中的有关文本信息，使其与图 9-4 所示页面的文本信息一致。

9.4.2 浏览信息目录网页的设计

会员成功登录后自动打开浏览信息目录网页，该网页使用 club.mdb 数据库的 news 表。

设计规划：

① 浏览信息目录的网页 xxml.asp 核心构造块有 4 个，即：记录集、"重复区域"服务器行为、隐藏域、"转到详细页面"服务器行为。

② 我们在例 8.8 和例 8.9 中，分别介绍了删除数据库记录、编辑数据库记录的搜索结果页 del_display.asp 和 edit_display.asp，本例网页 xxml.asp 与上述网页的页面结构相似，可利用这些已有的网页进行设计。

设计与操作过程：

（1）设计 xxml.asp 的页面结构

设计 xxml.asp 的页面结构如图 9-22 所示。文档的页面布局使用了 3 个表格。第 1 个表格是 4 行 1 列的无线表格，用于布局信息目录表的标题，其中，第 1、3 单元格设置为驼红色背景；第 2 个表格是 2 行 3 列的细线表格，用于显示信息目录表；第 3 个表格是 1 行 3 列的无线表格，用于显示记录导航和计数信息。

图 9-22 xxml.asp 的页面结构

（2）创建记录集

"记录集"对话框的设置如图 9-23 所示。

说明：

① 由于信息目录浏览页只显示每条信息的信息编号、信息标题和发布时间 3 项内容，因此，记录集中的字段只需选定 xxbh、xxbt 和 fbsj 即可。

② 信息编号按编号降序排序，以保证信息越新越靠前显示。

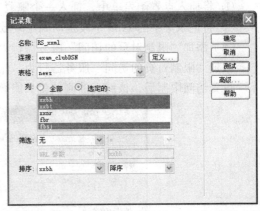

图 9-23　xxml.asp 的"记录集"对话框的参数设置

（3）将记录集字段及会话变量添加到表格中

① 在"绑定"面板中展开记录集 RS_xxml，将记录集中的 xxbh、xxbt、fbsj 分别拖动到信息编号、信息标题和发布时间下方的单元格中。

② 在"绑定"面板中展开 Session 控件，将会话变量 MM_Username 拖动到文本"您的吉祥号是："之后。

（4）设置重复区域

选择第 2 个表格的第 2 行，打开服务器行为面板，添加"重复区域"服务器行为，设置重复显示记录数为 5。

（5）设置记录集导航条和记录集导航状态

在第 3 个表格中分别插入记录集导航条和记录集导航状态，并进行格式设置。至此，文档的设计视图如图 9-24 所示。

图 9-24　添加动态元素后 xxml.asp 文档的设计视图

（6）设置打开详细内容页面的链接

本例分别设置信息编号链接和信息标题链接，单击任何一个链接，都可打开 xxnr.asp 网页。

① 设置信息编号链接。选择动态文本{RS_xxml.xxbh}，为其添加"转到详细页面"服务器行为，如图 9-25 所示为"转到详细页面"对话框设置情况。

② 单击链接文本，在属性面板中设置"目标"属性为"_blank"，使详细页在新窗口中打开。

③ 设置信息标题链接，其过程与上相同。

（7）插入并设置隐藏域

插入并设置隐藏域，以便在 xxnr.asp 文档中筛选记录。

① 将插入点置于表单中，插入一个隐藏域对象。

② 将记录集中的 xxbh 字段拖动到隐藏域对象中。

（8）添加"限制对页的访问"服务器行为

添加"限制对页的访问"服务器行为，然后保存文件，完成浏览信息目录网页的设计。设置访问限制后，该网页的测试就只能通过 lldl.asp 网页进行了。

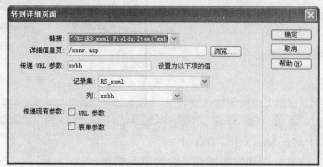

图 9-25　信息编号链接的"转到详细页面"对话框

9.4.3　显示信息内容网页的设计

显示信息内容的网页是会员成功登录后，通过显示信息目录网页打开的一个网页，该网页显示 news 表中的一个详细记录。

设计规划：

① 设计显示信息的页面格式。

② 创建记录集，并向页面文档中添加动态内容。

③ 设置页面访问限制。

设计与操作过程：

（1）设计 xxnr.asp 页面

利用 fbxx.asp 的页面格式设计 xxnr.asp 的页面。快捷简便的方法是制作一个副本，然后直接修改。

① 打开 fbxx.asp 文件，将其另存为 xxnr.asp，然后打开"服务器行为"面板，将该面板中包括记录集在内的所有内容删除。此时，xxnr.asp 便只保留了 fbxx.asp 的版面格式。

② 修改页面中的文本内容，使其与图 9-6 的版面文本一致。

③ 删除"登录"按钮，然后插入文本"我要发表建议"。

（2）创建记录集

信息显示页面显示的是 news 表的指定记录，除发布人字段 fbr 之外，其他字段都在页面显示，因此，记录集中的选定字段应包括 xxbh、xxbt、xxnr 和 fbsj 4 个字段。记录筛选条件应是：xxbh=URL 参数 xxbh。"记录集"对话框的参数设置情况如图 9-26 所示。

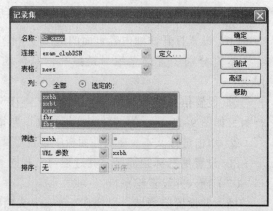

图 9-26　xxnr.asp 文档的"记录集"的对话框

（3）在显示表格中添加动态文本

① 展开记录集 RS_xxnr，分别将 xxbh、xxbt、fbsj 拖动到信息编号、信息标题、发布时间位置。

② 在信息内容右侧单元格中插入一个文本区域，然后将记录集中的 xxnr 字段拖动到文本区域中。添加动态文本之后，文档窗口的设计视图如图 9-27 所示。

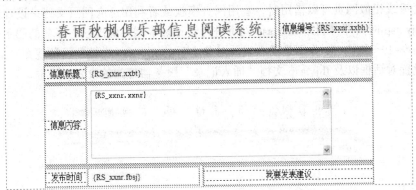

图 9-27　xxnr.asp 文档窗口的设计视图

③ 设置文本区域的"只读"属性。右击文本区域，打开"标签编辑器–textarea"，选中"只读"复选框，如图 9-28 所示。

图 9-28　"标签编辑器–textarea"的参数设置

（4）建立到"发表建议"网页 fbjy.asp 的链接

选择"我要发表建议"文本，在属性面板的"链接"文本框中输入 fbjy.asp。

（5）添加"限制对页的访问"服务器行为

添加"限制对页的访问"服务器行为，然后保存文件，完成显示信息内容网页的设计。

登录 lldl.asp 网页后，逐级测试本网页。

9.4.4　"发表建议"网页的设计

"发表建议"网页 fbjy.asp 与 fbxx.asp 网页的设计过程完全相同。类似网页的设计过程可以总结如下：

① 新建一个 asp 文件，然后在文档页面中插入表单。

② 在表单中插入表格进行版面布局。

③ 插入用于输入信息的表单对象，插入提交表单的按钮。

④ 创建记录集。

⑤ 添加并设置"插入记录"服务器行为。

　⑥ 添加"限制对页的访问"服务器行为。

　⑦ 保存并测试网页文件，完成设计。

以上操作过程中最核心的环节有 3 个，即：插入用于输入信息的 HTML 表单；创建记录集；添加"插入记录"服务器行为。

当有模板或相似网页可以借用时，套用网页模板或者利用已有网页文档是设计新网页的快捷方法。fbjy.asp 网页即可利用 fbxx.asp 网页进行设计。本例只给出核心环节的图示，操作细节不赘述。图 9-29～图 9-31 分别是插入表单对象之后的 fbjy.asp 文档的设计视图、fbjy.asp 文档的记录集设置对话框以及 fbjy.asp 文档"插入记录"服务器行为的设置对话框。

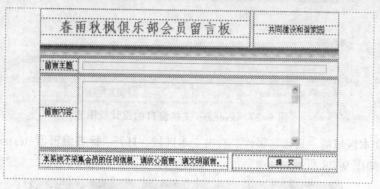

图 9-29　fbjy.asp 文档的设计视图

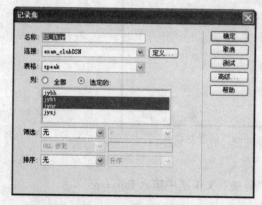

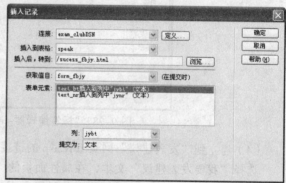

图 9-30　fbjy.asp 文档的记录集设置对话框　　　图 9-31　fbjy.asp 文档"插入记录"服务器行为对话框

在上述操作之后，还须对网页进行访问限制的设置，然后保存并测试文件，完成网页设计。

9.5　信息专区主页设计

信息专区主页是"信息发布与浏览系统"系列网页的主控页面，该网页是一个静态网页，设计的重点内容是页面的布局和格式设计。

9.5.1　主页布局设计

1. 用表格布局版面

如图 9-8 所示的信息专区主页与上述多个网页的页面结构都有相似之处，可以在这些网页基础上对主页进行布局设计，如图 9-32 所示是完成布局设计后的 xxzy.html 页面的布局结构。该页面的设计使用了大量的表格元素，除最外层的一个表格之外，其他都是嵌套的表格结构。下面从插入第一个表格开始，介绍该页面结构的设计过程。

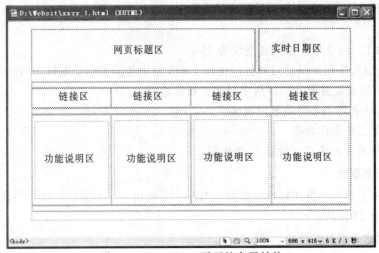

图 9-32　xxzy.html 页面的布局结构

（1）插入页面定位表格

① 新建 xxzy.html 文件，在文档窗口中插入一个 1 行 1 列的无线表格 t0，用于页面定位。页面中的其他表格均嵌入在该表格中。

② 设置表格的宽度为 600 像素，"对齐"属性为"居中对齐"。

③ 设置单元格的"垂直"对齐属性为"顶端"对齐。

（2）布局网页标题区和实时日期区

① 在 t0 顶端插入一个 1 行 3 列的无线表格 t1，设置单元格高度为 80 像素，设置第 1 个单元格宽度为 70%、第 2 个单元格的宽度为 1%。

② 在 t1 的第 1、3 单元格中分别插入一个 1 行 1 列的细线表格 t11 和 t12，表格宽度均设置为 100%。t11 用作网页标题区，t12 用作实时日期区。

③ 设置 t11、t12 单元格内容居中排列。

（3）插入第一个图片表格

在 t1 下方插入一个 1 行 1 列的无线表格 t2，表格宽度设置为 100%，高度适中，本例设为 17 像素。

（4）插入第一个空白表格

在 t2 下方插入一个 1 行 1 列的无线表格 t3，表格宽度设置为 100%，高度设置为 3 像素。

（5）插入链接区表格

① 在 t3 下方插入一个 1 行 4 列的细线表格 t4，表格宽度设置为 100%，高度适中，本例设置为 37 像素。

② 设置第 1、2、3 单元格的宽度均为 25%。

③ 设置 t4 的单元格内容居中排列。

该表格的每个单元格用于一个链接区。

（6）插入第二个空白表格

插入第二个空白表格 t5，设置与 t3 相同。

（7）插入功能说明区表格

① 在 t5 下方插入一个 1 行 4 列的细线表格 t6，表格宽度设置为 100%，高度适中，本例设置为 150 像素。

② 设置第 1、2、3 单元格的宽度均为 25%。

③ 为便于版面布置和以后的调整，在每个单元格中各插入一个 1 行 1 列的无线表格 t61、t62、t63、t64，宽度设置为 95%，居中对齐，高度适中。

表格 t61~t64 各用于一个功能说明区。

（8）插入第二个图片表格

插入第二个图片表格 t7，设置与 t2 相同。

2．设置页面属性

在属性面板中单击"页面属性"按钮，打开"页面属性"对话框，在"外观"分类中设置页面文字大小为 14 像素。

3．插入文本元素及超链接

① 插入网页标题，设置字体、字号、颜色，本例设置为华文仿宋、大小为 28 像素、红色。

② 插入其他文本。

③ 建立链接区的超链接。

- 选择文本"春雨秋枫信息发布区"，设置链接的文件为 fbdl.asp，打开文件窗口设置为"_blank"。
- 选择文本"春雨秋枫信息浏览区"，设置链接文件为 lldl.asp，打开文件窗口设置为"_blank"。
- 其他链接相应设置。

4．插入实时日期

实时日期须使用脚本代码实现，下面是一段实现代码。只要将这段代码加入到代码视图的相应位置，即实现实时日期显示。

```
<SCRIPT language=javascript>
<!--
 today = new Date();
 document.write(today.getYear()," 年 ",today.getMonth()+1," 月 ",today.getDate
(),"日");
-->
</SCRIPT>
```

操作过程如下：

① 将插入点定在"实时日期区"中，然后切换到代码视图。

② 在光标位置插入上面一段代码，然后保存文件。

5．插入长条图片

将插入点置于长条图片单元格中，然后在单元格属性面板中设置相应的背景图像文件，即可插入长条图片。如图 9-33 所示是插入长条图片的属性面板。

图 9-33　设置单元格背景文件的属性面板

此时，保存文件后按【F12】键预览，结果如图 9-34 所示。

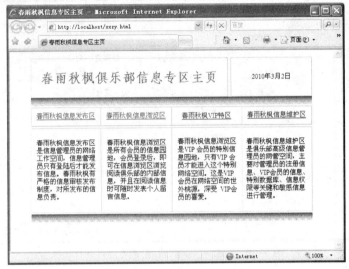

图 9-34　xxzy.html 预览结果

从预览结果可见，当前网页的主体框架及信息项目符合设计规划，但页面格式还须作进一步设置。主要有以下 3 方面：

① 实时日期的文本格式须进一步设置。

② 功能说明区文本的格式须进一步设置。

③ 在标题区与长条图片之间设置一个小的空白分隔区。

这些页面格式，有的可以直接使用属性面板设置，有的则必须应用样式表。在下一小节中，我们介绍使用 CSS 样式设置这些页面格式的方法。

9.5.2　主页中 CSS 样式的设计及应用

本小节针对上面提出的问题，使用样式表技术设置信息专区主页 xxzy.html 的页面格式。

（1）定义类样式 date_css，用于设置实时日期的格式

① 在"样式"面板中打开"新建 CSS 规则"对话框，并作设置，如图 9-35 所示。

② 单击"确定"按钮，在打开的".date_css 的规则定义"对话框中设置文本的大小及颜色，如图 9-36 所示。

③ 单击"确定"按钮，完成定义样式的操作。

定义结束后，单击"实时日期区"的单元格，在属性面板的"样式"下拉列表

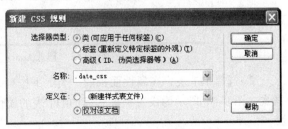

图 9-35　使用"新建 CSS 规则"创建类样式

中选择"date_css"，将样式 date_css 套用到实时日期的显示文本中。

（2）定义类样式 text_css，用于功能说明区的文本格式设置

① 按上述操作新建类样式 text_css，设置行高 20 像素。

② 将插入点置于功能说明区的文本中，在属性面板的"样式"下拉列表中选择"text_css"，将样式 text_css 套用到功能说明区的文本中。

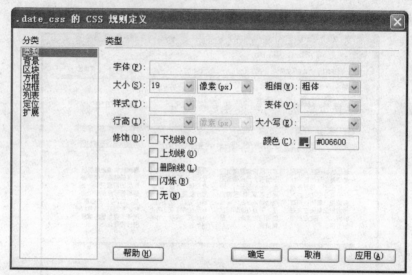

图 9-36 ".date_css 的规则定义"对话框

（3）定义样式 space_css，以产生空白分隔区

① 新建类样式 space_css，按图 9-37 所示定义方框属性。

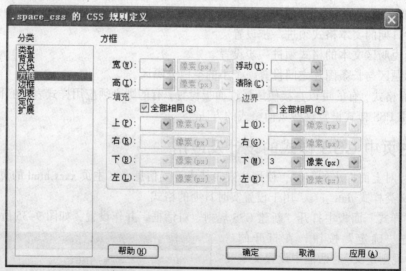

图 9-37 样式 space_css 的方框属性

② 选择 t11 表，在属性面板的"类"下拉列表中选择"space_css"，使 t11 套用 space_css 样式。图 9-38 所示为设置类样式后的 t11 表的属性面板。

图 9-38　设置类样式后的 t11 表的属性面板

③ 按如上相同的操作方法，将样式 space_css 套用到 t12 表中。

完成样式套用操作之后，即在第一个长条图片的上方产生一个 3 像素高的空白分隔区。

说明：类似情况下，采用样式表方法建立空白分隔区比使用空白表格更易于调整，当要改变分隔区的高度时，只需修改样式表即可。

应用以上 CSS 样式之后，信息专区主页 xxzy.html 的设计就完成了。

小　　结

信息发布与浏览系统是一个小型的网站系统，本章从系统规划开始，对该系统的设计过程进行了详细介绍，包括网页规划设计、数据库规划设计、信息发布系统的设计、信息浏览系统的设计以及主页设计 5 个方面的内容。在主页设计中，重点介绍了页面的布局设计及 CSS 样式的设计及应用。

（1）本系统主要的设计内容：站点网页的功能设计、管理员登录网页的设计、发布信息网页的设计、会员登录网页的设计、浏览信息目录网页的设计、显示信息内容网页的设计、"发表建议"网页的设计、主页布局设计、主页中 CSS 样式的设计及应用。

（2）本系统主要的数据库操作：搜索记录、插入记录、浏览记录。

（3）本系统主要的服务器行为：用户身份验证、限制对页的访问、插入记录、重复区域。

（4）本系统页面布局的主要技术：表格。

（5）本系统页面格式设置的主要技术：CSS 样式。

习　题　九

1. 在第 8 章的例 8.14 中，我们设计了春雨秋枫俱乐部的会员注册页面 register.asp，请参考该示例设计一个管理员注册系统，用于实现对管理员表 manager 的信息管理。

2. 自己规划设计一个信息专区主页 zqzy.html，用它取代 xxzy.html 网页，要求使用 CSS 样式进行页面格式设置。

第 10 章　Fireworks CS3 图像处理技术

本章概要

　　Fireworks 是网页图像处理的一个重要工具，具有强大的网页图像处理能力，与 Dreamweaver、Flash 并称网页设计三剑客。使用 Fireworks 能够快速高效地处理图像文件、绘制编辑图像。本章对 Fireworks CS3 的图像处理技术作简要介绍，主要内容有 Fireworks CS3 的界面结构、图像文件的基本操作、主要的图形图像编辑处理工具、常用的位图图像编辑处理技术、矢量图的绘制、文本编辑及特效、动态按钮的制作技术等。

教学目标

- 熟悉 Fireworks CS3 的工作界面，了解 Fireworks 文件格式的特点。
- 熟悉 Fireworks CS3 图像文件的基本操作，图像文件的打开、创建、导入、浏览显示、保存等。
- 了解位图的特点，熟悉常用的位图操作工具，学会常用的位图编辑方法，包括图像优化、切片、羽化、导出等。
- 了解矢量图的特点，能够绘制矢量图，能够编辑文本和设计文本特效。
- 掌握制作动态按钮的方法。

10.1　Fireworks CS3 操作基础

　　Fireworks 是用于创建、编辑和优化 Web 图像的专业工具，它可以创建和编辑位图和矢量图、修剪和优化图像、设计 Web 效果，如翻转图像、下拉菜单等。使用 Fireworks 制作完成一个图像文件后，可以将其导出或另存为 JPEG 文件、GIF 文件或其他格式的文件，与包含 HTML 表格和 JavaScript 代码的 HTML 文件一起用于 Web。如果想继续在另外的工具如 Photoshop 或 Flash 中处理该文件，还可以将其导出或保存为特定于该工具软件的文件类型。

10.1.1　Fireworks CS3 的起始页

　　在默认状态下，启动 Fireworks CS3 将显示如图 10-1 所示的启始页。在起始页中列出了最近打开过的项目，这些项目可以立即打开进行编辑。在起始页中，也可以用浏览方式打开已有的图像文件，或者创建新的图像文件。

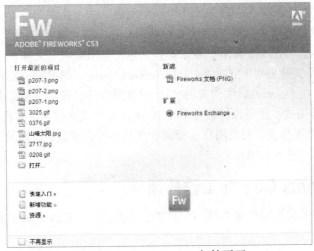

图 10-1　Fireworks CS3 起始页面

1．用浏览方式打开图像文件

单击起始页中的图标"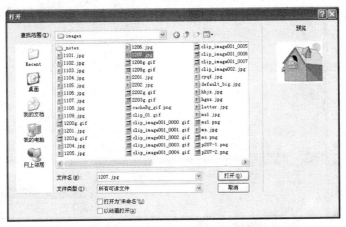打开..."，打开如图 10-2 所示的"打开"对话框，浏览选择图像文件后，单击"打开"按钮，即在工作区中打开所选择的图像文件。

图 10-2　使用"打开"图标打开图像文件

选择要打开的图像文件后，在对话框右侧的"预览"区域会显示该文件的预览图。选中"打开为'未命名'"复选框后，将把选择的文件作为未命名的文件打开。选中"以动画打开"复选框后，将把选择的文件作为动画打开。

2．新建图像文件

单击"新建"类别的"Fireworks 文档（PNG）"将打开如图 10-3 所示的"新建文档"对话框，完成画布设置后单击"确定"按钮将打开 Fireworks 的工作界面，即可创建、编辑 PNG 格式的网页图像文件。

图 10-3　"新建文档"对话框

在"新建文档"对话框中，"画布大小"由"宽度"和"高度"设置，以像素、英寸或厘米为设置单位；图像的精细程度由"分辨率"参数设置，以"像素/英寸"或"像素/厘米"为设置单位；"画布颜色"有 3 个选项，可以选择白色、透明或自定义颜色。

Fireworks 的图像文件采用 PNG（Portable Network Graphic 的缩写）格式，它是一种通用的网页图像文件格式。在 Fireworks 中创建的 PNG 网页图像可以导出或保存为其他的网页图像格式，如 JPEG、GIF 等格式。还可以将创建的 PNG 图像导出或保存为许多流行的非网页用格式，如 TIFF、PSD 和 BMP 等格式。无论用户选择哪种优化和导出设置，原始的 Fireworks PNG 文件都会被保留，以便以后进行编辑。

10.1.2　Fireworks CS3 的工作界面

Fireworks CS3 的工作界面由菜单栏、工具栏、工具箱、工作区、属性面板和组合面板 6 部分组成，如图 10-4 所示。

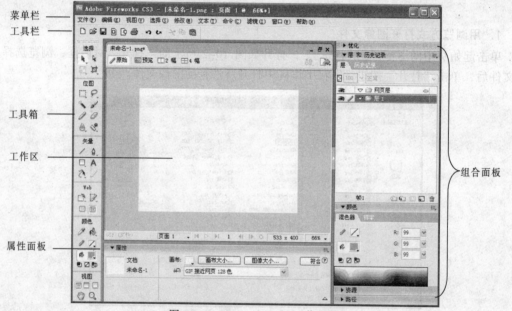

图 10-4　Fireworks CS3 工作界面

1．菜单栏

Fireworks CS3 的菜单栏由文件、编辑 、视图、选择、修改、文本、命令、滤镜、窗口、帮助 10 个主菜单项构成，每个主菜单项又有多个子菜单。这些菜单命令能够控制 Fireworks 的所有操作，主要用法将在后续内容中介绍。

2．工具箱

工具箱由选择、位图、矢量、Web、颜色、视图等 6 个工具区域构成，包括了选择、创建、编辑图像的各种工具，使用这些工具，可以在单个文件中创建和编辑矢量图形和位图。有的工具按钮右下角有一个小箭头，说明这个工具含有几种不同的模式，用鼠标左键按住这个工具按钮不放，就能显示出其他的可选模式，以供选择。

3．工作区

Fireworks CS3 的工作区是图像的绘制、编辑区域，在工作区中不仅可以绘制矢量图像，还可以直接处理位图。Fireworks CS3 的工作区上有 4 个选项卡，图 10-4 所示为"原始"窗口，是实际的工作区，只有在该状态下才能编辑图像文件。"预览"选项用于模拟图像在浏览器中的显示情况，"2 幅"和"4 幅"选项用于在 2 个和 4 个窗口中显示编辑制作的内容。

4．属性面板

默认设置时，属性面板位于工作界面的下方，当选择对象或选取工具后，其相关信息将显示在属性面板中，在属性面板中可以立即更改相关信息。如图 10-5 所示是在工具箱中选择"矩形"工具后的属性面板。

图 10-5　"矩形"工具的属性面板

5．组合面板

默认设置时，Fireworks CS3 的组合面板位于工作界面的右侧，使用菜单栏的"窗口"命令可以打开或关闭面板。以下是部分面板的功能说明。

① 优化面板。用于优化文件输出大小和文件输出格式。

② 层面板和历史记录面板。层面板用来组织文档的结构，包括创建、删除、操纵图层和帧等各种功能；历史记录面板列出了最近使用过的命令，设计者可以方便快捷地撤销、重复进行过的各种操作，也可以保存命令序列，生成一个可以重复使用的命令钮。如图 10-6 所示是编辑一个位图文件时的层面板状态。

③ 信息面板。显示所选中的对象的尺寸，鼠标指针在画布中的精确坐标以及鼠标指针所经过点的色彩信息，如图 10-7 所示。

④ 混色器和样本面板。用于管理当前图像的调色板，"样本"面板如图 10-8 所示。

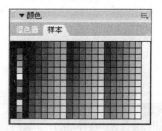

图 10-6　编辑位图文件时的层面板　　　图 10-7　信息面板　　　图 10-8　颜色"样本"面板

10.1.3　图像文件的基本操作

图像文件的创建、打开、导入、保存、浏览显示等是 Fireworks CS3 图像处理的最基本操作，这些操作既与其他图像处理工具有相似之处，又有其特点，下面对这些基本操作进行介绍。

1．创建图像文件

创建图像文件，就是创建一幅新的 PNG 格式的图像，通过"新建文档"对话框打开工作区即可创建图像文件。可以直接创建一幅空白的图像文档，然后进行绘制和编辑，也可以利用剪贴板从其他图像源中复制图像数据，然后在 Fireworks CS3 中生成新的图像文件。

以下操作都可以打开"新建文档"对话框：

① 在起始页中单击"新建"类别的"Fireworks 文档（PNG）"图标。

② 在菜单栏中选择"文件/新建"命令。

③ 在工具栏中单击"新建"按钮 □。

2．打开图像文件

打开图像文件，就是将图像文件加载到 Fireworks CS3 的工作区中，以进行图像的编辑处理。以下操作都可以打开图像文件：

① 在起始页中单击"打开"图标。

② 在菜单栏中选择"文件/打开"命令。

③ 在工具栏中单击"打开"按钮 。

3．导入图像文件

导入图像文件是将图像插入到当前正在编辑的文档中，而不是重新加载一幅图像。以下操作都可以导入图像文件：

① 在工具栏中单击"导入"按钮 。

② 在菜单栏中选择"文件/导入"命令。

【例 10.1】利用 Fireworks CS3 的 "导入" 图像功能，将如图 10-9、图 10-10 所示的图像合成如图 10-11 所示的图像。其中，图像 1108.jpg 的宽度为 800 像素、高度为 488 像素，图像 1109.jpg 的宽度为 800 像素、高度为 90 像素。

图 10-9　图像 1108.jpg

图 10-10　图像 1109.jpg　　图 10-11　使用图像 1108.jpg、1109.jpg 合成的图像

问题分析：

实现题目要求须经过以下 3 个主要步骤：

① 在工作区中打开 1108.jpg 图像。

② 在 1108.jpg 图像窗口中导入图像文件 1109.jpg。

③ 设置导入图像的坐标。

操作过程：

① 在菜单栏中选择"文件/打开"命令，利用"打开"对话框在工作区中打开图像文件

1108.jpg，如图 10-12 所示。

图 10-12　打开图像文件 1108.jpg

② 在工具栏中单击"导入"按钮 ，打开"导入"对话框，选择要导入的图像文件 1109.jpg，如图 10-13 所示。

图 10-13　导入的图像文件 1109.jpg

③ 单击"打开"按钮，"导入"对话框自动关闭。此时按如下操作将图像文件 1109.jpg 置入当前文档窗口中。

a. 将鼠标移动到文档窗口中（此时鼠标指针显示为折线形状"厂"），然后单击，图像 1109.jpg 将出现在当前文档窗口中，如图 10-14 所示。

b. 在"属性"面板中设置导入图像的坐标信息。激活导入的图像，设置 x 坐标为 0，使其左边缘与图像 1108.jpg 的左边缘对齐；设置 y 坐标为 398（488-90=398），使其下边缘与图像 1108.jpg 的下边缘对齐。图像合成后的工作界面如图 10-15 所示，此时，通过文档窗口中的"预览"选项，即可看到如图 10-11 所示的图像。

图 10-14　在 1108.jpg 图像窗口中导入 1109.jpg 图像

图 10-15　图像合成后的工作界面

4．保存图像文件

（1）保存 PNG 格式的文件

在 Fireworks 中创建新文档或打开现有的 Fireworks PNG 文件时，文件扩展名为.png，执行保存命令后，默认状态下仍然保存为 PNG 格式的文件。PNG 格式的图像文件保存了 Fireworks 中所绘制的各种图形对象、切片的相关属性与信息，当再次打开文件时，可以使用保存之前的状态对图像继续进行编辑操作。

（2）保存其他格式的图像文件

Fireworks 能够打开非 PNG 格式的文件，并使用 Fireworks 的所有功能来编辑图像。然后可以选择"另存为"将所编辑的文件保存为一个新的 Fireworks PNG 文件，或者选择不同的格式来保存所编辑的文件。

对于非 PNG 格式的文件进行编辑并保存后，当关闭该文件时 Fireworks 会显示如图 10-16

所示的提示窗口，提醒保存 PNG 格式的文件，以作可持续编辑的源文件之用。

若在编辑 JPG 文件时，为图像添加了对象，则在保存文件时将显示如图 10-17 所示的提示窗口，提醒保存 PNG 格式的文件。

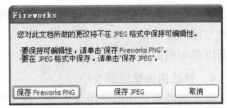

图 10-16　关闭当前文件时的 Fireworks 的提示窗口　图 10-17　保存 JPG 文件时的 Fireworks 的提示窗口

例如，在例 10.1 中，完成图像合成后进行保存文件操作时将显示如图 10-17 所示的提示窗口。若需保存 PNG 格式的源文件，则单击"保存 FireworksPNG"按钮；否则，单击"保存 JPEG"按钮，保存 JPG 格式的文件。

5. 浏览、显示文档

（1）层叠和平铺文档窗口

在工作区中，如果有多个文档窗口，则可以改变各个文档窗口之间的相互位置，便于对文档的管理。

选择"窗口/层叠"命令，可以将多个文档窗口在工作区中层叠显示，可以通过单击各个窗口的标题栏将该文档切换到顶层以便进行编辑；选择"窗口/水平平铺"命令，可以将多个文档窗口在工作区中沿垂直方向平铺显示；选择"窗口/垂直平铺"命令，可以将多个文档窗口在工作区中沿水平方向平铺显示。

双击文档窗口标题栏，则返回到设置以前的状态。

（2）改变显示比例

使用工具箱的"放大镜"工具可以改变图像的显示比例。从工具箱中单击"放大镜"工具按钮，在文档窗口中单击鼠标，将放大图像；按下【Alt】键时，在文档窗口中单击鼠标将缩小图像。

使用工作区状态栏的"设置显示比率"按钮也可在工作区中放大和缩小图像。

10.1.4　画布管理

Fireworks 中的画布也就相当于图像的背景，在绘图的过程中为了使画布的大小、颜色能够和前景的图像保持协调，有时需要修改画布的相关属性。使用画布的属性面板或者使用菜单栏的"修改/画布"命令，都能实现画布管理。下面是通过画布属性面板管理画布的方法。

1. 打开画布属性面板

用鼠标单击画布，或在画布的工作区外单击鼠标，即可打开画布的属性面板，如图 10-18 所示。

图 10-18　画布的属性面板

2. 修改画布颜色

在属性对话框中，单击画布颜色选择框 ⬜️，可以重新点选新的画布颜色。

3. 修改画布大小

单击属性面板中的"画布大小"按钮将打开"画布大小"对话框，如图 10-19 所示。在"新尺寸"项内可以输入新的宽、高像素。在"锚定"右边是画布的固定点，当画布的大小被改变时会以选中的固定点不变来更改画布的大小。

4. 修改图像区域的大小

单击属性面板中的"图像大小"按钮将打开"图像大小"对话框，如图 10-20 所示，更改"像素尺寸"项下的宽、高值，即可改变工作区的图像区域的大小。

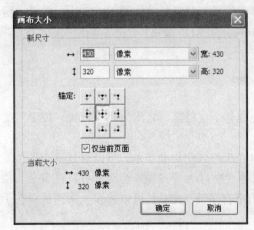

图 10-19 "画布大小"对话框

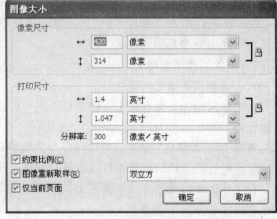

图 10-20 "图像大小"对话框

① 选中"约束比例"复选框后，当宽度或高度中某一数值被改变后，另一个数值也会等比例地随着改变。如果取消此项选择，就可以单独改变宽度或高度的数值了。

② 选中"图像重新取样"复选框后，在调整图像大小时能够添加或去除像素，使图像在不同大小的情况下具有大致相同的外观。

③ 选中"仅当前页面"复选框后，使所作更改仅应用到当前页面。如果取消选中此框，则所作更改将应用到活动文档中的所有页面以及以后创建的新页面。

5. 使画布与图像大小一致

单击画布属性面板的"符合画布"按钮，将使得画布大小与图像所占用的位置大小一致，如图 10-21 所示是执行"符合画布"操作前后的状态。

（a）原始状态 （b）操作后的状态

图 10-21 "符合画布"操作前后状态对比

10.2　位图图像的编辑处理

位图图像由排列成网格的称为"像素"的点组成，网格中每个像素的位置和颜色值决定了一个完整的位图图像，位图具有丰富的色彩。位图中单位面积内的像素越多，图像的分辨率越高，图像表现得就越细致。编辑位图图像时，修改的是像素。放大位图图像将使这些像素在网格中重新分布，因此常会使图像的边缘呈锯齿状。

本节介绍 Fireworks CS3 的位图图像的编辑处理操作，包括位图编辑工具、图像优化、图像切片、图像羽化、导出图像等内容。

10.2.1　位图编辑工具

Fireworks CS3 有很强的位图编辑处理功能，提供了专门的位图编辑工具，如图 10-22 所示。要熟练进行位图编辑，有必要先熟悉这些基本工具。

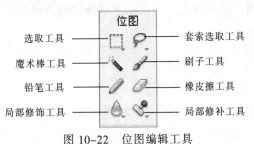

图 10-22　位图编辑工具

说明：工具按钮右下角有黑色小箭头时，表示该工具包含可选择模式，在工具按钮上按住鼠标左键会弹出模式菜单以供选择。

1. 图像区域选择工具

图像区域的选择工具包括如图 10-23 所示的 4 个工具及"魔术棒"工具，该类工具用来绘制所选像素区域的选取框以确定选区。选区可以移动、向选区添加内容、在其上绘制另一个选区或编辑选区内的像素、将滤镜应用于像素等操作。

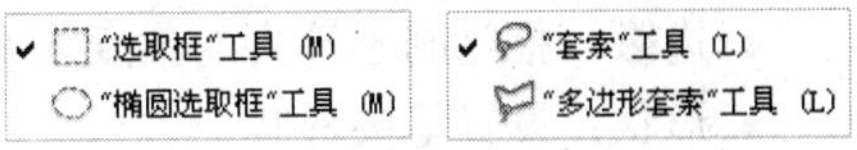

图 10-23　图像区域选择工具

各工具的功能如下：

① "选取框"工具。用于在图像中选择一个矩形区域。

② "椭圆选取框"工具。用于在图像中选择一个椭圆形区域。

③ "套索"工具。用于在图像中选择一个自由变形区域。

④ "多边形套索"工具。用于在图像中选择一个直边的自由变形区域。

⑤ "魔术棒"工具。用于在图像中选择一个像素颜色相似的区域。

选择图像区域选择工具后，属性面板会显示工具的边缘选项，如图 10-24 所示是"选取框"工具的属性面板。

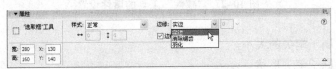

图 10-24　选区工具的属性面板

关于"边缘"下拉列表的说明：

① 实边。创建具有已定义边缘的选取框。

② 消除锯齿。防止选取框中出现锯齿边缘。

③ 羽化。柔化像素选区的边缘。

2．位图局部修饰工具

位图局部修饰工具有 5 个，如图 10-25 所示。

位图局部修饰工具的功能如下：

① "模糊"工具。通过有选择地模糊元素的焦点来强化或弱化图
像的局部区域，其方式与摄影师控制景深的方式很相似。

② "锐化"工具。主要用于修复扫描问题或聚焦不准的照片。

③ "减淡"工具。用于减淡局部色度。

④ "烙印"工具。用于加深局部色度。

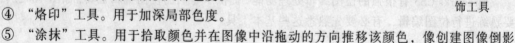

图 10-25　位图局部修
饰工具

⑤ "涂抹"工具。用于拾取颜色并在图像中沿拖动的方向推移该颜色，像创建图像倒影
那样逐渐将颜色混合起来。

各工具的使用方法如下：

（1）"模糊"和"锐化"工具的使用

① 选择"模糊"工具或"锐化"工具。

② 在属性面板中设置刷子选项，如图 10-26 所示。

图 10-26　"模糊"工具的属性设置

参数说明：

- 大小：设置刷子笔尖的大小。
- 边缘：指定刷子笔尖的柔度。
- 形状：设置笔尖形状。
- 强度：设置模糊或锐化量。

③ 在要锐化或模糊的像素上按住鼠标左键拖动工具。

（2）"减淡"和"烙印"工具的使用

① 选择"减淡"工具或"烙印"工具。

② 在属性面板中设置刷子选项，如图 10-27 所示。

图 10-27　"减淡"工具的属性设置

参数说明：

- 大小：设置刷子笔尖的大小。
- 形状：设置刷子笔尖形状。
- 边缘：设置刷子笔尖的柔度。

- 曝光：从 0% 到 100%。百分比越高曝光越高。
- 范围："阴影"主要改变图像的深色部分；"高亮"主要改变图像的加亮部分；"中间色调"主要改变图像中每个通道的中间范围。

③ 按住鼠标左键，在图像中要减淡或加深的区域拖动。

说明：拖动工具时按住【Alt】键，可以临时从"减淡"工具切换到"加深"工具，或从"加深"工具切换到"减淡"工具。

（3）涂抹工具的使用

① 选择"涂抹"工具。

② 在属性面板中设置刷子选项，如图 10-28 所示。

图 10-28　"涂抹"工具的属性设置

参数说明：
- 大小：指定刷子笔尖的大小。
- 形状：设置刷子笔尖形状。
- 边缘：指定刷子笔尖的柔度。
- 压力：设置笔触的强度。
- 涂抹色：允许在每个笔触的开始处用指定的颜色涂抹。

③ 在要涂抹的像素上按住鼠标左键拖动涂抹刷。

3. 位图局部修补工具

位图局部修补工具有 3 个，如图 10-29 所示。我们只介绍"橡皮图章"工具的用法。

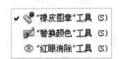

图 10-29　位图局部修补工具

"橡皮图章"工具可以克隆位图图像的部分区域，以将其压印到图像中的其他区域。操作过程如下：

① 选择"橡皮图章"工具，在如图 10-30 所示的属性面板中设置参数。

图 10-30　"橡皮图章"的参数设置

② 在图像中单击某一区域将其指定为源（即要克隆的区域），此时取样指针即会变成十字型指针。若要指定另一个要克隆的像素区域，可以按住【Alt】键并单击另一个像素区域，将其指定为源。

③ 移到图像的其他部分并拖动指针。此时将看到两个指针，第一个是克隆源，为十字型，第二个指针可能是橡皮图章、十字型或蓝色圆圈形状，这取决于选择的刷子首选参数。拖动第二个指针时，第一个指针下的像素会被复制并应用于第二个指针下的区域。

属性面板参数说明：

- 大小：确定图章的大小。
- 边缘：确定笔触的柔和度（100% 为硬；0% 为软）。
- 按源对齐：影响取样操作。选择"按源对齐"后，取样指针会垂直和水平移动以与第二个指针对齐。取消选择"按源对齐"后，不管将第二个指针移到何处以及在何处单击它，取样区域都是固定的。
- 使用整个文档：从所有层上的所有对象中取样。取消选择此选项后，"橡皮图章"工具只从活动对象中取样。
- 不透明度：确定透过笔触可以看到多少背景。
- 混合模式：影响克隆图像对背景的影响。

10.2.2 图像优化

图像优化是指在图像质量和图像存储大小之间寻求一种平衡方案，寻找颜色、压缩和品质的最佳组合，在尽量不影响图像质量的情况下，减小图像的存储大小，以缩短 Web 页中相应图像的下载时间。因此，必须在最大限度地保持图像品质的同时，选择压缩质量最高的文件格式。

1. 图像优化的基本步骤

使用 Fireworks 的优化面板，或者使用图像的属性面板都能实现图像的优化。以下是使用优化面板优化图像的基本步骤：

① 打开图像文件。

② 打开"优化"面板。

③ 进行优化设置。

④ 导出优化后的图像。

进行优化设置后，通过文档窗口上的"预览"标签，可以预览优化后的效果。选择"2 幅"标签和"4 幅"标签可以比较几种不同的优化设置所产生的效果。

2. 使用 Fireworks 的预设优化方案优化图像

选择预设优化方案是优化图像的快捷简便的方法。Fireworks CS3 预设了 7 种图像优化方案，在优化面板和图像属性面板中可直接选用，如图 10-31、图 10-32 所示。

图 10-31 "优化"面板中的预设优化方案

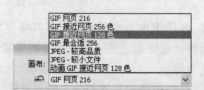

图 10-32 图像属性面板中的预设优化方案

以下是关于预设优化方案的说明。

① GIF 网页 216。强制所有颜色为网页安全色，该调色板最多包含 216 种颜色。

② GIF 接近网页 256。将非网页安全色转换为与其最接近的网页安全色，该调色板最多包含 256 种颜色。

③ GIF 接近网页 128。将非网页安全色转换为与其最接近的网页安全色，该调色板最多包含 128 种颜色。

④ GIF 最合适 256。是一个只包含图像中实际使用的颜色的调色板，该调色板最多包含 256 种颜色。

⑤ JPEG——较高品质。将品质设为 80、平滑度设为 0，生成的图像品质较高但占用空间较大。

⑥ JPEG——较小文件。将品质设为 60、平滑度设为 2，生成的图像大小不到"较高品质 JPEG"的一半，但品质有所下降。

⑦ GIF 动画 gif 接近网页 128。将文件格式设为"GIF 动画"并将非网页安全色转换为与其最接近的网页安全色，该调色板最多包含 128 种颜色。

3. 使用自定义优化设置

自定义优化设置主要有以下操作：

① 在"优化"面板中，从"导出文件格式"下拉列表中选择一个选项，如图 10-33 所示。每种文件格式都有不同的压缩颜色信息的方法，为图像选择适当的格式可以最大程度地减小文件大小。

② 设置格式特定的选项，如色版、颜色和抖动。

③ 根据需要从"优化"面板的"选项"菜单中选择其他优化设置。

④ 必要时命名并保存自定义优化设置。当选择切片、按钮或画布时，将在"优化"面板和"属性"面板的"设置"下拉列表的预设优化设置中显示已保存设置的名称。

4. JPEG 图像的优化

JPEG 总是以 24 位颜色保存和导出，因此无法通过编辑其调色板优化 JPEG。当选择 JPEG 图像时，颜色表为空。一般通过调整 JPEG 图像品质和有选择地压缩 JPEG 图像的区域实现 JPEG 图像的优化处理。

（1）调整 JPEG 图像品质

在"优化"面板中调整"品质"的值即可调整 JPEG 图像的品质，如图 10-34 所示。较高的设置可以维持优良的图像品质，但压缩较少，因此产生的文件也较大。较低的设置产生小文件，但图像品质也较低。

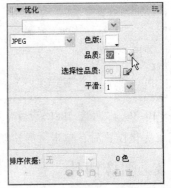

图 10-33　"优化"面板中"导出文件格式"下拉列表　　　　图 10-34　调整 JPEG 图像的品质

（2）选择性压缩 JPEG 图像的各个区域

选择性压缩能够以不同的级别压缩 JPEG 图像的不同区域。图像中引人注意的区域可以以较高品质级别压缩。重要性较低的区域（如背景）可以以较低品质级别压缩，这样可以减小图像的总大小，同时保留较重要区域的品质。

操作过程如下：

① 打开图像，使用"选取框"工具选择要压缩的图像区域，如图 10-35 所示。

② 选择"修改/选择性 JPEG/将所选保存为 JPEG 蒙版"命令。

③ 在"优化"面板中单击"编辑选择性品质选项"按钮 （在进行此步骤之前，要确保"优化"面板的"导出文件格式"中选择了"JPEG"）打开"可选 JPEG 设置"对话框，如图 10-36 所示。

④ 在选择性品质文本框中输入一个值。输入较低的值将以高于其余图像的压缩量压缩所选择的图像区域；输入较高的值将以低于其余图像的压缩量压缩所选择的图像区域。

图 10-35　选择要压缩的图像区域

说明：在"可选 JPEG 设置"对话框中，选中"保持文本品质"复选框，则所有文本项都将自动以较高级别导出；选中"保持按钮品质"复选框，则所有按钮元件都将自动以较高级别导出。

⑤ 单击"确定"按钮完成设置操作。图 10-37 所示是完成全部设置后的优化面板。该优化设置将使选取的图像区域以 90 的较高品质压缩，图像中的其他区域以 21 的较低品质压缩。

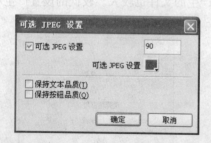

图 10-36　"可选 JPEG 设置"对话框

图 10-37　完成设置后的优化面板

完成优化设置后，单击"导出"按钮  即可导出优化后的图像。

10.2.3　图像切片

切片将 Fireworks 文档分割成多个较小的部分并将每部分导出为单独的文件。导出时，Fireworks 还创建一个包含表格代码的 HTML 文件，以便在浏览器中重新组合图形。

图像切片有 3 个主要优点：

① 优化图像。网页图形设计的挑战之一是在确保图像快速下载的同时保证质量。切片使用户可以使用最适合的文件格式和压缩设置来优化每个独立切片。

② 交互性。用户可以使用切片来创建响应鼠标事件的区域。

③ 更新网页的某些部分。切片使用户可以轻松地更新网页中经常更改的部分。例如，某公司的网页中可能包含每月更改一次的"本月雇员"部分，切片使用户可以快速更改雇员的姓名和照片而不用更换整个网页。

1. 创建切片

在图像中既可以创建矩形切片，也可以创建多边形切片。下面是创建矩形切片的一般方法。

① 执行"文件/打开"命令，打开图像文件。

② 使用工具箱中的"选取框"工具，选择图像上的一块矩形区域。

③ 选择"编辑/插入/切片"命令，创建矩形切片，切片效果如图 10-38 所示。

切片创建后，切片的周围显示红色的线，它确定导出时将文档拆分成的单独图像文件的边界。切片的区域将会覆盖上一层半透明的绿色，切片的中央有一个按钮，单击它可以弹出一个对切片进行各种行为操作的快捷菜单，如图 10-39 所示。

图 10-38　创建矩形切片

也可以使用工具箱中"矩形切片"工具在图像中创建切片。单击矩形切片工具按钮 ，然后在图像中拖动鼠标，即可创建切片。反复执行这个操作可以创建多个矩形切片，如图 10-40 所示。

图 10-39　切片快捷菜单　　　　　图 10-40　在图像中创建多个矩形切片

2. 导出切片

图像切片完成后，既可以将切片导出为单独的图像，也可以导出为一个 HTML 文件和一系列图像文件。导出切片的过程如下：

① 选择"文件/导出"命令，打开"导出"对话框，如图 10-41 所示。

② 设置"切片"选项的参数，然后单击"保存"按钮。

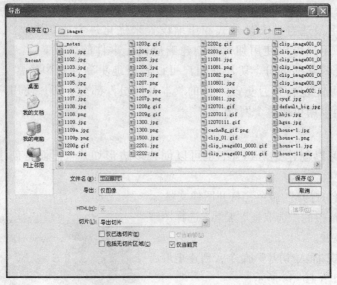

图 10-41　导出切片

10.2.4　图像羽化

羽化使位图图像的像素选区的边缘变得模糊，有助于所选区域与周围的像素混合。图 10-42 所示是图像羽化前后的效果。

（a）原始图像　　　　　　　　（b）羽化后的图像

图 10-42　图像羽化

1. 在属性面板中进行图像羽化

一般过程如下：

① 打开图像。

② 使用工具箱中的位图"选取"工具在图像中选取一个区域。

③ 在属性面板"边缘"下拉列表中选择"羽化"命令。

④ 拖动滑块设置希望沿像素选区边缘进行模糊处理的像素数目。

⑤ 选择"选择/反选"命令，产生羽化选区，然后按【Del】键，产生羽化效果。

2. 使用菜单栏进行图像羽化

一般过程如下：

① 打开图像，选择图像选区。

②　选择"选择/羽化"命令，打开"羽化所选"对话框，如图 10-43 所示。

③　在"羽化所选"对话框中输入一个值以设置羽化半径（半径值决定选区边框每一侧羽化的像素数目），然后单击"确定"按钮。

④　选择"选择/反选"命令，按【Del】键，产生羽化效果。

图 10-43　"羽化所选"对话框

10.2.5　导出图像

Fireworks 导出图像的形式灵活多样，既可以导出所编辑的完整图像，也可以导出图像的一个区域、导出切片等。

1．导出一个图像

操作步骤如下：

①　执行"文件/导出"命令，打开如图 10-41 所示的"导出"对话框。

②　打开"导出"下拉列表，如图 10-44 所示，选择"仅图像"选项，然后单击"保存"按钮。

2．导出一个区域的图像

Fireworks 可以将图像上的某个区域导出为一个独立的图像文件。操作步骤如下：

①　选择工箱中的"导出区域"工具 🔲，在图像中选择一个导出区域，如图 10-45 所示。

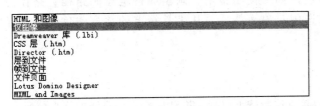

图 10-44　"导出"对话框中"导出"下拉列表

图 10-45　图像中的导出区域

②　双击导出区域，弹出"图像预览"对话框，如图 10-46 所示。

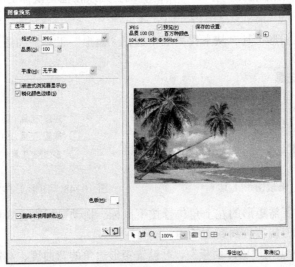

图 10-46　"图像预览"对话框

③ 在对话框中进行参数设置，然后单击"导出"按钮即可导出所选取的图像。

10.3　矢量图像和文本的编辑处理

矢量图像是以路径定义形状的计算机图形，是由数学公式定义的直线和曲线组成的，内容以色块和线条为主。如一条直线的数据只需要记录两个端点的位置、直线的粗细和颜色等。因此，矢量图所占据的空间比较小。矢量图的清晰度与分辨率无关，对矢量图进行放大、缩小、旋转等操作时，图形对象的清晰程度不会改变。Fireworks CS3 提供了专门的矢量图像的绘制编辑工具，能够方便地绘制编辑矢量图像。

文本是 Fireworks 图像处理的重要素材，Fireworks CS3 提供了丰富的文本功能，可以用不同的字体和字号创建文本，并且可调整其字距、间距、颜色等。将 Fireworks 文本编辑功能与大量的笔触、填充、滤镜以及样式相结合，能够使文本成为图形设计中一个生动的元素。

本节就矢量图绘制以及文本的编辑方法作介绍。

10.3.1　矢量图像的绘制

绘制矢量图像就是绘制路径的过程，主要通过如图 10-47 所示的矢量图形工具完成。在进行路径绘制时，可以在工具箱下方的笔画颜色区域选择需要的笔画颜色，而在工具箱下方的填充区域选择需要的填充颜色。在使用填充颜色时，只有在绘制矩形、椭圆和多边形时，才会自动填充设置的颜色，如果使用铅笔、画刷或钢笔绘制路径，路径内部不会填充颜色，必须在绘制完毕后选中对象，然后再从工具箱上的填充颜色区域选择需要的颜色。

1. 绘制直线
① 从工具箱中选中直线工具。
② 在文档窗口中所需绘制直线的起点位置按下鼠标，拖动鼠标直到直线的终点位置。
③ 释放鼠标，直线就被绘制到文档中。
如果希望绘制水平或垂直方向呈 45° 角的直线，则须在拖动鼠标的同时按住 Shift 键。

2. 绘制矩形
① 鼠标左键按住图形工具，从下拉列表中选择"矩形"工具，如图 10-48 所示。

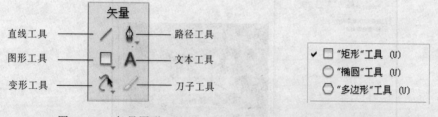

图 10-47　矢量图形工具　　　　　　图 10-48　图形工具（部分）

② 在文档窗口中所需矩形的左上角位置按下鼠标，拖动鼠标直至矩形的右下角位置。
③ 释放鼠标，矩形就被绘制到文档中。
选中矩形工具后，启动"属性面板"，可设置矩形边角的弯曲度，对矩形的边角进行圆滑，获得特殊的矩形效果。

3．绘制椭圆形

① 在图 10-48 所示的图形工具中选择"椭圆"工具。

② 在文档窗口中按下鼠标左键拖动鼠标。

③ 释放鼠标，椭圆形就被绘制到文档中。

如果希望绘制圆形，则须在拖动鼠标的同时按住 Shift 键。

4．绘制多边形

① 选择"多边形"工具，启动属性面板，如图 10-49 所示。

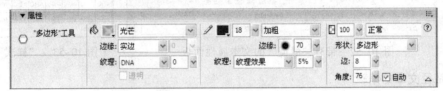

图 10-49　多边形属性面板

② 在"边"文本框中输入要绘制多边形的边数。

③ 在文档窗口中按下并拖动鼠标，即可绘制多边形。

5．绘制星形

在如图 10-49 所示的多面性属性面板中，在"形状"下拉列表中选择"星形"，在"边"文本框中输入星形的边数，在绘图区中拖动鼠标即可绘制星形图像。如图 10-50 所示是设置"边"为 5，而"角度"分别为 30 和 50 时绘制的五角星图像，并对"角度"是 50 的五角星进行了颜色填充。

图 10-50　绘制的五角星图像

10.3.2　文本编辑

1．编辑文本

基本过程如下：

① 选择工具箱的"文本"工具 **A**。

② 在图像区域中拖动鼠标创建一个文本输入框，然后在文本框中输入文本。

③ 在如图 10-51 所示的属性面板中设置文本的属性。

图 10-51　"文本"工具的属性面板

当需要重新编辑文本时，只需在文本对象中双击鼠标即可。

2．制作特效文本

在 Fireworks CS3 中可以对文本进行诸如图片一样的特效操作，如填充、效果、样式等。使用属性面板、资源面板等就可以对文本进行特效设置。

如图 10-52 所示是选择文本后的属性面板，使用滤镜可以设置文本的特效。如图 10-53 所示是资源的"样式"面板，使用它可以方便地设置文本的特效样式。

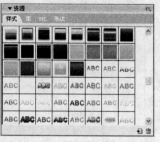

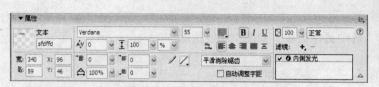

图 10-52　带有"滤镜"的文本属性面板　　　　　图 10-53　　"样式"面板

3．路径文本的编辑

在一般的文本编辑器中文本的布置总是横向或者纵向的，但是在 Fireworks CS3 中，使用所谓的路径文本，即可实现文本的变形排列。

编辑路径文本的基本操作方法如下：

① 输入文本并绘制出所需要的路径。

② 按【Shift】键选择文本和路径。

③ 选择"文本/附加到路径"命令，将文本附加到路径上。

④ 利用属性面板等进行调整、设置。

若需要将文本与路径分离时，选择"文本/从路径分离"命令即可。

下面通过一个实例说明具体的操作过程。

【例 10.2】编辑绘制如图 10-54 所示的路径文本。

操作过程如下：

① 选择"文本"工具输入一行文本，选择"椭圆"工具绘制一个路径，并同时选择文本和路径，如图 10-55 所示。

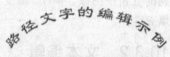

图 10-54　路径文本

② 选择"文本/附加到路径"命令，将"路径文字的编辑示例"文本附加到椭圆路径上，如图 10-56 所示。

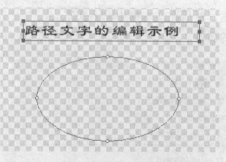

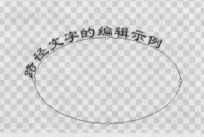

图 10-55　文本和路径　　　　　图 10-56　附加到椭圆路径上的文本

③ 使用文本属性面板设置文本的有关属性，如字间距及文本位置等，如图 10-57 所示。其中，字间距在"字距或部分范围字距的调整"文本框 A_V 中设置，其值为 8，文本位置在"文字偏移"文本框中设置，其值为 16。

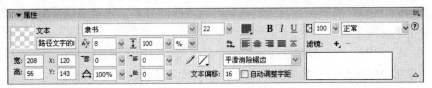

图 10-57 文本属性面板的设置

完成上述设置后文档窗口的状态如图 10-58 所示，通过 "预览" 窗口即可观察到如图 10-54 所示的文字图像。

④ 在图像区域外单击画布，显示文档的属性面板。在文档属性面板中单击 "符合画布" 按钮，使画布大小与图像文字一致，然后以 PNG 格式或 JPEG 格式保存图像文件，完成设计。

图 10-58 完成设置后的路径文本

10.4　制作动态按钮

按钮是网页中广泛使用的一种页面元素，合理使用动态变化的按钮能够使网页更加生动，令浏览用户感觉网页更具灵性。Fireworks CS3 提供了专门的按钮设计功能，其按钮编辑器将会引导完成按钮的创建过程，并且自动完成许多按钮制作任务。本节介绍使用 Fireworks CS3 设计制作网页按钮的基本方法。

10.4.1　按钮制作方法

Fireworks CS3 中的一个按钮有多种状态，设计制作动态按钮即是对按钮的不同状态进行设计。

1. 按钮的基本状态

Fireworks CS3 使用按钮编辑器设计制作动态按钮，每个按钮最多可以有 4 种不同的状态，即 "释放" 状态、"滑过" 状态、"按下" 状态以及 "按下时滑过" 状态，如图 10-59 所示。

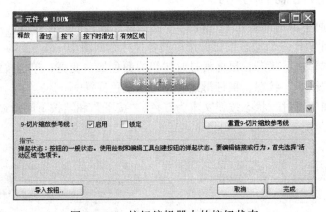

图 10-59　按钮编辑器中的按钮状态

按钮的每种状态表示该按钮在响应各种鼠标事件时的外观，具体说明如下。

① "弹起" 状态。按钮的默认外观或静止时的外观。

② "滑过"状态。当鼠标指针滑过按钮时该按钮的外观。此状态提醒用户单击鼠标时很可能会引发一个动作。

③ "按下"状态。表示按钮在单击后的外观。按钮的凹下图像通常用于表示按钮已按下，在具有多个按钮的导航栏上，此按钮状态通常表示当前网页。

④ "按下时滑过"状态。鼠标指针滑过处于"按下"状态的按钮时该按钮的外观。在具有多个按钮的导航栏中，此按钮状态通常表明指针正位于当前网页的按钮上方。

2．按钮的设计制作过程

利用按钮编辑器，可以创建按钮的各个不同的状态以及用来触发按钮动作的区域。

① 选择"编辑/插入/新建按钮"打开按钮编辑器。按钮编辑器打开时显示的是"弹起"状态选项卡。

② 使用按钮编辑器，通过绘制形状、导入图形图像或者从文档窗口中拖动对象等方法来创建自定义按钮。图 10-60 所示是导入按钮的对话框，由此可导入按钮库中的按钮元件。

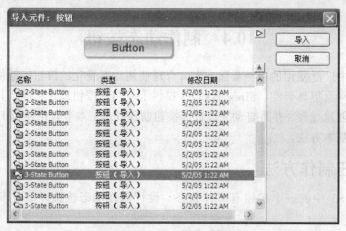

图 10-60　导入按钮对话框

③ 按照按钮编辑器的引导，完成控制该按钮行为的各个步骤。

10.4.2　动态按钮制作示例

以下通过一个简单示例说明在 Fireworks 中制作动态按钮的具体步骤。

【例 10.3】设计制作一个动态按钮，按扭的各种状态如图 10-61 所示。具体说明如下：

① 按钮处在"释放"状态，鼠标滑过时按钮的颜色加白变亮；单击按钮后，按钮下沉。

② 按钮处在"按下"状态，鼠标滑过时按钮的颜色变深。

③ "释放"和"滑过"状态按钮文本为红色，"按下"和"按下时滑过"状态按钮文本为墨绿色。

"释放"状态　　　　　　"滑过"状态　　　　　　"按下"状态　　　　　"按下时滑过"状态

图 10-61　按钮的 4 种状态

完成该设计须注意以下几点：

① 按钮的 4 种状态分别使用不同的颜色方案。

② "按下"状态和"按下时滑过"状态都位于一个下沉位置上。

③ 按钮的有效区域可以灵活设置，视按钮在网页中的空间范围而定。

④ 进行画布设置，使其符合按钮图像的大小。

操作过程：

（1）新建文档

选择"文件/新建"命令，打开"新建文档"对话框，设置画布大小、颜色，然后单击"确定"按钮。

（2）设计制作"释放"状态的按钮

① 打开"按钮编辑器"（打开时的默认按钮状态为"释放"状态），选择工具箱上的"圆角矩形"工具，在画布上拖动鼠标绘制一个圆角矩形，如图 10-62 所示。

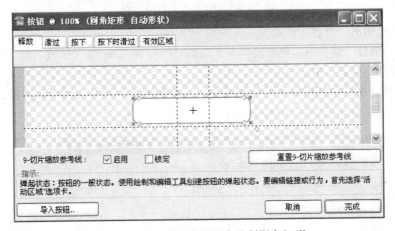

图 10-62 在按钮编辑器中绘制圆角矩形

② 在绘制的图形上应用样式。打开"样式"面板，在其中选择一种样式应用于新绘制好的圆角矩形，如图 10-63 所示。

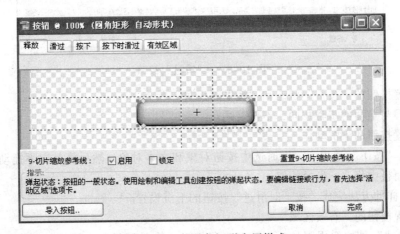

图 10-63 对圆角矩形应用样式

③ 添加按钮文字。单击工具箱上的"文本"工具，在按钮上添加"按钮制作示例"文本，并设置大小、颜色、字体等属性，然后用指针工具调整文本位置。完成后效果如图 10-64 所示。

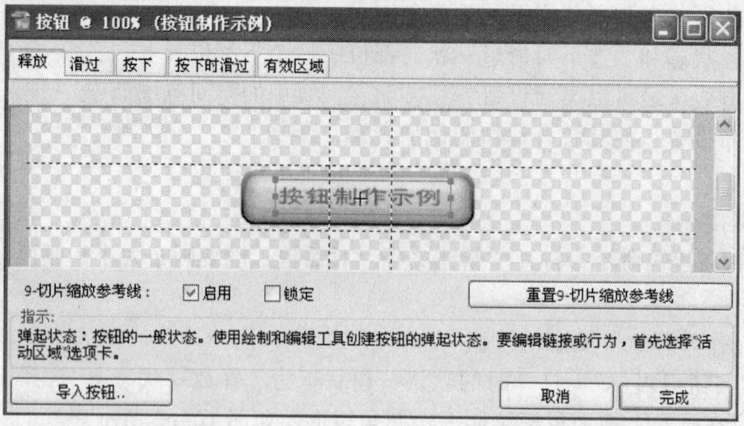

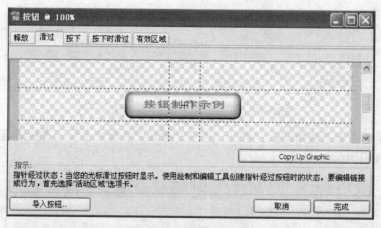

图 10-64 添加文本后的按钮

（3）设置按钮的"滑过"状态

① 选择"滑过"选项卡，单击窗口右下角的"Copy up Graphic"按钮，将"释放"状态的按钮图像复制到当前窗口中。

② 编辑当前窗口中按钮对象的外观或文本。本例用指针工具选择按钮图像，并重新设置填充颜色，完成后的效果如图 10-65 所示。

图 10-65 "滑过"按钮

（4）设置按钮的"按下"状态和"按下时滑过"状态

操作过程与上面的步骤相同，不再赘述。

（5）设置按钮的下沉动作

① 选择"按下"选项卡，同时选中按钮对象和文本对象，然后将其向下拖动一小段距离或者在属性面板中修改 y 坐标的值。

② 用同样的方法完成"按下时滑过"按钮的下沉设置。

（6）设置按钮的"有效区域"

"有效区域"是按钮周围的一个区间，鼠标进入有效区域后，按钮的所有鼠标操作即生效，如呈现滑过效果或单击鼠标等。Fireworks 通过链接到按钮的切片对象来定义按钮的活动区域。

单击"有效区域"选项卡，Fireworks 自动为按钮创建有效区域，如图 10-66 所示。移动切片辅助线可以改变有效区域。

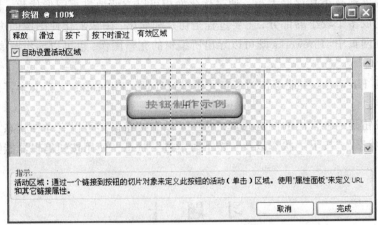

图 10-66　按钮的有效区域

（7）修改画布，保存文件

① 上述设置完成之后，单击"完成"按钮关闭按钮编辑器，文档窗口如图 10-67 所示。

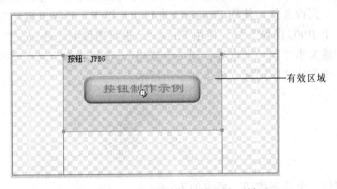

图 10-67　文档窗口中的按钮及其有效区域

② 单击"有效区域"外任一位置，打开文档属性面板，在属性面板中单击"符合画布"，使画布与按钮的有效区域一致。

③ 预览并保存按钮文件。

按钮设计完成后，还可以为其添加交换图像行为、添加下拉列表、添加状态栏信息等。

将制作完成的按钮导出为 HTML 文件，在 Dreamweaver 中使用"插入/图像对象/Fireworks HTML"命令，即可将动态按钮应用在网页中。

小　　结

Fireworks 是制作处理网页图像的专业化工具，在网页图像处理和网页特效制作中具有广泛应用。本章对 Fireworks 的基本概念、操作和应用做了概要介绍。

（1）位图图像和矢量图像是 Fireworks 处理的两类图像。位图图像由排列成网格的称为"像素"的点构成；矢量图像是以路径定义形状的计算机图形。Fireworks 提供了多种图像处理工具用于绘制编辑图像。

（2）图像优化、切片、羽化是最基本的图像处理操作。图像优化的目的是尽量保持图像品质的同时最大程度地减小其存储大小，通过优化面板可以方便地进行图像优化；图像切片是将较大的文档分割成多个较小的部分，主要过程是切片和导出；图像羽化使图像的边缘变得模糊，以更好地融合在网页中。Fireworks 既可以导出所编辑的完整图像，也可以导出图像的一个区域、切片等。

（3）文本在 Fireworks 中能够作为矢量元素进行处理，Fireworks 支持文本特效，能够方便地制作路径文字。

（4）动态按钮是一种常用的网页元素，每一个动态按钮最多可以有 4 种状态，即"释放"状态、"滑过"状态、"按下"状态以及"按下时滑过"状态，使用按钮编辑器能够方便地设计和管理按钮。

习　题　十

1. 简述位图和矢量图的特点。
2. 准备一个 JPEG 图像文件，使用 Fireworks 进行图像优化并导出图像。
3. 准备一个 GIF 图像文件，使用 Fireworks 进行图像优化并导出图像。
4. 打开一个图像文件，使用 Fireworks 进行切片操作，并导出切片文件。
5. 准备一个 JPEG 图像文件，使用 Fireworks 进行图像羽化处理。
6. 输入一段文本"同一个世界，同一个梦想"，将其制作为路径文本。
7. 绘制一个立体文字图标，效果如下图所示。

8. 设计制作一个动态按钮，要求如下：
① 按钮文本为"我喜欢的主页"。
② 单击时颜色发生变化，并打开搜狐主页。
③ 鼠标经过时下沉 5 个像素，同时颜色发生变化。
④ 按钮的其他状态自行设置。

第 **11** 章 ▍Flash CS3 动画技术

本章概要

Flash 动画是重要的网页元素，它能够极大地增强网页的动感，使网页丰富多彩，更具吸引力。本章以 Flash CS3 为平台，对 Flash CS3 动画设计制作的基本原理、基本方法进行介绍，包括 Flash 动画的基本概念、编辑制作 Flash 动画的基本工具、元件与实例的创建和应用、渐变动画、遮罩层动画的设计制作等。本章最后，通过两个设计制作 Flash 动画的综合实例对 Flash 动画设计制作的相关知识进行系统应用。

教学目标

- 熟悉 Flash CS3 的工作界面。
- 理解图层、帧、时间轴、元件与实例等 Flash 中的重要概念。
- 熟练使用 Flash 的工具箱及命令菜单进行图形绘制及图形编辑。
- 理解渐变动画的工作原理，掌握制作渐变动画的方法，能设计制作渐变动画。

11.1 Flash CS3 操作基础

Flash CS3 是一款优秀的交互式矢量动画制作软件，能够制作出声形并茂、互动性极高的动画影片。使用 Flash CS3 不仅可以制作感人至深的 MV 电影和轻松幽默的动画短片，还可以创建出高质量的"模拟智能"程序，完成人机对话，甚至可以使用 Flash CS3 完成整个网站的建设。本节就 Flash CS3 使用操作的基础知识作简要介绍。

11.1.1 Flash CS3 工作界面

Flash CS3 的工作界面主要由主菜单栏、时间轴、工具面板、舞台、属性面板、浮动面板等几部分构成，如图 11-1 所示。

下面对"舞台"和"时间轴"作简单说明。

1. 舞台

舞台是在创建 Flash 文档时放置媒体内容的矩形区域，相当于 Dreamweaver 的工作区。舞台中显示的动画效果是影片的实际效果，只有在舞台中放置的媒体内容在播放影片时才能显示出来。

使用放大和缩小功能可以更改舞台的视图大小，使用网格、辅助线和标尺可以帮助在舞台上定位对象。

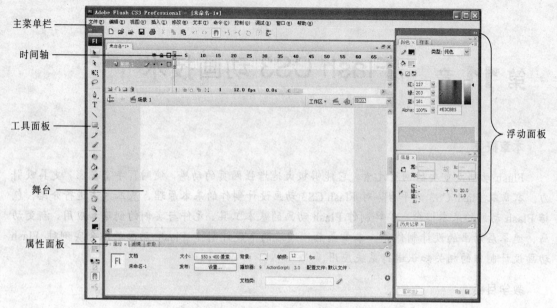

图 11-1　Flash CS3 的工作界面

2．时间轴

时间轴是对帧进行播放操作的控制器，帧通过时间轴设定后进行播放。在 Flash 的界面中，时间轴位于工作界面的上方，随着影片播放时间的推进，动画将会按照横轴的方向播放，所以横轴就是时间轴。

简单地说，时间轴用于控制图片的播放时间和播放顺序，时间轴上的数字，如 1、5、10、15 等，就是时间轴上的帧，也就是相当于电影里的一个个胶片。Flash 每秒要播放 12 张图片，时间轴就是控制这 12 张图片用的，用于确定一秒钟的时间要播放哪 12 张图片。

11.1.2　Flash CS3 图形绘制编辑

1．图形绘制

图形绘制主要通过绘图工具来完成，可通过属性面板设置绘制工具和绘制图形的属性。绘图工具如图 11-2 所示，有些绘图工具选中后，在工具箱的选项栏中会出现其模式选项。

图 11-2　绘图工具箱

（1）绘制直线路径

选中钢笔工具，在文档窗口中单击鼠标左键，产生路径的第一个节点。移动鼠标在一个新位置上单击鼠标产生第二个节点，依次作出需要的所有节点，路径就形成了，如果要绘制一个闭合的路径，最后要单击路径的起始节点，如图 11-3 所示。

（2）绘制曲线路径

选中钢笔工具，在文档窗口中单击鼠标左键，产生路径的第一个节点。移动鼠标在一个新位置上单击鼠标并按住鼠标拖动，会看到在第二个节点上产生一个两端带有方向点的方向线，通过拖动方向点可调整两节点间曲线的形状和方向。依次生成每一段曲线，最后绘制出曲线路径，如图 11-4 所示。

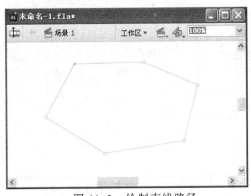
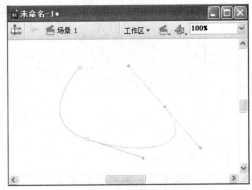

图 11-3　绘制直线路径　　　　　图 11-4　绘制曲线路径

（3）使用铅笔工具绘图

使用铅笔工具可自由绘制线条和几何图形。选中该工具后，在选项栏中可选择绘制模式，如图 11-5 所示。铅笔的 3 种模式含义如下：

① 直线化：画出的线条会自动拉直，并且可以绘制规则的封闭式几何图形，如三角形、矩形、圆形等。

② 平滑：画出的线条会自动平滑。

③ 墨水：画出的线条比较接近原始的模式。

（4）使用刷子工具绘图

刷子起着涂刷的功能，如图 11-6 所示，它的选项功能非常特别。

图 11-5　铅笔模式　　　　图 11-6　刷子工具

功能说明如下：

① 标准绘画。标准涂刷模式，在选定区域用新的颜色进行覆盖。

② 颜料填充。一个对象，可以分为填充区域与轮廓区域，填充涂刷只对填充区域起作用，而保留原图像的轮廓。

③ 后面绘画。用此工具涂刷出的图像将处在已有对象的后面。

④ 颜料选择。涂刷只针对所选区域（必须先用选取工具选定区域）。所选区域外的部分不能进行涂刷。

⑤ 内部绘画。该绘画方式因起点位置不同而具有不同的填充形式。如果起点在某个对象

外（即内部应该是空白区域），那么对于该对象来说，它不是内部，所以该对象会遮挡经过它的涂刷部分。

（5）文本编辑

文本工具用于添加文本角色。选择该工具，然后确定文本的输入点，就可以输入文本内容。文本输入完成后，可通过"属性"面板对文本进行编辑，如图11-7所示为文本的属性面板。

图11-7 文本的属性面板

2．颜色的填充

（1）墨水瓶工具

墨水瓶工具用来给图形对象的线条或几何图形的笔画边框上色。使用步骤如下：

① 从工具箱中选取墨水瓶工具。

② 在属性面板中设置线条颜色、笔画和线宽。

③ 单击文档窗口中已有的线条或填充图形，改变线条的属性；如果没有轮廓，则为填充图形添加轮廓。

（2）颜料桶工具

颜料桶用于对图像进行填色。根据选项的不同可以采取多种填充方式，如图11-8所示。

各填充模式的含义如下：

① 不封闭空隙。指只能对完全封闭的区域填充。

② 封闭小空隙。指可以对留有小空隙的区域填充。

③ 封闭中等空隙。指对留有中等空隙的区域也可填充。

④ 封闭大空隙。指对留有较大缺口的区域也可填充。

图11-8 颜色填充选项

（3）滴管工具

滴管工具用来进行颜色取样，将一个图形或线条的颜色复制到其他图形或线条上。该工具使用方法非常简单，只需用滴管在已有图形中点一下欲取颜色，然后，在欲添色的位置单击滴管就行了。

3．编辑图形对象

（1）选取对象

① 箭头选择工具。用于选择对象，对任何对象进行处理时，首先得选中它，然后才能对其进行操作。要选中多个对象，只需用箭头选择工具在这些对象的外部单击，然后拖动鼠标拉出一个能包含所有对象的方形，最后松开鼠标，有关对象就被选中了。

② 套索工具。当选中套索工具后，在工具面板的下方将显示套索工具的3个图标："魔术棒"工具、"魔术棒设置"工具和"多边形模式"工具。套索工具主要用来选择具有复杂轮廓的对象。使用方法如下：

先用此工具确定起始点，然后大致沿轮廓画线，最后与起始点重合形成封闭路径从而选中此范围内的对象。利用魔术棒工具可在分离的位图上选取相近色块。

【例 11.1】利用魔术棒工具改变图像的背景。

操作过程如下：

① 选择位图，选择"修改/分离"命令，分离图像。

② 选择套索工具中的魔术棒，并单击"魔术棒设置"图标，打开如图 11-9 所示的"魔术棒设置"对话框设置阈值，阈值越大选取范围越大。

③ 用魔术棒在图像背景处单击，选取背景区域，已选择的背景显示白色网点，如图 11-10 所示。

④ 选择背景区域后以白色填充或直接按删除键删除背景，结果如图 11-11 所示。

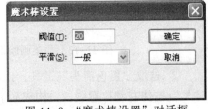

图 11-9　"魔术棒设置"对话框

（2）对象的复制和删除

选择对象后，使用快捷菜单或命令菜单即可复制、删除对象。

（3）橡皮擦工具

橡皮擦工具用来擦除一些不需要的线条或区域。橡皮擦工具的选项模式如图 11-12 所示。

图 11-10　用魔术棒选择图像背景　　　图 11-11　删除背景后的图片　　　图 11-12　橡皮擦工具的选项

① 标准擦除。凡橡皮经过之处都被清除。当然，不是当前层的内容不能清除。

② 擦除填色。只擦除填色区域内的信息，非填色区域，如边框，不能擦除。

③ 擦除线条。专门用来擦除对象的边框与轮廓。

④ 擦除所选填充。清除选定区域内的填充色。

⑤ 内部擦除。擦除情况跟开始点相关，如果起始点在某个物体外，如空白区域，那么这个"内部"则是空白区域内部，这时进行擦除不能抹掉物体信息；如果起始点在物体内，那么这个"内部"则是物体内部，这时可以擦除该物体的相关信息，而不能作用于外部区域。

（4）变形工具

① 任意变形工具 。用于实现对动画角色的大小和旋转变形。

② 填充变形工具 。用于实现对填充内容的缩放和旋转变形。

4．角色创作实例

【例 11.2】绘制简笔画脸谱，效果如图 11-13 所示。

制作思路：

① 绘制基本的几何图形。

② 利用箭头选取工具拉弯线条，组成简笔画。

制作步骤：

① 建立一个文件，用画圆工具画出空心圆，在眼睛和嘴巴部位画出线段，如图 11-14 所示。

图 11-13　简笔画脸谱

图 11-14　脸谱的基础图形

② 选取"黑色箭头"工具，让鼠标逐渐靠近线段，当鼠标箭头由虚线框形 ↖▫ 变为圆弧形时 ↖，按住左键拉弯线段，构成简笔画。

【例 11.3】绘制如图 11-15 所示的鲜花图案。

制作思路：

① 利用五个椭圆进行叠加，组合出花朵图案。

② 利用矩形框和线段拖动操作制作花托。

制作步骤：

① 利用画圆工具绘制一个填充色为黄色无边框的椭圆（无边框显得边界柔和）。

② 绘制一个填充色为紫色无边框的椭圆，然后复制制作其他三个紫色椭圆。

③ 选择"修改/组合"命令分别把五个圆组合起来，并把它们叠加成如图 11-16 中的（a）所示图案。必要时可通过"修改/排列"命令调整圆的排列层次，使黄色的圆在其他圆的上面，如图 11-16（b）所示。

④ 利用矩形工具、圆工具和箭头的拖动功能作出花托，如图 11-16（c）所示。然后，把花朵和花托组合起来，形成如图 11-15 所示的鲜花图案。

图 11-15　鲜花图案

（a）　　　　　（b）　　　　　（c）

图 11-16　鲜花图案的制作

【例 11.4】绘制如图 11-17 所示的放大镜图案。

制作思路：

① 放大镜可由一个圆与一个弧角方形构成。

② 弧角方形应用褐色的实心填充，圆则应使用由白到灰的放射状填充。

制作步骤：

① 用矩形工具绘制一个 10 度的弧角方形，并用褐色进行填充。用箭头工具拖拉弧角方形的两条长边，使其稍具弧形。

② 绘制一个轮廓为黑色、填充为白色的圆。在颜色面板中将填充类型设为"放射状"，颜料桶设成如图 11-18 所示。然后用颜料桶工具进行填充。

③ 将填充颜色后的圆移动到弧角方形上。然后选择全部放大镜组件，将对象进行适当旋转。

以下是在颜色面板上进行渐变填充设置的有关知识。

① 两个颜料桶与其上的长方形分别表示内部颜色、外部颜色、色值范围，根据需要可以进行任意变化、组合。

② 改变内部或外部颜色。选中表示内部颜色或外部颜色的颜料桶，在调色板中选择颜色，在下方的颜色预览框显示颜色结果。

图 11-17　放大镜图案

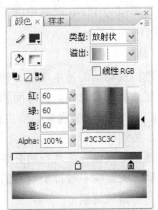

图 11-18　填充放大镜的颜色面板

③ 增加色块。在两个颜料桶间单击鼠标，即出现第三个颜料桶，然后选中新添的颜料桶，并在调色板中选择相应的颜色。

④ 清除颜料桶。对于第三个或第四个添加的颜料桶，要清除它们非常简单，只需将其往下拉就清除了。首尾两个颜料桶表示基本色，在渐变填充中不能清除，只能进行修改。

【例 11.5】制作如图 11-19 所示的水晕图案。

制作思路：

利用颜色面板制作透明的奇特效果。

制作步骤：

① 建立 Flash 文件，背景设为灰黑色。

② 打开颜色面板，选择"放射状"填充模式。

③ 在颜色面板上设置 3 个颜料桶。两端桶的颜色为灰色（或淡紫色），中间桶的颜色为白色。选中左端的颜料桶，调整 Alpha 值为 0，即将颜色设为透明。同样将右端的颜料桶设为透明色。中间颜色的 Alpha 值不变，如图 11-20 所示。

图 11-19　水晕图案

图 11-20　"水晕"图案的颜色面板设置

④ 利用圆形绘图工具（不要边框），绘出正圆，并将其变形，即得到如图 11-19 所示的水晕图案。

11.1.3　帧与图层

帧和图层是 Flash 动画中的重要概念，只有理解和掌握这两个概念，才有可能熟练地进行 Flash 创作。

1. 帧

帧是构成动画的基本单位，帧中装载着 Flash 作品的播放内容，包括图形、音频、素材符号以及其他嵌入对象等。在时间轴中放置帧的顺序将决定帧内对象在最终内容中的显示顺序。在 Flash 中，帧分为关键帧、空白关键帧和过渡帧 3 种类型。

（1）关键帧

关键帧是决定一段动画的必要帧，其中可以放置图形、播放图像，并可以对所包含的内容进行编辑。关键帧一般位于动画的开始、控制转折点和结束点。

（2）空白关键帧

空白关键帧是没有任何内容的关键帧，在默认状态下，每个层的第一个帧都是空白关键帧。一旦在空白关键帧上绘制了内容，它就变成关键帧。

（3）过渡帧

过渡帧是位于两个关键帧之间的普通帧。在 Flash 中，确定了两端的关键帧后，利用命令可以自动计算和添加过渡帧。过渡帧的内容是不能直接编辑的，要想修改它的内容，必须把它转变成关键帧，关键帧才是可以直接编辑的帧。

2. 图层

一个图层，犹如一张透明的纸，上面可以绘图写字，所有的图层叠合在一起，就达到了最终的效果。在图层上没有内容的舞台区域中，可以透过该图层看到下面的图层。

在大部分图像处理软件中，都引入了图层的概念，灵活地掌握与使用图层，不但能轻松制作出各种特殊效果，还可以大大提高设计制作效率。

（1）图层的状态

在 Flash CS3 中，图层有 4 种状态，即活动状态、隐藏状态、锁定状态和外框模式状态，如图 11-21 所示。单击图层名右侧的圆点，可调整图层的状态。

图 1-21 中各个图层的状态说明如下：

① 图层 4：该层处于活动状态，可以对该层进行各种操作；

② 图层 3：该层处于隐藏状态，即在编辑时是看不见的，同时，处于隐藏状态的图层不能进行任何修改。

③ 图层 2：该层处于锁定状态，被锁定的图层无法进行任何操作。在 Flash 制作中，完成一个层的制作后，就立刻把它锁定，以免误操作带来麻烦。

④ 图层 1：该层处于外框模式。处于外框模式的层，其上的所有图形只能显示轮廓。

（2）图层的基本操作

图层的基本操作可通过图层窗口中的工具图标 ⬛ ✎ ⬛ ⬛ 进行。工具图标在图层窗口的左下角，下面将结合操作过程讲述它们的应用。

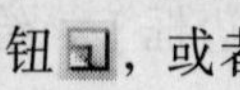

① 新建一个图层。每次打开一个新文件时就会有一个默认的图层"图层 1"。要新建一个图层，只需单击图层窗口左下角的"插入图层"按钮 ⬛，或者调用 "插入/图层"命令，这时，在原来图层上会出现一个新图层"图层 2"。

②　选择图层。单击图层就可将其选定。在工作区域选中一个对象，按住【Shift】键，再选择其他层的对象就可以选择多个图层。

③　删除图层。选中要删除的图层，单击垃圾桶图标 🗑，即可将图层删除。

④　更改图层名称。用鼠标双击图层名称即可重命名将其更改。

⑤　复制图层。选中要复制的图层，选择"编辑/复制"命令；然后，创建一个新层，选择"编辑/粘贴"命令即可。

⑥　更改图层的顺序。有时，上方图层的内容会遮盖下方图层的内容，下层内容只能通过上层透明的部分显示出来。因此，常常会有重新调整图层的排列顺序的操作。用鼠标拖住一个图层，然后向上或向下拖动，即可改变图层的顺序。

（3）图层的属性

选择图层，用鼠标右键打开快捷菜单，在弹出的菜单中选择"属性"，即打开图层的属性面板，如图 11-22 所示。

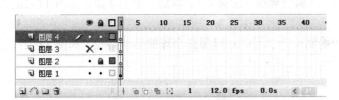

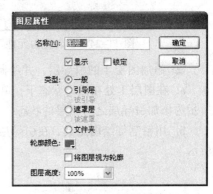

图 11-21　图层的状态　　　　　　　图 11-22　图层属性

（4）引导层

引导层是用来设置运动路径的图层，它所起的作用在于确定指定对象的运动路线。在 Flash 的图层面板中，单击添加引导层图标 ⌇，即可添加新的引导层。下面通过一个实例说明引导层的作用。

【例 11.6】设计制作一幅动画，使一个球沿指定的路线运动。

设计思路：

①　在一个图层中创建一个小球。

②　添加一个引导层，在引导层中绘制运动路线。

③　在小球图层中通过定义开始关键帧、结束关键帧，并创建这两个关键帧的补间动画，使小球沿指定路线运动。

操作过程：

①　新建一个影片文件，并在图层 1 中创建一个小球。

a. 在工具面板中选择"椭圆工具"，定义填充颜色为灰色"球形填充"、无轮廓线，属性设置如图 11-23 所示。

b. 在舞台中绘制一个灰色小球，并使用颜料桶工具在小球靠上位置单击，以调整高亮度颜色的位置，增强小球的质感。

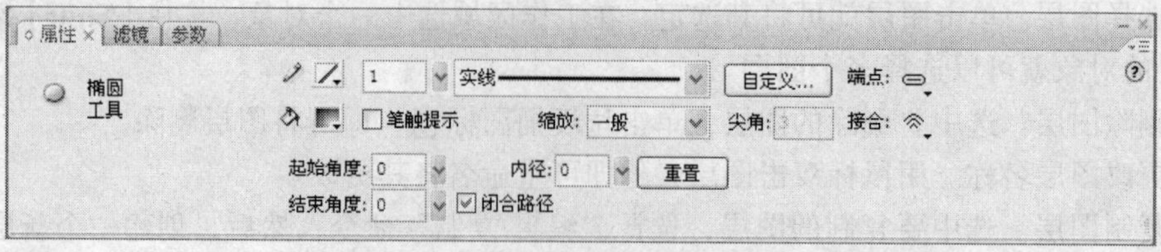

图 11-23　椭圆工具的属性设置

c. 选中小球，选择"修改/转换为元件"命令，打开如图 11-24 所示"转换为元件"对话框，设置"类型"为"影片剪辑"，单击"确定"按钮后，小球即转换为元件，如图 11-25 所示。

图 11-24　"转化为元件"对话框

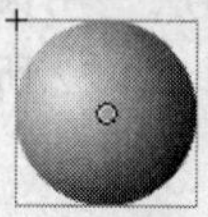

图 11-25　小球元件

② 添加图层 1 的引导层，并绘制引导线。

a. 在图层 1 处在活动状态下，单击"添加引导层"图标 ，添加一个引导层。如图 11-26 所示为添加引导层之后图层的状态。

b. 用铅笔等绘图工具，在引导层中绘制一条引导线，以用作小球的运动路径，如图 11-27 所示。

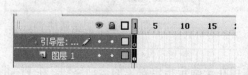

图 11-26　添加引导层后的图层

图 11-27　图层 1 中的小球与引导层中的路径

③ 在图层 1 中定义关键帧。

a. 激活图层 1，在第 15 帧处插入一个关键帧。

b. 在第 15 帧处，把圆球从舞台的左侧位置拖到右侧，并让圆球的中心点与引导线的尾端重合。

④ 创建补间动画，指定小球的运动路线。选中第一帧，并单击鼠标右键，在快捷菜单中选择"创建补间动画"。完成设置后时间轴变化如图 11-28 所示。

完成上述操作后按【Ctrl+Enter】键测试影片，观察小球的运动路线。

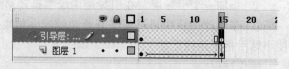

图 11-28　完成设置后的时间轴

说明： 引导层的要点在于被引导对象的中心点与引导路径的首尾重合。

（5）遮罩层

一般情况下，层是透明的，上面的层的空白处可以透露出下面层的内容。但是，Flash 的遮罩层则正好相反，遮罩层中有内容的区域是透明的，其他无内容的区域则是黑色的。由于遮罩层完全覆盖在被遮罩的层上面，只有遮罩层有内容的区域才可以显示下层图像信息。下面是遮罩层的一个应用实例。

【例 11.7】设计一个短片，使 ABCD 四个字从左向右移动，所到之处透露出下层的彩色背景。

设计思路：

① 使用两个图层，一个图层用于放置彩色底片，另一个图层作为它的遮罩层，在遮罩层上放置字符 ABCD。

② 在遮罩层的时间轴上创建动画，使字符 ABCD 自左向右运动。

操作过程：

① 在一个新建的影片文件中创建一个图形符号 jx，内容为彩色矩形，用彩色渐变填充。

② 将矩形符号拖入到图层 1 中的第 1 帧中，并调整大小，使该图片能够布满工作区，以保证遮罩层的文字无论移动到哪里都有下层信息透露出来。

③ 新建一个图片类型的符号 zf，并输入 "ABCD" 4 个字符。

④ 回到场景，新建一个图层 2，并将新建的 zf 符号拖入图层 2 的第 1 帧。因为要让字体体从左移到右，所以把该符号放到工作区内靠左边界处，如图 11-29 所示。

⑤ 要让整个动画延续 20 帧，因此在图层 2 的第 20 帧处插入一关键帧，并把 zf 符号拖到工作区右边。

⑥ 为图层 2 创建动作。由于只涉及位移变化，因此可以直接在第 1 帧单击鼠标右键，选择 "创建补间动画"。当然也可以在帧属性面板中选动画类型。

⑦ 图层 1 中目前只有一帧有内容，要保证整个动画（共 20 帧）都要有彩色背景，因此选中图层 1，并在第 20 帧处插入普通帧或关键帧。

⑧ 使图层 2 成为图层 1 的遮罩层。选中图层 2 右击，在快捷菜单中选择 "遮罩层"。完成后，图层窗口如图 11-30 所示。

⑨ 制作完成，按【Ctrl+Enter】键进行测试。

图 11-29　创建的符号

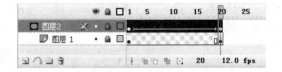

图 11-30　设置遮罩层

11.1.4　元件与实例

在前面的例子中，我们已经对元件和实例进行了应用，本小节对其作进一步的介绍。

1．元件和实例概述

用户在使用 Flash CS3 软件进行创作时，经常使用到元件和实例。简单地说，元件也称为符号，可以是图形、按钮、电影片断、声音文件或者字符，创建后的元件保存在元件库里，当用户从库中将元件置入舞台上时，这时就创建了一个元件的实例。不管创建多少个该元件的实例，Flash 仅把该元件保存一次，所以元件的应用缩小了文件的体积。

例如，最初生成元件对象在电影中的文件大小增加 25KB，那么添加 10 个、20 个甚至更多的元件实例造成的文件大小增加不会超过 100 字节，且与元件的大小无关。用户只需将元件当作主控对象，把它存在库中。将元件放入电影中时，使用的是主控对象的实例，而不是主控对象本身。

元件实例的外观和动作无需和原元件一样。每个元件的实例都可以有不同的颜色和大小，并提供不同的交互作用。例如，可以将按钮元件的多个实例放置在场景中，其中每一个都可以有不同的相关动作和颜色。

每个元件都有自己的时间轴、场景和层，也就是说，可以将元件实例放置在场景中的动作看做是一部小的动画，再将它们放置在较大的动画场景中。而且可以将元件实例作为一个整体来设置动画效果。一旦编辑元件的外观，元件的每个实例在场景中就会反映出相应的变化。例如，用户将场景中出现过几次的正方形元件图形改为椭圆形，那么该元件的每个实例也将变为椭圆形。

2．元件的类型

在 Flash CS3 中，元件的种类一共有 3 种，它们分别是图形元件、按钮元件和影片剪辑元件。每一个元件都有它自己的用途，用户可以选择"插入/新建元件"命令或按【Ctrl+F8】组合键创建元件。在打开的创建新元件对话框中，可以选择所创建的元件类型。

（1）影片剪辑元件

影片剪辑元件是 Flash 电影中一个相当重要的角色，大部分的电影其实是由许多独立的影片剪辑元件的实例组成的，它可以响应脚本行为，拥有绝对独立的时间轴，不受场景和时间轴的影响。

（2）按钮元件

按钮元件是一个比较特殊的元件，它不是单一的图像，它用 4 种不同的状态来显示。按钮的另一个特点是每一个显示状态均可以通过声音或图形来显示，它是一个交互性的动画。

按钮元件对鼠标运动能够作出反应，并且可以使用它来控制电影。在影片中，用户可以新建一个按钮来执行各种动作，或者选择"窗口/公用库/按钮"命令，在打开的"按钮"面板中选择一个按钮。

（3）图形元件

图形元件通常由在电影中使用多次的静态图形组成。例如，可以创建鲜花的一个图形元件，创建之后保存在元件库中。用户可以通过在场景中加入一朵鲜花元件的多个实例来创建一束花，如图 11-31 所示。在"库"面板中的一枝花即是一个图形元件，反复地将这个图形元件拖动到舞台中，然后进行变形、旋转等编辑操作即组成一束花。

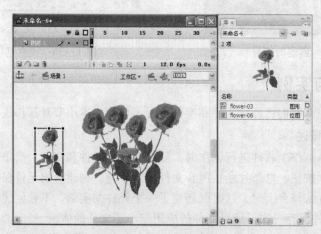

图 11-31　创建一束花

3．元件的创建与编辑

用户在动画或电影的编辑过程中，可以使用两种方法创建元件，一种是创建空元件，然后在元件编辑模式下为其添加内容；另一种是从舞台中选定某个对象来创建元件。

（1）创建空元件

一般过程如下：

① 在菜单栏中选择"插入/新建元件"命令，在打开的"创建新元件"对话框中选择元件类型，单击"确定"按钮切换到元件编辑模式，如图 11-32 所示。元件名将显示在元件编辑窗口的左上角，编辑面板中的十字准星代表元件的定位点。

② 在编辑窗口中创建编辑元件。在创建元件内容时，用户可以使用时间轴和绘图工具来绘制，也可以通过选择"文件/导入"命令，打开导入对话框，并中从选择导入媒体文件、图片文件或其他元件。在编辑窗口中创建的元件将立即出现在"库"面板的元件窗口中。如图 11-33 所示是在元件编辑窗口创建的小球元件，它同时显示在了右侧"库"面板的元件窗口中。

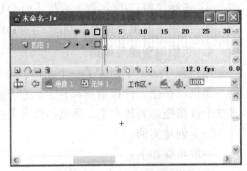

图 11-32　元件编辑模式

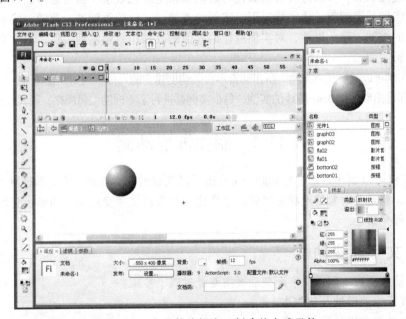

图 11-33　在元件编辑窗口创建的小球元件

（2）使用选定的对象创建元件

① 在舞台中使用箭头工具选择需要用的元素，然后使用"修改/转换为元件"命令打开"转换为元件"对话框。

② 在"转换为元件"对话框的名称文本框中输入元件名称，然后从类型选项区域中选择元件类型，并单击"确定"按钮即可创建元件。

（3）编辑元件

既可以通过元件编辑器编辑元件，也可以在舞台上通过元件实例编辑元件。在舞台上选择元件实例，然后单击右键，在弹出的快捷菜单中选择"在当前位置编辑"命令，即可立即编辑相应元件。直接双击库面板中的元件图标也可以实现元件编辑。

元件编辑时，Flash 将自动更新电影或动画中所有运用该元件的实例。

（4）复制元件

使用复制元件功能，可以很方便地完成复制元件的操作。复制元件的操作步骤如下：

① 选择"窗口/库"命令或按【Ctrl+L】组合键，打开库面板。

② 选中库面板所需要复制的元件并单击右键，从弹出的快捷菜单中选择复制命令即可。

4. 实例的创建与编辑

用户在 Flash 中创建了一个元件，但是这个元件并不能直接应用到场景中，还需要创建实例。实例就是把元件拖动到舞台上，它是元件在舞台上的具体体现。如果元件中有一个按钮，将这个按钮拖动到舞台上，那么，舞台上的这个按钮就不再称作"元件"，而是一个"实例"。

（1）创建实例

一般步骤如下：

① 在时间轴上选取一个图层。

② 然后选择"窗口/库"命令，打开库面板，选择所要使用的元件，将其拖动到舞台中。

实例创建完成后，可以打开实例属性对话框来指定颜色效果、指定动作、设置图形显示模式以及改变实例的类型等。通常情况下，实例的类型与元件的类型是一致的，除非用户为实例指定了另外的类型。除此以外，对实例所作的其他修改操作只影响到实例，不会影响到元件。

（2）编辑实例

元件的实例可以进行任意编辑，所作编辑不会影响创建它的元件。例如，在图 11-31 中，舞台中的每一枝花都是图形元件 flower-03 的实例，每个实例都进行了不同的编辑操作，而元件保持不变。

11.2　制作渐变动画

Flash 不但可以制作运动过渡动画，而且还可以创建另一类动画，即变形过渡动画，一般称为渐变动画，就是使对象的形状随时间产生变化。本节对文字变形动画和形状变形动画的设计制作过程进行介绍。

11.2.1　文字渐变动画

在一个动画文档中制作文字渐变动画需要经过以下步骤：

① 设置开始关键帧及其文本。

② 设置结束关键帧及其文本。

③ 将开始帧及结束帧的文本打散，把文字转化为图形。文本只有转化为图形后才能渐变。

④ 在时间轴的第一个关键帧中设置"补间"类型为"形状"，以产生形状渐变效果。

下面通过一个实例，详细说明文字渐变动画的设计制作过程。

【例 11.8】制作一个文字渐变动画，将文本"文字"在移动过程中渐变为文本"渐变"。

设计思路：

① 分别在时间轴的第 1 个关键帧和最后一个关键帧中设置文本"文字"、"渐变"，并设置格式。

② 将文字打散。

③ 在第 1 个关键帧设定"补间"类型。

操作过程：

① 选择"文件/新建"命令，新建一个 Flash 动画。

② 在如图 11-34 所示的"文档"属性面板中设定动画文档的属性。单击"大小"按钮，设定舞台大小为宽度为 660 像素，高度值设为 420 像素。

图 11-34　"文档"属性面板

③ 使用文本工具在舞台中输入渐变开始的文本"文字"，在文本属性面板中对文本的样式、大小及颜色进行设定。本例设置文本为隶书、大小为 120 像素、颜色为红色，如图 11-35 所示。

图 11-35　设置文本样式

④ 设置渐变的结束帧。本例在时间轴的第 40 帧处插入一个关键帧作为文字渐变的结束帧。

⑤ 选择第 40 帧，在舞台中任意更改文字对象，使其与第 1 帧处的文字对象有不同的外观和颜色。本例将文本"文字"修改为"渐变"，设置字体为华文新魏、颜色为蓝色，如图 11-36 所示。

图 11-36　渐变结果的文本及属性设置

⑥ 将文本"文字"打散。方法是选择其中的文本对象后，连续两次选择"修改/分离"命令，"文字"将被打散为图形，可以任意拆卸、分解、变形文字的任何部分。

a. 选择时间轴的第 1 帧，将文本"文字"打散。如图 11-37 所示是文本"文字"两次"分离"后的状态，第一次"分离"将文本分离为单个文字，第二次分离将每个文字转换为图形。打散后的文字图像上布满了白色网点。

图 11-37　文本"文字"两次"分离"的状态

b. 选择第 40 帧，将文本"渐变"打散。

⑦ 单击时间轴窗口中的第 1 个关键帧，选择属性面板，在"补间"下拉列表中选择"形状"选项，设定动画为变形过渡动画，并设置"缓动"值以确定动画的加速度，如图 11-38 所示。

图 11-38　第 1 个关键帧的属性面板

关于"缓动"参数的说明：

- 设置为 0，则为匀速渐变。
- 设置为负数值，则为减速渐变。
- 设置为正数值，则为加速渐变。

⑧ 设定在舞台中文字渐变的开始位置和结束位置。

a. 在时间轴上选择第 1 帧，将"文字"图形拖动到舞台的左侧。也可以在属性面板中通过坐标定位。

b. 在时间轴上选择第 40 帧，将"渐变"图形拖动到舞台的右侧。

⑨ 动画测试。经过上述步骤的操作后，文字渐变动画的制作完成。选择"控制/测试影片"命令或者直接按下【Ctrl+Enter】组合键，即可进行动画测试。可以看到在舞台中原来的第 1 帧中的文字随着时间推移，其字形、颜色都在逐渐变化，呈现"清晰-变形、变色、模糊-逐渐成形-清晰"的过程，最后渐变为第 40 帧的文本"渐变"，如图 11-39 所示是渐变过程中的截屏图像。

文字 凶字 渐卖 渐变

图 11-39　文字渐变的截屏图像

11.2.2　形状渐变动画

制作形状渐变动画的操作步骤大致和制作文字渐变动画的操作步骤相近，只是形状渐变动画中的形状可以是导入的图形，也可以是使用绘图工具绘制的图形。形状渐变动画不能使用元件。如果是导入的图形，则需要执行分离命令将其打散；如果是使用绘图工具绘制的图形，那么图形本身就不是一个元件，不需要进行打散操作。

下面举一个实例，具体说明形状渐变动画的设计制作过程。

【例 11.9】制作一个形状渐变动画，将一个彩色的圆形图形在移动过程中渐变为绿色的三角形图形。

设计思路：

① 在时间轴的第 1 个关键帧绘制彩色圆形图形。

② 确定渐变结束的关键帧，并在其上绘制三角形图形。

③ 在第 1 个关键帧设定"形状"补间类型。

操作过程：

① 选择"文件/新建"命令，新建一个 Flash 动画文件。

② 选择标准工具栏中的"紧贴至对象"工具 🖑，再选择"视图/网格/显示网格"命令，在舞台窗口中显示网格线。

③ 选择"修改/文档"命令，在弹出的文档属性对话框中修改动画的属性：宽度设为 500 像素，高度设为 300 像素，底色为白色。

④ 选择绘图工具栏中的椭圆工具，并在属性面板中设定绘图边框线为无色，并将填充色设置为五彩色，如图 11-40 所示。

⑤ 使用椭圆工具在舞台中绘制一个彩色圆，并进行旋转，效果如图 11-41 所示。

⑥ 在时间轴的第 40 帧处单击鼠标右键，从弹出的快捷菜单中选择插入关键帧命令，插入一个关键帧。

⑦ 在时间轴中选中第 40 帧，并选择绘图工具栏中的矩形工具，在舞台中绘制一个正方形。选择"修改/变形/扭曲"，再选择绘图工具栏中的箭头工具，将正方形调整为三角形，如图 11-42 所示。

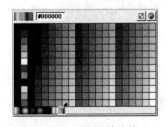
图 11-40 设置填充色

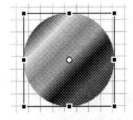
图 11-41 彩色圆

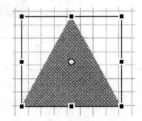
图 11-42 彩色三角形

⑧ 单击时间轴窗口中的第 1 个关键帧，打开属性面板，在"补间"下拉列表中选择"形状"选项。

⑨ 播放动画。选择"控制/测试影片"命令或按【Ctrl+Enter】组合键，即可观察一个彩色圆形渐变为一个三角形图案的动画效果。

形状渐变动画可以在一层中放置多个变形过渡对象，不过为了更好地控制变形的效果，应为每个动画对象单独设置一个图层。对于一些非常复杂的变形动画，可以使用 Flash 提供的变形提示功能，它可以帮助设计人员确定变形内容。

11.3　Flash 动画制作综合实例

本节通过两个实例，详细介绍 Flash 动画的设计制作过程。

11.3.1　旗帜动画设计制作

【例 11.10】设计制作"飘动的旗帜"Flash 动画。

设计思路：

① 在图层 1 中绘制如图 11–43 所示的旗帜图形。

② 在图层 2 中绘制一个黑色矩形，其宽度为旗帜图形宽度的二分之一，并将图层 2 设置为遮罩层。

③ 使旗帜图形在遮罩层的黑色矩形下移动，形成旗帜飘动的效果。

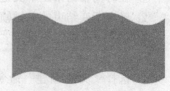

图 11–43　旗帜图形

设计制作过程：

① 选择菜单栏的"文件/新建"命令，新建一个文件。

② 创建蓝色调为主的天空背景，旗帜将在该背景的前面飘动。

a. 在绘图工具栏中选择矩形工具，绘制一个矩形，设置矩形的填充类型为线性填充，渐变色由天蓝色渐变为白色，颜色设置面板如图 11–44 所示。

b. 在绘图工具栏中选择"任意变形工具" 将矩形旋转 90 度，并且设置好天空的高度和宽度，使其将舞台完全覆盖，如图 11–45 所示。

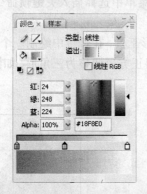

图 11–44　矩形的颜色填充面板

图 11–45　用作旗帜背景的天空

③ 创建旗帜图形元件，并用其创建旗帜图形的实例。

a. 选择菜单栏的"插入/新建元件"命令，打开"创建新元件"对话框，命名元件名称为 flag，设置元件类型为"影片剪辑"，然后单击确定按钮进入编辑模式。

b. 使用矩形工具在舞台中绘制一个用红色填充的长方形，然后选择箭头工具拉弯长方形的上、下边，如图 11–46 所示。

c. 选择变形后的长方形，在舞台中制作它的副本，并选择该副本，使用变形工具 将其旋转 180 度，然后将两个长方形对接，形成旗帜图形，如图 11–47 所示。

d. 复制旗帜图形，再将两个旗帜图形对接，构成一个加长的旗帜图形，如图 11–43 所示。

e. 创建旗帜实例。创建 flag 元件后，返回场景，将旗帜图形元件 flag 拖动到舞台中，即在舞台上创建如图 11–43 所示的旗帜图形的实例。

图 11-46 绘制矩形并修改上下边

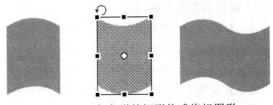

图 11-47 由变形的矩形构成旗帜图形

④ 创建遮罩层，制作遮罩效果。

a. 新建图层 2，在该层中绘制一个黑色矩形块，其宽度为旗帜宽度的二分之一，用该矩形块将旗帜的右半部分完全遮盖，如图 11-48 所示。

b. 在图层 1、图层 2 的 20 帧处各插入一个关键帧，单击图层 1 的第 20 帧，将旗帜向右侧移动，直到黑色的矩形块将旗帜的左半部分遮盖为止，如图 11-49 所示。

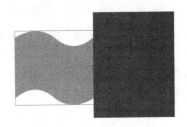

图 11-48 遮盖旗帜的右侧

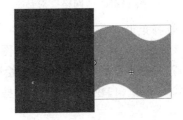

图 11-49 遮盖旗帜的左侧

c. 右击图层 2，在弹出的快捷菜单中选择"遮罩层"将图层 2 设置为遮罩层。这样，当旗帜从其下经过时，透过矩形块将看到旗帜飘动的效果。

⑤ 创建补间动画。选择图层 1 的第 1 帧，在"帧"属性面板中设置"补间"类型为"动画"，以创建补间动画效果（也可以用鼠标右击图层 1 的第 1 帧，在弹出的菜单中选择创建补间动画命令）。

完成上述设置后，选择"控制/测试影片"命令，即可看到在蓝天背景中飘动的红色旗帜的效果。

11.3.2 翻书动画设计制作

【例 11.11】设计制作一个翻书效果的模拟动画。

设计思路：

① 制作书的一组元件，包括封面、封底、封面的背面、一本未打开的书等，这组元件用于制作书的相应页的图像。

② 在翻书的过程中，翻动的书页及其下翻开的书页，在不同的时间呈现不同的形态，每一种状态都用一个关键帧绘制，书页用相应的元件实例变形生成。

③ 翻书的过程就是播放一系列关键帧的过程。

设计制作过程：

1. 创建动画文件，并进行参数设置

① 进入 Flash 操作界面，选择"文件/新建"命令，新建一个文件。

② 选择"视图/网格/编辑网格"命令打开"网格"对话框，选中"显示网格"以及"紧贴至网格"，使所有操作捕捉到网格上，然后在下面的网格高度、宽度文本框中分别输入 15 像素，如图 11-50 所示。

2．制作书页的元件

（1）制作书的封底图片

① 将图层 1 命名为"封底"，选择矩形工具在舞台中绘制一个合适大小的矩形作为封底，注意网格的锁定，并根据需要设置颜色，如图 11-51 所示。为了使封底产生厚度，可以选择矩形工具在其左侧、右侧或者下方绘制细长的矩形以模拟其厚度。

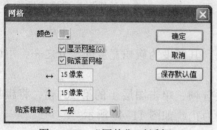

图 11-50 "网格"对话框

图 11-51 绘制封底

② 选择矩形工具在封底上绘制一个合适大小的矩形，将其填充为灰色，然后选择箭头工具双击该矩形的轮廓线将其删除，如图 11-52 所示。

③ 选择矩形工具在灰色矩形上绘制一个相同大小的矩形，将其填充为白色，同样将其轮廓线删除。注意，白色矩形要高出一些，因为书是有厚度的，如图 11-53 所示。

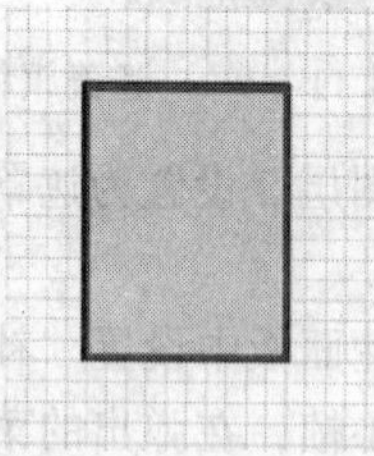

图 11-52 绘制灰色矩形

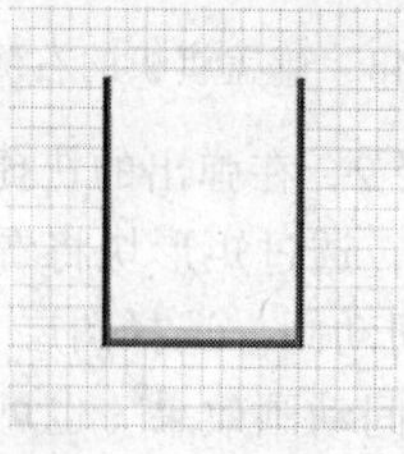

图 11-53 绘制白色矩形

④ 按下【Ctrl+R】组合键打开"导入"对话框，将一幅图片导入到当前文件中。然后使用任意变形工具对图片大小进行调整，并移入绘制的白色矩形中，然后选择文本工具在图片的下方输入文字"你还记得我吗？"，效果如图 11-54 所示。

⑤ 将制作的封底图像转换为元件。全部选中图像，打开"转换为元件"对话框，命名元件为"封底"，选择"图形"类型，单击"确定"按钮即转换为元件。

（2）制作封面的背面图片

① 将"封底"符号删除，参照绘制封底的方法根据网格绘制相同大小的图形作为封面的背面，对其填充相同的颜色，如图 11-55 所示。

图 11-54 封底图像

图 11-55 封面背面图像

② 将图像转换为元件，名称为"封面 1"，类型为"图形"。

（3）制作封面的正面

① 绘制封面的正面图形。按下【Ctrl+B】组合键将"封面 1"打散，使用文本工具在图形上输入"网络情缘"作为书的名称，并将文字设置为黄色，然后使用矩形工具在封面右上角和右下角绘制等腰三角形作为书的包边，效果如图 11-56 所示。

② 将图形转换为元件，命名为"封面 2"，类型为"图形"。

（4）制作一本未打开的书的图片

① 返回场景，并将舞台清扫干净。

② 打开"库"面板，在该面板中选择"封底"符号将其拖动到舞台中。

③ 按下【Ctrl+B】组合键将"封底"打散并且删除图片，然后选择矩形工具在其左侧绘制书脊，再将"封面 2"拖到舞台中，调整其位置组成一本未打开的书，如图 11-57 所示。

图 11-56　制作封面 2

图 11-57　制作书 1

④ 选择箭头工具选定整本书转换为图形元件，命名为"书 1"。

3．制作图书出现的动画

① 将图层面板中的第一个层命名为"书"层，单击时间轴第 1 帧将书拖入到舞台的右上角，选择自由变换工具将其缩小并改变角度，如图 11-58 所示。

② 在该层第 90 帧处插入 1 个关键帧，另外在该层的第 99 帧处按下 F5 键插入 1 个空白帧。单击时间轴第 90 帧删除舞台中的图形，从库面板中拖入"书 1"元件。选择"窗口/对齐"命令，打开对齐面板，如图 11-59 所示。单击 　、　按钮，将"书 1"对齐到舞台的中央。

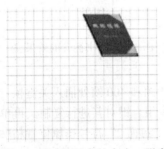

图 11-58　调整书的大小、形态

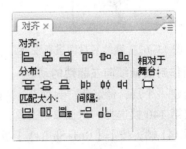

图 11-59　"对齐"面板

③ 单击时间轴第 1 帧选择属性面板，在"补间"下拉列表中选择"动画"选项。将"缓动"值设为-100，在"旋转"下拉列表框中选择"逆时针"，次数值设为 3。

4．制作封面翻动的动画

① 新建一个"封底"层。在该层的第 100 帧上插入 1 个关键帧，从库面板中拖入"封底"元件，创建封底图像，并将其对齐到舞台的中央。然后，在该层的第 350 帧处按下 F5 键创建 1

个空帧。

② 新建一个"封面"层，在该层的第 100 帧上插入 1 个关键帧，从库面板中拖入"封面 2"元件，创建封面 2 图像。选择自由变换工具调整其大小，然后拖动变换中心到封面的左侧，这样当对封面进行变换时将基于封面左侧。

③ 在"封面"层的第 110 帧处插入关键帧，选择自由变换工具对封面的形状进行变形，使封面翻开一段距离，如图 11-60 所示。

④ 在"封面"层的第 120 帧处插入关键帧，继续对封面的形状进行变形，使封面再翻开一些，如图 11-61 所示。

图 11-60　调整封面形状

图 11-61　使封面再翻开一些

⑤ 在"封面"层的第 130 帧处插入关键帧，继续对封面的形状进行变形，使封面进一步翻开，如图 11-62 所示。

⑥ 在"封面"层的第 140 帧处插入关键帧，继续对封面的形状进行变形，使封面几乎垂直，如图 11-63 所示。然后分别在第 100 帧、第 110 帧、第 120 帧和第 130 帧上单击鼠标右键，在弹出的菜单中选择创建补建动画命令添加运动变形动画，此时按【Enter】键将会看到封面慢慢翻开的效果。

图 11-62　继续对封面进行变换

图 11-63　书翻开的效果

5. 制作封面继续向左翻动的动画

① 新建一个层，命名为"封面 2"，在该层的第 141 帧和 400 帧处插入关键帧。然后单击"封面"层第 140 帧选择"封面 2"图像，按下【Ctrl+C】组合键对其进行复制。再单击"封面 2"层的第 141 帧，按下【Ctrl+Shift+V】组合键将复制的"封面 2"符号按原位置粘贴到"封面 2"层的第 141 帧处。

② 单击"封面 2"层的"封面 2"图像，打开属性面板，在其中单击交换按钮打开交换元件对话框，在其中选择"封面 1"元件，单击"确定"按钮将"封面 2"元件替换为"封面 1"元件。

③ 单击"封面 2"层的第 151 帧，选择自由变换工具对其进行调整，如图 11-64 所示。使封面接近于垂直状态，只不过是偏向于书脊的左侧。

④ 在"封面 2"层的第 161 帧处插入关键帧，选择自由变换工具对"封面 1"符号进行调整，如图 11-65 所示，使封面继续向左偏移。

　　图 11-64　使封面偏向于书脊的左侧　　　　　　图 11-65　使封面继续向左偏移

　　⑤ 分别在第 171 帧、第 181 帧和第 191 帧处插入关键帧，选择自由变换工具对"封面 1"图像进行调整，使其逐渐向左偏移，直到封面完全展开，如图 11-66 所示。然后依次在该层的第 141 帧、第 151 帧、第 161 帧、第 171 帧和第 181 帧处设置运动变形动画。

　　图 11-66　封面完全展开

6. 制作"衬页"动画

　　① 在图层面板中隐藏"封面 2"层，再新建一个层，命名为"衬页"，并将其放置在"封底"与"封面"层中间。

　　② 在"衬页"层的第 100 帧和 200 帧处分别插入 1 个关键帧，在 100 帧处选择矩形工具在舞台中绘制一个与书相同大小的矩形，将轮廓删除。然后展开颜色面板，在其中设置其填充色为 R：230、G：207、B：175，Alpha 为 30%，使衬页透明。

　　③ 在"衬页"层的第 210 帧、第 220 帧、第 230 帧和第 240 帧处分别插入关键帧，并选择自由变换工具依次将各关键帧中衬页的变换中心调整到边框左侧。

　　④ 单击第 210 帧，选择自由变换工具以及箭头工具调整页面顶边和底边的弧度，使页面有翻动的感觉。

　　⑤ 参照上述方法分别对第 220 帧、第 230 帧和第 240 帧中的页面进行编辑，使页面逐渐向上翻起。然后依次选择第 200 帧、第 210 帧、第 220 帧和第 230 帧，在属性对话框中设置"补间"类型为"形状"，应用形状变形动画。

　　⑥ 取消"封面 2"层的隐藏设置，将"封面 2"层显示出来，单击"封面 2"层，再单击 <img> 按钮在"封面 2"层上新建一个层，将其命名为"衬页 2"。在该层的第 241 帧和第 350 帧处创建关键帧，并将"衬页"层 240 帧复制到"衬页 2"层的第 241 帧上。

　　此时在"衬页 2"层上的第 241 帧将衬页向左侧翻动一定的角度。经过这样 1 帧的变换处理之后使衬页翻转的更加自然，否则将会出现不规则的变形。

⑦ 在"衬页 2"层第 251 帧、第 261 帧、第 271 帧和第 281 帧创建关键帧，参照前面的编辑方法对"衬页 2"层上的衬页进行编辑，如图 11-67 所示。最后设置这些帧的形状变形动画，以完成衬页的动画制作。

⑧ 在图层面板上单击 按钮将所有层锁定，再次单击该按钮将所有层解锁。然后在时间轴上单击第 350 帧，选择箭头工具选中整本书，按下【Ctrl+C】组合键对其进行复制，选择"插入/新元件"命令打开创建新元件对话框，

图 11-67　编辑"衬页 2"层

其名称命名为"书 2"，选择元件类型为图形，单击"确定"按钮新建一个元件。这时进入"书 2"符号编辑状态，按下【Ctrl+V】组合键将拷贝的书粘贴到新元件中。

⑨ 单击场景 1 标签返回场景，在"衬页"层上新建一个"书 2"层。在第 351 帧和第 430 帧处各插入一个关键帧，单击第 351 帧从库面板中将"书 2"元件拖动到舞台中。并对齐到 350 帧的图形上。

7. 制作书的放大效果

① 单击"书 2"层第 430 帧处，选择自由变换工具将书按比例放大一定的尺寸，模拟镜头拉近的效果。

② 在第 351 帧上单击鼠标右键，在弹出的菜单中选择创建补间动画命令添加运动变形动画，此时按【Enter】键将会看到书由小变大的过程。

至此，整个动画制作完成，选择"控制/测试影片"命令即可测试该动画效果。

小　结

（1）Flash 动画是一种专为网络而创建的交互式矢量图形动画。绘图是制作 Flash 动画的基本操作，通过绘图工具箱和菜单命令实现图形的绘制编辑。

（2）帧是构成动画的基本单位，帧中装载着 Flash 作品的播放内容，在时间轴中放置帧的顺序将决定帧内对象在最终内容的显示顺序。在 Flash 中，帧分为关键帧、空白关键帧和过渡帧 3 种类型。

（3）Flash 动画的所有内容都是绘制在图层上的。多数情况下，图层类似于透明的胶片，每个图层上有各自的图形、文字等，每个图层有 4 种状态，即：活动、隐藏、锁定和外框模式。引导层和遮罩层是具有特殊作用的层。引导层是用来设置运动路径的图层，它的作用在于确定指定对象的运动路线。遮罩层能够覆盖被遮罩的层，但遮罩层有内容的区域会显示下层对应区域的图像信息，通常利用遮罩层的这一特性制作显示特效。

（4）元件和实例在 Flash 中具有广泛的应用。元件可以是图形、按钮、电影片断、声音文件或者字符，创建后的元件保存在元件库中，当用户从库中将元件置入舞台上时，就创建了一个该元件的实例。对实例进行的任何编辑不会对元件有任何影响，但对元件进行的改动，则会影响由它创建的实例。

（5）渐变动画中对象的形状随时间产生变化。常见的渐变动画有文字渐变动画和形状渐变动

画。制作渐变动画的关键步骤有 3 个，即：制作开始关键帧图形、制作结束关键帧的图形、在开始关键帧上创建形状补间。如果渐变对象是文本，则创建形状补间之前必须进行文字打散操作。

习 题 十 一

1. 用魔术棒工具选取一幅图片的一种颜色，并将它换成其他颜色。
2. 制作如图 11-68 所示的放大镜。

图 11-68　放大镜

3. 使用 Flash CS3 绘制一支蜡烛。
4. 利用圆形或者矩形的叠加组合以及填充色的过渡效果，制作一个立体按钮。
5. 利用图层效果制作一个蝴蝶在花朵上飞舞的动画。
6. 制作一个从运动的圆形孔中观看底部文字的动画。
7. 用帧动画形式如何制作写字的效果？利用帧动画形式制作"山"字的书写动画。
8. 制作一个单摆摆动的动画。

Learn
more
about it !

笔 记 栏

笔记栏